U0925038

决策科学化译丛（第二辑）

方 新 王春法 主编

伊卡洛斯的陨落

THE DESCENT OF ICARUS

科学与当代民主转型

Science and the Transformation of Contemporary Democracy

【以】亚伦 · 埃兹拉希（Yaron Ezrahi） 著
尚智丛 王慧斌 杨萌 任安波 杨光 赵渊杰 王鑫 译
尚智丛 校

内容提要

本书系《决策科学化译丛(第二辑)》之一,论述了在西方泛民主文化中,科学像之前的宗教信仰一样成为了一种政治资源,政府利用科学技术,使得政治逐步合理化。进一步而言,这是一个自由民主的意识形态与政治有选择地接近和采用科学技术,建设政治权威并实现政治权力合法化的过程。科学知识在政治合理化方面的作用,其实是最初将科学技术作为政治资源使用而产生的、偶然的、次要的结果。科学在支撑现代自由-民主的行动、权力和责任等观念方面发挥了特殊的政治作用和意识形态作用。本书可供哲学、政治学学者参考,供公共管理者学习、借鉴。

上海市版权局著作权合同登记号:图字 09 - 2013 - 965

图书在版编目(CIP)数据

伊卡洛斯的陨落:科学与当代民主转型/(以)埃兹拉希(Ezrahi,Y.)著;尚智丛等译.—上海:上海交通大学出版社,2015
(决策科学化译丛.第2辑)
ISBN 978 - 7 - 313 - 12172 - 1

Ⅰ.①伊… Ⅱ.①埃…②尚… Ⅲ.①科学技术—关系—民主政治—研究
Ⅳ.①N0②D521

中国版本图书馆 CIP 数据核字(2014)第 236504 号

伊卡洛斯的陨落:科学与当代民主转型

著　　者:[以]亚伦・埃兹拉希
译　　者:尚智丛　王慧斌　杨　萌　任安波　杨　光　赵渊杰　王　鑫
出版发行:上海交通大学出版社
地　　址:上海市番禺路951号
邮政编码:200030
电　　话:021 - 64071208
出 版 人:韩建民
印　　制:上海颛辉印刷厂
经　　销:全国新华书店
开　　本:787mm×960mm　1/16
印　　张:25.5
字　　数:302千字
版　　次:2015年1月第1版
印　　次:2015年1月第1次印刷
书　　号:ISBN 978 - 7 - 313 - 12172 - 1/N
定　　价:58.00 元

总　　序

20世纪以来，科学技术迅猛发展，越来越广泛地渗透到社会生活的方方面面，科学、技术与社会之间形成了日益密切的互动关系，科学技术不仅成为公共决策的重要内容，而且越来越多地成为公共决策的基础。大体而言，有两类公共决策同科学技术密切相关。

一是有关科学技术本身的决策。在历史上的很长一个时期，这类决策是由科学家自主进行的。20世纪尤其是第二次世界大战之后，科学技术发展成为一项规模宏大的事业，极大地影响了工业绩效、人民健康、国家安全、环境保护等各个方面，提高了公众的生活质量，与国家利益密切相关。由此，政府部门和政治家越来越积极地参与相关决策。当代科学技术，尤其是信息技术和生物技术极大和深远地扩大了人类的能力，以至于根本上改变了人的观念，其影响力远大于过去出现的任何技术，也使得滥用这些技术的影响远大于其他技术。因此，公众对这些技术的发展方向、速度和规模表现出深切的关心，要求参与科学决策，而信息技术的发展又使公众进一步参与决策成为可能。这样，如何在政府、科学家和公众三者之间建立起新型的互动关系，共同对这些分散的分布式系统进行决策和管理，日益成为各国政府和科技界关注的热点。

二是以科学技术为基础的决策。在当代，科学技术无处不在，政府进行的绝大多数决策，包括国防、环境、卫生与健康等事关国家目标的领域以及重大工程项目的立项，乃至全球气候变化、反恐、可持续发展等全球治理问题，都涉及科学技术的相关内容，都要以科学为依据进行决策。极而言之，甚至普通公众的日常生活，诸如是否可以食用超市里的食品、垃圾焚毁等等，也都需要依据科学技术的最新成果作出决策。离开了科学技术的支撑，决策科学化就无从谈起。

在这两类决策中，一个共同的突出问题是信息不对称，有关科技发展前景及其对社会的影响的信息多数掌握在科学家手中，决策者往往处于被引导甚至被误导的境地。因此，正确认识专家知识与政治之间的相互作用就成为理解现代决策的关键，而科学咨询，即向科学家征求专业意见也就成为提高决策效率、促进科学决策的关键。

在科学咨询发展的历史上，原子弹的发明和使用是一个重大事件，它不仅打破了科学家在使用他们创造的科学知识方面能够置身事外的神话，而且由此使提供科学咨询逐步发展成为一个普遍的过程。尽管这一过程很少公之于众，也几乎没有受到相应的监督，但它对人们日常生活的影响却与日俱增。随着决策过程更多地需要科技知识提供支撑，决策者对科学咨询也提出了更高的要求。依靠单个专家的分散型传统智囊制度已经难以适应现代社会决策日益增长的需要。于是，人们开始探索决策研究、决策咨询群体之间知识互补和智力互补的群体决策机制，以替代个体决策，提供高质量的科学技术咨询建议，各类智库机构和组织应运而生。在这一过程中，科学家的角色也在发生着变化，从真理的代言人到决策者的幕僚，进而成为决策的参与者。再进一步，为解决科学咨询程序与政治程序之间的矛盾，在政府内部出现了决策者的科学顾问（或顾问机构）这一新的角色，其作用主要是成为决策者与科学共同体之间的纽带和桥梁，既向决策者阐述可信赖的科学建议,也为科学家们参与科学咨询提供政治方面的指导。

在科学咨询发展的过程中,曾经遭到来自两个方面的质疑与批评。一方面,有些人批评决策者在作出决策时没有付出足够的努力去获取高质量的科学建议,或者是有意识地将政治与科学混为一谈,因而呼吁独立的科学共同体应该发挥更为积极的作用。另一方面,由于科学知识的不确定性以及科学家的"经济人"属性,又使得他们可能会从其自身利益出发解读科学知识,特别是科学自治过程中发生的不检现象,例如一些一流研究机构或大学爆出的科学欺诈和不端行为,也使科学自身的信誉遭到破坏,人们开始质疑科学家是否有能力确保科学咨询的可靠性和无私利性,因而要求加强对科学咨询的监管。正是在这样的批评与质疑中,科学与政治的互动不断加强,科学咨询的制度安排与程序设计不断完善,力图在满足公正透明、普遍参与等目标的同时,将政治需求和科学咨询制度化,使之既不有悖于科学道德、科学标准,又不违背政治行为的基本功能和合法性原则。

在经历了半个多世纪的风风雨雨之后,科学咨询在公共决策中的地位已经明白无误地显示出来,而且显得越来越重要。但是,决策咨询毕竟不是决策本身,而且科学技术毕竟只是决策过程中的一个方面,迄今为止它所发挥的作用还是有限的。要真正做到科学决策,需要科学家和科学共同体尽己所知,积极负责地提供独立的咨询意见,不断提高咨询质量,同时也需要从制度上保证决策的科学性,进而促进科学咨询事业的健康发展,而这显然又需要在社会政治框架方面作出更加深入的改革和调整。

受中国科协委托,我们邀请中国科学学与科技政策研究会的部分同仁共同翻译了"决策科学化"译丛。本套译丛选取了当前科学咨询领域较具影响力的著作。这些著作从政治学、社会学、历史学和哲学等不同的学科视角，在理论和实践两个层面对科学家的社会责任、科学咨询的演进过程及制度设计等多方面内容进行了深入探讨。这些著作所体现的理论观点和研究方法，很大程度上反映了西方学术界在这一领域的主流观点和发展方向，虽然每一本独立成书，合起来确也是一个比较系统的整体。我们相信，本译丛的出版对于推进我国决策科学化和科学咨询事业的发展一定会大有助益。

作为本译丛的主编，我们要感谢中国科协调研宣传部的周大亚和马晓琨等同志，得益于他们的大力支持，本译丛才得以面世。感谢上海交通大学出版社的韩建民社长和李广良编辑，他们本着认真负责的态度，以很快的速度出版发行本译丛。更要感谢各位译者的辛勤劳动，他们多是在科技政策领域长期耕耘的学者，在繁忙的研究、教学工作之余，在不长的时间内高质量地完成了所承担的翻译任务，确保本译丛能够按时出版，特别是温珂女士，为本译丛的出版作出了突出贡献。最后，还要衷心感谢广大读者的支持，诚恳欢迎对本译丛的翻译提出宝贵的批评，更切望大家共同努力，推进我国决策科学化的进程。

中国科学院党组副书记　方　新

中国科协书记处书记　王春法

谨以此书献给

我的父亲，

他教会我如何飞翔；

纪念我的母亲，

她教会我如何安全着陆。

序

20世纪60年代中期，我开始对科学与政治的关系产生兴趣。当时，我期望深入理解科学知识如何促使民主政府的行动更加理性与有效。科学和技术在政府决策的制定与实施过程中，发挥了作用，但它们是如何与自由-民主的价值观和实践相协调的？其协调方式，也是我感兴趣的问题。经过一段时间之后，我越来越确信，现代民主国家中科学与政治的关系并不仅仅是政治逐步合理化这样简单的事情。相反，它是一个自由-民主的意识形态与政治有选择地适应和采用科学技术，建设政治权威并实现政治权力合法化的过程。我逐步得出这样的观点：科学知识在政治合理化方面的作用，其实是最初将科学技术作为政治资源使用而产生的、偶然的、次要的结果。因此，本书的内容并不是再次探讨以科学实现其合理化的开明政治如何成功，或如何被非理性因素破坏；也不是探讨公共政策何以能够继续为有效的相关科学知识所引导。相反，这本书所研究的是科学在支撑现代自由-民主的行动、权力和责任等观念方面所发挥的特殊的政治作用和意识形态作用。

本书的写作极其漫长。感谢我的老师、朋友、学生和家人的支持！身为作者，我对书中的所有瑕疵负责，但荣耀应与更多的人分享。注释是本书的一个重要构成部分，是我引用的一些重要成果。其中有一些要特别提到。

唐·普赖斯(Don K. Price)引导我对科学在现代政治和文化中的作用产生最初的兴趣。他慷慨赠予我他的著作《科学遗产》(*The Scientific Estate*)发挥了决定性的影响。那时，我是希伯来大学的青年研究生，与他只匆匆见过一面。他的书和他本人深刻地影响了我。在哈佛大学期间，我是他的学生和助手，后来又成了他的同事和朋友。朱迪思·夏克莱(Judith Shklar)对我的思想和工作产生了持续的影响，从我在哈佛做研究生的第一天起，直到现在。她一直在提供宝贵的建议和批评。如果本书存在任何缺点，那是我未遵循她全部建议的结果。我要特别感谢罗伯特·默顿(Robert Merton)。在将近20年的时间里，他与我进行一系列宝贵的交流，还给我以不断鼓励。

在与塞缪尔·N·艾森施塔特(Shmuel N. Eisenstadt)的不断交流中，我受益匪浅，特别是在我们一同于希伯来大学开设“文化传统和知识世界”研讨班的两年里。埃里克·科恩(Eric Cohen)和迈克尔·哈耶德(Michael Heyd)经常与我一同讨论科学、文化和政治问题。在这方面，我还要提到我后来的学生埃米尔·格林威治(Emil Greenzweig)，一位聪明且前途辉煌的学者。我怀念我们有过的许多谈话。如果他不是在1982年2月“现在和平”(Peace Now)示威期间被暗杀，我们还会有许多谈话。

我也特别感谢希伯来大学的老师和同事：已故的本杰明·阿克辛(Benjamin Akzin)、已故的约瑟夫·本·大卫(Joseph Ben David)、什洛莫·阿文纳瑞(Shlomo Avineri)、叶赫茨基·德罗(Yehezkiel Dror)、伊曼纽尔·古特曼(Immanuel Gutmann)、伊莱修·卡茨(Elihu katz)、马丁·塞利格尔(Martin Seliger)和泽依·施特恩赫尔(Ze’ev Sternhell)。无论是在学识帮助还是个人友谊方面，我都特别感谢哈佛大学的爱德华·班菲尔德(Edward Banfield)、哈维·布鲁克斯(Harvey Brooks)、彼得·巴克(Peter Buck)、I. B. 科恩(I. B. Cohen)、欧文·希伯特(Erwin Hibert)、斯坦利·霍夫曼(Stanley Hoffmann)、杰拉尔德·霍尔顿(Gerald Holton)、阿瑟·马斯(Arthur Maass)、芭芭拉·罗森克兰茨(Barbara Rosenkrantz)、迈克尔·沃尔泽(Michael Walzer)和詹姆斯·威尔逊(James Wilson)。我特别感谢埃弗雷特·门德尔松(Everett Mendelsohn)!感谢他的支持,感谢他在科学史系开设的信息丰富的教师与研究生研讨班上给予我的灵感启发。研讨班上的许多学生都已成为著名的科学史、科学哲学和科学社会学学者。

在写作本书的过程中,我与李·克隆巴赫(Lee Cronbach)、罗伯特·卡根(Robert Kargon)、约书亚·莱德伯格(Joshua Lederberg)、蒂莫西·勒努瓦(Timothy Lenoir)、西蒙·沙弗(Simon Schaffer)、史蒂文·夏平(Steven Shapin)、阿诺德·萨克雷(Arnold Thackray)、斯蒂芬·图尔明(Stephen Toulmin)及哈略特·朱克曼(Harriett Zuckerman)进行过许多有益的对话。特别感谢丹·埃尔达尔慷慨而重要的帮助!

1977—1978 学年,我在加利福尼亚州斯坦福大学行为科学高等研究中心期间,开始本书的构思和规划。我要特别感谢该中心的前主任加德纳·林赛(Gardner Lindzey)以及我在那里的同事:萨克凡·贝尔科维奇(Sacvan Bercovitch)、路易斯·戴尔蒙德(Louis Diamond)、理查德·爱泼斯坦(Richard Epstein)、丹尼尔·卡尼曼(Daniel Kahneman)、阿尔弗雷德·卡津(Alfred Kazin)、罗伯特·基奥恩(Robert Keohane)、安东尼·金(Anthony King)、西奥多·洛维(Theodore Lowi)、卡罗琳·莫钱德-依尔蒂斯(Caroline Merchant-Iltis)、约瑟夫·萨克斯(Joseph Sax)和保罗·斯尼德曼(Paul

Sniderman)。

在杜克大学休假期间，我收到很多关于本书部分章节的有益建议。这些建议来自：威廉·阿什(William Ascher)、詹姆斯·巴伯(James Barber)、詹姆士·布斯(James Booth)、威廉·寇茨(William Coats)、迈克尔·吉莱斯皮(Michael Gillespie)、西摩·毛斯科普夫(Seymour Mauskopf)、托马斯·斯普拉根斯(Thomas Spragens)和爱德华·蒂尔亚肯(Edward Tiryakian)。我还要感谢阿伦·隆贝格(Allan Romberg)和埃里克·迈耶斯(Eric Meyers)。在杜克大学期间，他们给我以特别款待。

我在希伯来大学的政治学系以及悉尼埃德尔斯坦(M. Edelstein)科学史、科学哲学与科学社会学中心的朋友、同事和学生们为这本书提供了能激发智慧的良好环境。非常感谢他们！

感谢福特基金会、国家科学基金会、以色列巴斯西巴·德·罗斯柴尔德科学进步基金会和罗素·塞奇基金会为本书各项工作所给予的支持。感谢耶鲁·怀恩特(Yale Wyant)编辑书稿。感谢哈佛大学出版社审稿人为本书提供的睿智评议。感谢艾达·唐纳德(Aida Donald)主编一贯的良好建议。感谢伊丽莎白·苏特尔(Elizabeth Suttell)对手稿的悉心处理。感谢卡罗尔·莱斯利(Carol Leslie)在编辑方面的宝贵建议。

多年来，在这一领域的工作过程中，我不断得到耶胡达·埃拉娜(Yehuda Elkana)、巴鲁克·基默林(Baruch Kimmerling)、希勒尔·莱文(Hillel Levine)、大卫·舒尔曼(David Shulman)等朋友在学识和道义上的支持。特别是在《伊卡洛斯的陨落》的写作最后阶段，希勒尔的支持非常宝贵。

当然，在某些方面，关于文化与政治之间关系的写作从来不会是一种中立行为。生活在以色列这样一个经受重新确立其存在前提的社会中，人们会不断感到自由-民主秩序岌岌可危。在与我的孩子们，泰勒亚（Talya）、阿里尔（Ariel）和特希拉（Tehila）的交谈中，他们对这个社会的道德和政治困境做出的不同反应，给了我许多真知灼见。这些见解涉及本书所论及的问题，透入到我所研究主题的深层次。

我的妻子锡德拉（Sidra）一直陪我进行这次长途“飞行”。作为我著作的最深刻和最细心的读者，以及我的爱与信心的重要来源，她应当分享本书写作的最大份额。

亚伦·埃兹拉希

于耶路撒冷斯科帕斯山

目　　录

第三部分 20 世纪后期美国民主中科学的私有化

导　　言 1

埃德蒙·伯克(Edmund Burkc)警告他同时代的人警惕那些热衷于将经验哲学延伸至政治领域的人们,这将"为其实验的微小成就,牺牲整个人类"[①]。他在这里暗指约瑟夫·普里斯特利(Joseph Priestley)做过的一项著名的科学实验。普里斯特利是诸如美国和法国革命等政治"实验"的热心支持者。伯克认为"这些哲学家将人视同空气泵或毒气实验中的小鼠"[②]。

历史进一步证明了伯克对政治工程师的担忧。他们像对待吸入毒气的小鼠一样对待人。对自由-民主政府一方而言,他们也没有打消政治工程之梦想,同样,也为采用科学和技术来增强其改善、重建、控制和操纵等权力而付出了道义和人性的代价。这方面的科学和政

---

① Edmund Burke, "A Letter to a Noble Lord," in *The Works of Edmund Burke*, vol. Ⅴ (London: George Bell & Sons, 1906), p. 141.

② Edmund Burke, "A Letter to a Noble Lord," in *The Works of Edmund Burke*, vol. Ⅴ (London: George Bell & Sons, 1906), p. 142. 关于普里斯特利在科学实验中对小鼠的使用,见 John A. Passmore, ed., Priestley's Writings on Philosophy, Science and Politics (New York: Collier, 1965), pp. 136 - 138, 147, 148. 关于普里斯特利在政治方面的实验尝试,见 pp. 179, 92, 219, 251。

治的关系往往掩盖了更深一层的关系：通过不那么受人关注也不那么重要的过程，科学技术被用来发展关于行动、权力与责任的现代自由-民主概念。被普遍忽略的是：人们在努力利用科学知识和技巧时，没能提高民主管理的工具效能，使之在意识形态上保卫公共行动的自由-民主方式，保卫表达、保护和批判政治权力之使用的自由-民主方式，并确立其唯一合法性。

科学技术在现代自由-民主政治发展中的作用及其在20世纪后期的衰落——特别是美国的情况——是本书的主题。在自由-民主国
2 家中，在20世纪前半叶与后半叶，科学技术的作用发生了变化。但是，潜在于这些变化之下，则是现代科学技术与自由-民主政治的、深层次的社会文化互动。有必要去考察这一动因，以便理解开明民主理想的文化前提，特别是理性技术政治行动的文化前提，是如何在20世纪末遭到质疑的。这也有助于理解这一变化对20世纪后期社会中科学的地位以及自由-民主意识形态和政治的本性的广泛影响。

从现代政治中关于知识统治的观点出发，现代政治作为一项人类事业，从本性来说就暴露于各种可能力量与事件的破坏之中。这一观点与早期的观点不同。早期观点认为，无论个人还是集体，都依赖于超级统治者的意志。他是唯一真正按照神圣宇宙规律活动的自治和自由的行动者。通过将自由行动的神圣体系延伸至人类的代理者，文艺复兴的人文学者们奠定了现代政治行动的观念，包括发号施令、规范和控制公共生活，并清除了影响其活动的各种不可预见事物和不确定的人类尝试。

根据这一观点，实现人类计划的主要因素不是超自然意志，而是自然，包括人类本性，以及人类固有的理解、预测和控制稳定政治秩序所需各种条件的有限能力。对于那些否认神圣指导并重新发现了人类行动自由的现代人来说，正是对于帝王、国家和领袖的突然出现及

其伟大之因的无知，限制了人类的政治抱负。从另一角度来说，获得这些知识也就支持了人类的政治抱负。不过，现代早期，已经有人说明了人类的政治和历史知识的固有偏狭之处。例如，马基雅维利利用这些知识指导政治行动时，主要是尝试抓住机会，通过将意志聪明地、强制地加于政治生活的敌对方面，来部分、暂时地把握命运女神。对人类本性的极端怀疑导致马基雅维利质疑基督教美德或道义美德与政治秩序稳定的关系，也质疑其效用。他认为这种稳定是政治的最高目标。与其说这种稳定是通过道德引导而获得的，倒不如说是通过巧妙和有效利用权力而暂时获得的。虽然马基雅维利认为政治与道德 3
并非绝对对立，但却将两者严格区分，并以其效用评价政治行动。这样，他就为知识在政治中发挥特殊作用留下了空间。他预见到了政治组织的现代工具主义概念，也遇见到知识和技术在形成和维护权力方面的作用。这种权力在实现特定目标过程中被使用。在实践中，他通过洞察独裁统治者而发展了诸如政治的工具主义概念，并强调“伟大人物的行为知识”的价值①。在他的《演说》中，行动应当由其效用来引导并据此来评价。这一观念是共和政体的基础。在共和政体中，尊重应当给予“那些懂得如何管理国家的人，而不是那些有权管理但缺少知识的人”②。

在此后的几个世纪中，试图弥合关于政治的工具主义思想与保证自由的人文主义理想的政治承诺，成了西方政治传统中的核心特征之一。结果，知识和技能在引导和维护行动方面的作用变成了关于权

---

① Niccolo Machiavelli, *The Prince and the Discourses* (New York: E. P. Dutton & Co., 1924), pp. 81 - 82.

② Niccolo Machiavelli, *The Prince and the Discourses* (New York: E. P. Dutton & Co., 1924), p. 102. 亦见 Quentin Skinner, *The Foundations of Modern Political Thought*, Vol. 1, *The Renaissance* (London: Cambridge University Press, 1978), pp. 180 - 186.

力、责任和秩序的西方自由-民主观念的核心，由此，向公共事务中利用知识和提出知识主张，提供独立的政治依据。

自17世纪初期，现代科学的兴起，特别是实验自然哲学传统的发展，为这一进程提供了额外动力。在启蒙运动追随者的美好愿景中，诸如知识进步与传播等目标与政治权力的自由-民主观念结合起来了。这种政治权力接受开明政治的检验并对其负责。当然，相信知识可以平复人的情绪、教化众生的信念也一直受到批评。托马斯·霍布斯（Thomas Hobbes）、让·雅各·卢梭（Jean-Jacques Rousseau）或卡尔·马克思（Karl Marx），无论他们在政府可能和期望形式上有多少不同见解，也无论他们关于知识在政治中的位置有何不同意见，但他们有一点相同，即都不相信利用科学可以使公共行动合理化并确保人类幸福。

20世纪初期，关于知识能否解放社会于贫困和冲突的重负之下的问题就是：是否伊卡洛斯飞向太阳是可行的？是否科学能够为政治装
4 上“翅膀”，飞往人类集体摆脱偶然、偏见与独裁的圣域？J·B·S·霍尔丹（J.B.S. Haldane）和伯特兰·罗素（Bertrand Russell）之间的讨论给出了很好的说明。在他的《代达罗斯：科学与未来》（*Daedalus, or Science and the Future*）（1924）一书中，霍尔丹（Haldane）受其时代乐观的社会主义情绪鼓舞，表达了人类控制时间、空间和物质直至人类灵魂中“黑暗和邪恶因素”的进步观点[1]。伯特兰·罗素在其题为《伊卡洛斯：科学的未来》（*Icarus, or, the Future of Science*）（1924）一书的回应中，对霍尔丹所“描绘的、以科学发现提升人类幸福的、诱人的未来前景”[2]，提出异议。伊卡洛斯由其父亲代达罗斯教会了飞

---

① J.B.S. Haldane, *Daedalus, or, Science and the Future* (New York: E.P. Dutton & Co., 1924), pp. 81 - 82.

② Bertrand Russell, *Icarus, or, the Future of Science* (New York: E.P. Dutton & Co., 1924), p. 5.

翔，“却毁于鲁莽”，罗素引用这一古代故事，这样写道。他得出结论：“我担心同样的命运会降落在由科学教会其飞翔的现代人身上。……科学不是美德的替代物。……技术科学知识不能使人类更深地洞察其目标。……（而且）科学也未能使人类更加自制、更友善，获得更多平复其情绪的力量。[①]”

到20世纪末，罗素关于科学无力改变政治的悲观主义观点比霍尔丹的乐观主义观点更有影响，这与这个时代的敏感相一致。在这个世纪里，人们做出许多努力，将科学技术知识用于制定并实施公共政策，但其结果似乎并不支持霍尔丹的逐步控制社会冲突与政治动荡根源的预见。这一结果与霍尔丹观点的其他民主变种也大不一致，诸如约翰·杜威（John Dewey）的观点。按照他的观点，“科学所表现出来的智力合作，是自由和权力相结合的有效模型，就像用于其他领域样，可用于政治领域。[②]”

当然，关键并不是科学工具主义未能影响现代自由-民主政治，也不是技能或技术特性未能与道德和意识形态因素一同并时而有效地成为评价政治行动者的相关标准。关键是针对公共行动的工具主义-科学观念的怀疑态度已经越出原来有限的反启蒙圈子，几乎变成了一种普遍的意识状态。

虽然本研究主要聚焦于现代美国的经验和一定范围内的英国经验，但也涉及针对科学技术在现代自由-民主意识形态和政治中的作用变化的一般问题。本书分为三部分：第一部分讨论自由-民主政体 5
中科学的主要潜在作用；第二部分研究关于行动的工具主义范式的文

① Bertrand Russell, *Icarus, or, the Future of Science* (New York: E. P. Dutton & Co., 1924), pp. 5, 6, 55, 62, 63.

② John Dewey, "Science and the Future of Society", in *Intelligence in the Modern World: John Dewey's Philosophy*, ed. Joseph Ratner (New York: Modern Library, 1939), p. 360.

化基础以及科学技术在英美自由-民主意识形态和政治中的政治利用;本书的第三部分即最后部分探讨了20世纪后期的两种趋势:一是公共行动的去工具主义趋势;二是与此相关的,科学技术在美国自由-民主政治体制产出方面的作用和影响力的下降趋势。这一政治体制涉及行动、权力与责任。这是伊卡洛斯的陨落,而非代达罗斯的飞升。这成为20世纪末美国人以至西方人结合政治权力与知识和自由的最后努力阶段的特征。20世纪后期,科学和政治在自由-民主国家的发展产生更广泛的影响。本书以关于这些影响的思考讨论而结束。

第一部分

科学在自由-民主国家中的政治功能

第 1 章

在自由-民主的行动理论中，自由意志与因果性之间的平衡 9

科学作为一种文化事业，和宗教、艺术一样，是一种涵盖了各种形式的权力、话语和行动的独特的集群。尽管与政治不同，但科学可以被开发和改造成特定政治领域的构成要素。任何政治领域的社会文化"节目"——如规范和制度的类别以及由此而引发的行动等，都是由现有的文化因素，即社会早已确立的传统、信念以及习惯所决定的。科学技术可作为构建自由-民主政治的文化资源。以下就是有关它们角色转变的研究：在美国，科学技术被现代自由-民主意识形态和政治所利用，形成政治力量并使之合法化；20 世纪前三分之二的时间里，英国的情况较美国稍弱，而到了 20 世纪末，科学技术在英美两国的这种作用都衰落了。

正如在任何时期建筑都被权威的设计思想和可利用的材料所约束一样，政治也为可接受的秩序想法和可利用的社会文化材料、价值观和做法等所约束，而政治秩序正是基于这些因素才得以构建。当克利福德·格尔兹(Glifford Geertz)注意到宗教、意识形态和其他符号世界是“感知、认识、判断和操纵世界的超个人机制的时候”，他就做了一个与此有关的观察。格尔兹认为，“诸如宗教、意识形态等其实都是给社会和心理过程的组织提供模板或蓝图的‘方案’。[1]”似乎在政治世界中，行动者们手中都有一些可利用的资源，以象征性地和制度化地塑造和判断行动及可行策略。这种方法可以形成价值观、“事实”、观念和诠释性守则，并将它们看成有意义的、起作用的社会行为系统[2]。虽然，关于政治秩序的思想确定了哪些可用的文化材料是与支持特定的政治性“世界营造”有关的，但是，这些材料反过来又决定了对政治的各种支持形式。从历史上来看，有关自由-民主政治秩序的理想和形象在许多社会中都得到了阐释，但只有少数当地社会文化传统和习惯支持自由-民主国家的发展，例如，法国、英国和美国等国家对自由-民主组织的发展持友善态度。这些国家的政治和历史表明了：在获得不同机遇、受到不同制约时，关于政治秩序的自由-民主思想在何种程度上可导致自由-民主政治的不同政治结构[3]。在下面的讨论中，我将致力于研究：科学技术在构建公共行动和责任制的自由-民主形式中所发挥的作用；科学技术在遭遇自由-民主政治固有的张力与对抗时所发挥的作用。

科学与自由-民主政治的产生

探讨作为建构行动的自由-民主形式“资源”的科学技术，就要探

---

① Clifford Geertz, *The Interpretation of Cultures* (New York: Basic Books, 1973), p.216.

② Ann Swidler, “Culture in Action: Symbols and Strategies,” *American Sociological Review* 51 (April 1986), 273 - 286.

③ G. Almond and S. Verba, eds., *The Civic Culture Revisited* (Boston: Little, Brown, 1980).

究科学与政治的关系，而这种研究需超越那些通常用政治中的知识与权力、理性与非理性相碰撞等来描述的狭隘问题的限制。传统观点将科学与政治的关系视为理性和非理性之间的斗争。这导致了两个主要的漏洞：一个涉及科学的全部社会文化方面。这些方面被视为外在于理性知识的属性；另一个涉及何谓政治行动的内在的、逻辑和思想建设。在试图理解这种复杂的现象时，忽视如此关键的科学与政治互动环节往往是致命的错误。我相信将科学作为政治秩序的“建设”的文化资源，有助于克服这一困难，并增加分析中可引入的因素。

如果超越了理性及其产物的认知层面，科学与政治相互作用的特性和维度就变得更引人入胜了。人们把科学视作一种有关符号、语
言、目标、制度和习惯的集合，以及一系列观察、描述和判断经验的方 11
法。如果也包含技术在内的话，它还可以被看作是一系列与之相关的行动。在政治领域中，这些集合、方法与行动至少也是能部分得到体现和应用的。与此相应，如果人们认识到政治行动和演说并不仅仅是满足那些“合理的”和“不合理的”要求，而且还是价值承诺的复杂结构以及行为、权力和对话的复杂形式，那么，科学在政治中的潜在作用就更可能被理解了。当一个人认识到在政治领域中，行动不仅仅是任务的贯彻实施，还是一种政治的和意识形态上的交流形式的时候，以下论点就能得到合理的解释：行动本身是具有修辞意义的姿态，政治行动的某些属性可能更多的是由其修辞和思想因素决定的，而不是由其工具性效果决定的。换句话说，真正重要的是那些起决定作用并使行为合法化的潜在事物，以及特定政治团体所代表的权威，而不是那些与行为有关的实用工具。我认为，以宗教、道德和法律术语定义政治行动和从工具性技术术语定义政治行动这两种做法之间的转变，通常更多地反映了修辞的转变，而不是行动实质的变化；更多地反映了政治权力运用中参照物的变化，而不是它所指向的实际任务和目标的变

化。因此，对于政治行为在修辞上的评定、估价和重建，完全不同于评定和估价其效用或道德正义、合法性或其智识与科学上的合理性。那些使行为本身获得道德和法律辩护，实现理性化和技术有效的因素，与那些使它们自我权威化，或者为特定共同体接受的因素之间，其实并没有什么必然的关联。行动的政治修辞的逻辑不能直接由道德理论、法律、科学或工具理性衍生出来，尽管这些因素可能在行动的修辞上发挥作用。从可供选择的修辞策略中所做出的选择，与那些根据可供选择的权威和责任所做出的选择，实际上是一样的。在公共生活中，类似于内部不一致的陈述，内部不一致的行动有时可能要比内部一致的行动拥有更多的优点。与政治行动中的一致性类似，政治演说中的一致性可能会迫使人们在那些人们同样珍视的价值中做出选择，而不一致的、含混的演说和行动则可以避免这种两难选择。这显示行动者已做好准备，以拒绝其他某些原则或利益为代价，来接受某些特定政策。当行动者推行某一原则，但对其实际结果明显不能确定，而有关听众又对此赞同之时，无效的行动可能要比那些有效的行动本身
12 更可取，或更易自我合法化。譬如，平等原则被用于学校废除种族隔离，或自由移民原则被用于解决失业问题之时，后者似乎发挥了作用。在这些情况下，能够形成象征性姿态的政治行动表达了这样一种承诺，即未引发相关者明显态度冲突的原则可能在政治上拥有更多的合法性，同时，在修辞上也更容易被人们所接受。

当然，政治行动的某些特性，诸如可见的道德、合法性和工具有效性，增强了它的修辞影响力。然后，重要的是对于政治行动而言，这并不是必要的。像一致性和有效性这些政治行动特性的修辞效果有时可能是负面的。科学与技术之所以能成为政治行动的重要因素，常常是因为忽视了它们与一致性和有效性等价值的联系，而不是因为存在这种联系。这种联系可能强化其他的、有更多政治要求的目标。当我

们把眼光放开，而不仅仅局限于合理性和有效性这样的问题，来观察科学与技术之间的相互作用时，我们可以发现，“科学”或者说是行动的技术模式可以被用来提高许多政治目标，比如，赢得意识形态上的争论；在行动者中重新构建司法界限；在行动者和旁观者之间重新分配政治权力；或者让行动表现得与个人利益无关，即政治中立。

因此，关于科学技术在自由-民主政治行动的修辞中的作用的研究，并不仅仅是研究真理或理性知识在公众事务中作用，也不只是为寻求政治救赎而探讨宗教在公众事务中的位置。其实，它是在探究科学技术在政治策略上的作用。这一政治策略涉及：在公共事务中，定义行动并使之合法化，同时，使行动者负责[①]。正如人们会问圣迹或圣经何以在某些政治场合中被用来赋予政治者的主张以权威，并使其行动合法化，而不问这些主张或行动是否合理，人们也会审查在现代自由-民主国家中使用科学技术赋予政治行动以权威并使之合法化的做 13
法是否恰当。因此，如果仅仅关注科学在智识上的运用，而排除其“滥用”，那么，就没有必要限制对如下问题的回答了，当然，这也可能曲解了对这些问题的回答。这些问题就是：在现代社会中科学与政治为何相互作用？又如何相互作用？

在下面的讨论中，我会关注科学作为一种政治资源在下列情形下的使用：在形成行动过程中，重新定义“代理人”和“环境”的相对地位；强化行动状况，使之成为一种可观察的社会事件；区分自由行动的主观和非

---

① 这种观点委婉地强调了科学的制度特征和科学的社会规范之间所存在的关联，同样，也强调了科学精神与其可见实践之间的联系。在其阐明科学的这些方面的研究中，罗伯特·默顿提到了“科学与社会秩序”及“科学的规范结构”（“Science and the Social Order” and “The Normative Structure of Science”），见 *The Sociology of Science*, ed. Norman Storer (Chicago: University of Chicago Press, 1973), pp. 254 - 278; Michael Polanyi, *Personal Knowledge* (Chicago: University of Chicago Press, 1968); Talcott Parsons and Gerold M. Platt, *The American University* (Cambridge, Mass.: Harvard University Press, 1973).

主观形式；以及，将政治行动者的行动表达为公共的和非个人的，而不是个人的和主观的。接下来我会进一步研究在使政治权力的运用去人格化和“非政治化”方面，以及使政府行动合理化方面，科学所起到的作用。政府的行动依赖人民，也为了人民利益。据此，我认为，行动的科学技术标准已经变得与自由-民主责任制的战略政治要求密切相关，并支持直接观察的可信性作为合法化的自由-民主仪式中的一项主要因素。

在20世纪自由-民主国家中，科学技术的地位发生了很大变化。我不否认诸如原子弹、空间飞行器和口服避孕药等技术在其中发挥了极其重要的作用。科学与政治的相互作用得到人们的关注，但其中有些方面却未被注意到。这些方面同样重要，绝对不应再被忽视。我将尝试说明，经过更全面的考察之后，恰恰是这些方面，更能说明20世纪末所发生的如下事实：科学带来了史无前例的辉煌的技术成就，但是，科学作为理性的社会理想的来源以及科学权威作为公共政治对话和行动之标准的来源，都受到普遍质疑。在20世纪的最后10年中，科学在智识和技术上的进步伴随着它作为自由-民主政治之修辞力量的明显衰退。

这种状况在很大程度上可归因于科学与政治组织的公共领域之间的逐步分离。这在某些方面是与早期教会与国家的分离相类似的。
14 我称这一过程为科学的“私有化”。因此，这个进程与科学在社会中的持续增长的影响并存。这类似于早期在一些国家中发生的教会与国家的分离。当时的分离与宗教的影响在部分社会的传播同时发生。与宗教的私有化一样，科学的私有化不只是科学的社会地位的降低，还是有关其自由与限制的重新定义。

现代科学的私有化被有些人视作向更大自由的发展①，但同时也

① Paul Feyerabend, “Democracy, Elitism and Scientific Method,” *Inquiry* 23 (March 1980), 3 - 18; Richard Rorty, “Science and Solidarity,”这是要作者于1985年8月27日寄给我的一篇未发表的文章。

被其他人当作是科学作用的衰退。这其中包括：科学作为针对对话和行动的权威约束之来源的作用，以及科学作为构建现代政治秩序的文化"材料"的作用。事实上，科学已经被用来支持一系列现代政治结构，包括某些明显的专制政治结构。实际上，在拥有科学传统的社会的政治史中，有一部分内容就是科学被作为文化资源加以开发利用，来营造君主制国家、贵族统治国家和现代独裁国家等政治世界。在最近几十年里，一系列有关科学的历史和社会研究对于我们理解科学被作为一种文化和政治资源的方式提供了极大的帮助。这些研究涉及君主制和大革命时期的法国①、贵族的英国、中产阶级和工人阶级的英格兰②、魏玛和纳粹时期的德国③、民主美国④以及苏联⑤。因此，使科学能够成为一种珍贵文化资源的现代信仰体系的衰败可能就是可作为许多政治项目和结构的文化资源的衰退。这种情况不只发生在自

① Roger Hahn, *The Anatomy of a Scientific Institution: The Paris Academy of Sciences*, 1666 - 1803 (Berkeley: University of California Press, 1971).

② David Layton, *Science for the People: The Origins of the School Science Curriculum in England* (London: George Allen & Unwin, 1973); Robert H. Kargon, *Science in Victorian Manchester* (Baltimore: Johns Hopkins University Press, 1978); Jack Morrell and Arnold Thackrey, *Gentlemen of Science* (Oxford: Clarendon Press, 1968); Steven Shapin and Barry Barnes, "Science, Nature and Control: Interpreting Mechanics Institutes," *Social Studies of Science* 7(1977), 31 - 74.

③ Paul Forman, *The Environment and Practice of Atomic Physics in Weimar Germany* (Ann Arbor: University of Michigan Microfilms, 1970); Alan D. Beyerchen, *Scientists under Hitler* (New Haven: Yale University Press, 1977); Joseph Haberer, *Politics and the Community of Science* (New York: Van Nostrand Reinhold Co., 1969).

④ George H. Daniels, *American Science in the Age of Jackson* (New York: Columbia University Press, 1968); A. Hunter Dupree, *Science in the Federal Government* (Cambridge, Mass.: Belknap Press of Harvard University Press, 1957); Ronald C. Tobey, *The American Ideology of National Science*, 1919 - 1930 (Pittsburgh: University of Pittsburgh Press, 1971); Don K. Price, *The Scientific Estate* (Cambridge, Mass.: Belknap Press of Harvard University Press, 1965).

⑤ David Joravsky, *Soviet Marxism and Natural Sciences*, 1917 - 1932 (New York: Columbia University Press, 1961); Loren R. Graham, *Science and Philosophy in the Soviet Union* (New York: Alfred A. Knopf, 1972).

由-民主国家里。17 世纪，对地狱的信仰和畏惧的降低，破坏了实现社会控制的、强力的社会文化机制[①]。与此类似，对外在客观实体的信仰的衰落、对普遍有效的科学知识的信仰的衰落，可毁掉整个政治结构中的文化材料。当然，理性行动的科学和技术范式已经以多种不同的方式逐渐融入那些民主的和专制的政治结构，并且也提供了十分明确的政治价值和目标。这些政治项目为其各自目的而选择科学的不同方面，并加以利用。然而，尽管各有不同，科学本身作为文化力量的衰退，恰恰是各种民主政治与非民主政治可资利用之文化资源的贫乏之因。

我的研究考察了在支持现代形式的自由-民主政治的过程中，科
15 学和技术发挥作用之基础和之后其作用的下降。我进一步认为："政治的工具观念"曾经鼓励了美国和一些其他自由-民主国家接受公共行动的科学技术范式，特别是在 19 世纪最后几十年至 20 世纪 60 年代末期这一段时期内。但是，到 20 世纪末，这一观念却遭到质疑。这对科学技术在现代自由-民主国家中的作用产生了深远影响。

当然，我对美国自由-民主政治的研究要考虑到美国政治经验的独特性及其难以一般化的特征。但是，作为科学技术最发达的自由-民主国家，美国也提供了深入认识科学与现代自由-民主意识形态和政治之间相互关系的机会。

行动的工具观念

"那些对人类的行动作了比较的人"，米歇尔·德·蒙田在其文章

① D. P. Walker, *The Decline of Hell*: *Seventeenth-Century Discussions of Eternal Torment* (Chicago: University of Chicago Press, 1964), pp. 3 - 4.

《关于我们的行动的不一致性》中观察到,“总是难以在现实中将它们集合在一起,因为它们通常总是如此奇怪地相互矛盾,以至于人们认为它们似乎不可能来自同一地方。”①

当然,当一致性和连贯性在大量单独行动者和社会或政治的集体行为中被找到时,发现存在于单独行动者的行动中的一致性和连贯性的困难就会成倍增加。我们集体行动的不一致性是政治领域中存在的一个特殊的、恒久的问题。在政治领域中,必须确立秩序,但不能损坏个人的自由和自治②。在不否认行动者的个性与自治的前提下,将个人行动转变成合法的公共行动的问题,可以被视为行动的自由-民主问题。为了辨明科学技术作为文化资源在处理这个问题中的作用,有必要首先研究我称作“工具主义”的政治元素。工具主义可以使个体行动者们的行动看起来内在一致,并具有公共性。 16

蒙田认为,让个体的行动保持一致的因素是代理人向明确目标发展的决定。他提出:“风不会帮助没有目标港湾的人”③。有关行动的工具观念构想提出:当相互分离的行动被视为实现特定目标的手段时,它们就能够相互连贯。当然,这一构想在现代行动理论中相当普遍④。然而,在自由-民主政体中,行动的工具主义观念引出了如下问题:将各自分离的、特定的行动一致起来,作为实现最终目标的手段,这一做法是否与保护作为自主代理人的个体的特性和自治的需要相一致?现代自由主义思想家,如约翰·杜威和卡尔·波普尔明确拒绝了几种工具主义。这些工具主义假设人类行动有其内在的自然目标、

---

① Michel de Montaigne, *Selected Essays*, trans, and intro. *D. M. Frame* (New York: Walker J. Black, 1943), p. 117.

② 对 17 世纪英格兰的这一问题的有益探讨,见 John A. W. Gunn, *Politics and the Public Interest in the Seventeenth Century* (London: Routledge and Kegan Paul, 1969).

③ Montaigne, *Selected Essays*, p. 125.

④ 例如,见第 7 章关于马克斯·韦伯的方法的讨论。

历史目标和社会目标。但是，这些思想家以及其他一些思想家在如下一些问题的认识上也存在分歧：自由代理人能够在多大程度上确定并分享集体目标？这些目标是否足够具体与明确，来引导公共行动？

正如我们在下文中将看到的那样，这些认识上的差异对工具主义融入关于政治行动之唯意志论理论的程度有所影响。目标是保持自由代理人行动一致的因素。因此，关于自由代理人是否可以分享共同目标以及如何分享目标的不同观点，就对公共行动的功能工具主义观念的可接受性产生了重要影响，同样，也对科学技术在自由-民主政治环境下的价值产生了重要影响。

在行动的工具范式内，行动者根据其行动的可见结果而承担责任。反过来，这些范式可能支持那些行动能够明显推进的目标。在现代自由-民主国家中，科学的重要政治功能之一就是确定实践活动无法达到的目标是不合理的或批评它。宗教认为自身有责任教会人们“如何到达天堂”，而妥协于教会的伽利略却认为有必要将此任务留给科学，让科学教给我们“天体如何运行”①。人性化政治行动的目标，就是将作为此世界关怀的政治与作为彼世界救赎方法的政治相分离。这成了潜在于有关秩序的自由-民主观念之下的主要冲动之一。当然，从历史上来说，科学既鼓励了乌托邦政治，也抑制了乌托邦政治②。
17 但是，科学与预测和控制自然以及人类行为的目标之间的密切联系、科学在技术上取得的成功，经过漫长实践之后，已提供了维护政治形式并使之合法化的重要修辞资源。这种政治形式局限于那些由实践的、用工具可以实现的目标所引导的行动范围内。用蒙田的话来说，

① Galileo, "Letter to the Grand Duchess of Tuscany," cited in A. C Crombie, *Medieval and Early Modern Science*, vol. Ⅱ (Garden City Doubleday Company, 1959), p.202.

② Frank E. Manuel and Fritzie P. Manuel, *Utopian Thought in the Western World* (Cambridge, Mass.: Belknap Press of Harvard University Press, 1979).

作为一种将行动“集合在一起”的方式，工具主义最适合于自由-民主政治的特性。事实上，人们可能做出这样的主张，尽管可能不是特意这样做，认为美国特定的自由-民主信念引起了人们接受公共行动的科学技术模式的有益一面。这种情况可能在以往的文本记载中被忽略了。这些文本记载将科学技术在自由-民主政治中的影响归结于一些外在因素，诸如工业革命、技术进步、社会与经济生活的持续历史理性化、文化与教育普及以及西方社会现代化进程的其他方面。

本研究的焦点则非常不同。虽然，诸如世俗化、工业化和现代化的历史进程仍然是我的话题的主要方面，但是，我将集中讨论工具主义，把它作为对于行动的自由-民主问题的一种政治-意识形态回应。从这一观点出发，以其明显的或潜在的政治功能就能说明行动的工具范式在现代自由-民主国家公共部门中传播与制度化。所谓政治功能，我是指通过工具化可以使具有现代意识的人民接受国家强权，可以依据自由-民主价值将公共行动与公共主张制度化并使之有效，可以克服存在于公共行动要求与自由个人主义价值观之间的紧张关系。

在美国及其他西方民主国家中，工具主义作为对如下自由-民主问题的政治回应而兴起。这一问题就是：调和公共行动与个人主义和唯意志论承诺这一自由-民主问题。其兴起之因与如下至少两种广泛采用的观点不同：其一，认为工具化就是使公共事务理性化并使民主政治开明的进程[①]。其二，由雅克·埃吕尔(Jacques Ellul)和刘易斯·芒福德(Lewis Mumford)这类人的批判而产生，工具化就是使公民去人性，并颠覆自由-民主的价值。后一观点由其他针对资本主义的批

① Charles Edward Merriam, *New Aspects of Politics* (Chicago: University of Chicago Press, 1925,1931); Herbert Simon, *Administrative Behaviour* (New York: Free Press, 1957).

18 评而发展，比如赫伯特・马尔库塞。他认为国家行动的技术化是资本主义本质特征的表达，即控制和独裁的非民主体制[①]。前者与如下态度一致，也就是，认为公共事务处理的科学技术理性化是真正的民主政治的特征之一[②]。后者倾向于将公共事务中科学技术的影响与政治行动和控制的非民主体制联系起来。

在本研究中，我认为不需要对此两种解释二选一。每一种解释都涉及科学技术在不同的政治领域中作为政治资源的用处。作为一种政治的或者意识形态上的资源，科学能够被用来支持那些完全不同的甚至截然相反的目标。因此，我会关注科学技术作为有价值的政治资源的不同方法。这些方法用于处理那些存在于行动的自由-民主体制中的关键问题。我同样会关注作为意识形态-政治战略而使用的工具主义。为了澄清自由-民主政治和意识形态中科学技术的特殊作用，我有时会提及那些非民主国家中科学、技术和政治的相互作用，以作为一种对比参考。然而，我要强调，在讨论中做如此说明，并不是要历史性地重建现代自由-民主国家这些关系的发展过程，而是要去理解科学技术为表达、判断和批评政治权力的使用而融入自由-民主意识形态战略的方式。

在现代自由-民主国家中，科学发挥作用，支持了关于公共行动的工具范式。在下面的讨论中，我将关注其中三个方面：第一个方面即必须调和自由承诺与秩序需要；第二个方面涉及在保证代理人作为负责任行动者的前提下实现政治权力的运用被部分地去人性化的目标；第三个方面要确保公共代理人的行动是出于公民的“利益”，并确保这

---

① acques Ellul, *The Technological Society* (New York: Vintage Books, 1964); Herbert Marcuse, *One Dimensional Man* (Boston: Beacon Press, 1964); Lewis Mumford, *Technics and Civilization* (New York: Harcourt, Brace and World, 1963).

② Price, *The Scientific Estate*.

些代理人能够承担责任。

公共政治行动的各个方面是紧密交织在一起的。对其加以区分，具有分析上的益处。在自由-民主意识形态中，固有自由个人主义承诺与公共行动要求之间的紧张关系。科学技术被作为政治资源来解决这一问题。

科学与自由的理性化：作为政治建构的原则 19

自由-民主的政治行动者必须时常面对诸如埃德蒙·伯克给予法国国民议会（French Revolutionary Assembly）的批评："正如邪恶事物一样，他们被赋予了权力，来进行颠覆和破坏；却没有任何建设，除了那些可用于进行更多颠覆和破坏的机器。"[①]现代自由-民主理论和实践的主要困难之一，就是寻求从理性自由观念到达手段自由观念的道路。理性自由抑制暴力政府，并保护个体的私人领域免受独裁者的干扰与侵犯。手段的自由则确立秩序与权威的可行体制。正如孟德斯鸠（Montesquieu）政治哲学阐明的那样，自由-民主理论必须明确：自由而非恐惧才是好的、稳定的政治秩序的准则。这一观点与马基雅维利和霍布斯的观点不一样[②]。

在其演变进程中，自由-民主传统检验了几种作为秩序准则的自由观念。我将关注科学在其中三种基本观念中的作用，第一种包含如下观念：自由、自私自利行动者之间的自发的相互作用能够形成行动的平衡体制，其综合结果使公众受益。相互竞争的自我主义者能够不自觉地发展一种集体目标；个人恶习可以引出公共利益。这些观点假

---

① Edmund Burke, *Reflections on the Revolution in France* (1970), ed. And intro. Conor Cruise O'Brien (Harmondsworth: Penguin, 1976), p.161.

② 例如，见 Judith N. Shklar, *Montesquieu* (Oxford: Oxford University Press, 1987).

定:在没有合作要求或者参与者的有目的的公共意识的情况下,自由可以产生秩序①。按照亚当·斯密(Adam Smith)的说法,个体行动者一般“既不会去推进公共利益,也不会意识到他在多大程度上推进了公共利益。通过追求个人利益,他常常更有效地推进了社会利益,比他有意为之更好。②”弗里德里希·哈耶克(Fredrich Hayek)回应了他的哲学观点。他写道:“不屈从于非人的、似乎非理性的市场力量,就只能屈从于他人的不可控制的,因此也是独断的权力。”③哈耶克接受自由的自由-民主概念作为政治创造的准则,但强调政治创造是盲目的。人类的制度是作为“人类全部活动的结果”而形成的,但可能不是
20 人类活动设定的或意图达到的结果④。人类制度不是“自觉控制”⑤的产物,也不作为审慎行动的设定结果而出现。按照哈耶克的说法,任何可称为社会的行动或者与个人行动明确区别的行动,都不是审慎的行动。否认了自觉社会行动的可能性,哈耶克发展了一种关于行动的反工具主义观念。根据这一观念,通过对一般规则的自主坚持,来实现自由和秩序之间的调和。他说:“要求在充分考虑其所有后果之后,再评判每一行动,而不是根据一般原则。这种要求注定不能遵从一般规则。对于只有有限知识的人类来说,只有凭借当下确定的环境,自由才能与最基本的秩序结合起来。对正式规则的普遍接受确实是充

---

① Bernard de Mandeville, *Fable of the Bees* (1723) (New York: Penguin Classics, 1970); Adam Smith, *An Inquiry into the Nature and Causes of the Wealth of Nations* (1776), ed. E. Cannan (New York: Modern Library, 1937).

② Smith, *The Wealth Of Nations*, p.423.

③ Friedrich A. Hayek, *The Road to Serfdom* (Chicago: University of Chicago Press, 1944,1969), p.203.

④ Friedrich A. Hayek, *The Counter Revolution of Science* (Glencoe: Free Press, 1952), p.83.

⑤ Friedrich A. Hayek, *The Counter Revolution of Science* (Glencoe: Free Press, 1952), p.84; Hayek, *The Road to Serfdom*, p.57.

满欲望的个人已发现的唯一导向。”①

作为秩序准则的第二个自由观念取代了类似市场超级机制中的看不见的手。该机制与教化所引导的合作与调整相匹配。关于政治性的这一观点基于如下假设：行动既是根据信息进行的，也是自主的。从这一进路来说，公共领域由个体支撑。通过学习与理性劝说的过程，个体可以形成一致意见或多数人赞成的意见。如果是在无意识平衡的情况下，约束被认为是内在于人类相互交往中的“固有”逻辑；在自主理性调整的情况下，约束由那些获得充分信息的个体的代理人加以说明或自我承担。正如市场中集体行动的随意性被认为是由“市场规律”监督的一样，在一个相互依靠信息而进行调整的系统中，自主行动——自由的破坏方面——由规范行为的理性标准所监督。公众教 21
化是实现自由个体行动之分权协调的手段。这一观点由18世纪的孔多塞（Condorcet）进行了阐述。19世纪的约翰·斯图尔特·密尔（John Stuart Mill）与20世纪的卡尔·波普尔和约翰·杜威等思想家也进行了阐述。

自由-民主的政治传统发展了作为秩序准则的第三种自由观念。事实上，这一观念是一种中央集权的秩序概念。这是教化的相互作用的产物。按照这一观念，秩序不是通过公众教化而产生和维持的，倒是通过被教化的少数人的行动而产生和维持的。避免少数人的行动专断或主观的因素是公共确立的——外在于政治的——胜任绩效标准。因为行动者必须在自由公民面前证明其行动，那么，他们就必须诉诸公众所相信的、他们声称为公众利益而行动的指标。这样，看起

---

① Hayek, *The Counter Revolution of Science*. P.93.不依赖开明个人之间的有目的合作，分散的互动就可以服务于集体利益。这一重要观点与孟德斯鸠、麦迪逊和斯宾塞的观点相关。出于不同的原因，这些人中没有一个认为：开明的、公众认可的公民是建立自由政府的必要条件。

来能够协调如此集权的行动体系与民主政治价值的事物，也就是分权的责任体系。在那些发展了关于中央集权的民主管理政府的观念的理论家中，有托马斯·霍布斯、亚历山大·汉密尔顿（Alexander Hamilton）、杰里米·边沁（Jeremy Bentham）、西德尼·韦布（Sidney Webb）、比阿特丽斯·韦布（Beatrice Webb），以及 20 世纪前几十年美国的赫伯特·克罗利（Herbert Croly）和查尔斯·梅里亚姆（Charles Merriam）。

这三种观念的共同之处就是假设自由是创造性准则。它是产生秩序的条件。科学之所以成为自由-民主的政治观念的核心，恰恰在于它对这三种自由观念的支持，而这三种自由观念正是关于秩序的、富有创造性且规范的准则。在第一种观念中，公共秩序体系并非是刻意制定的产物，而是自发的相互作用的无意识结果。科学是一种主要手段，来鉴别并令人信服地证明这些自发的相互作用受典范、法律和规则的约束，以保证自由不会导致混乱[①]。在这种模式下，科学作为审慎行动的方法来满足其政治功能，远不如其作为政治资源来得好。也就是，科学作为一种理论依据，以确信自由并约束政府干预，并将之立足于自然主义基础之上。在此种语境下，科学的后一种政治功能强调了默想知识是必要的自然真理的反映这一经典观念。至此，它提供了理性化自由的基础，将之作为要素，不仅与延伸自然规则到社会领域的做法相容，而且在一定程度上将之内化于这一做法之中。从这一观点出发，当人类行动不受人为约束控制之时，支撑社会和政治秩序的法制才显露出来。这主要是缘于这样一种看法，社会逐渐被认为是一个明确的、为政治行动者确定其行动限制的体系。这样，在无意识协

① 例如，社会受统计规律约束的观念导致 19 世纪中期持放任观点的英国自由主义者要求限制政府的作用。见 Theodore M. Porter, *The Rise of Statistical Thinking*, 1820 - 1900 (Princeton: Princeton University Press, 1986), p. 57.

调背景之下，科学观点就有助于列出各种自然主义观点，以保卫约束国家行动的自由-民主理论。牛顿力学为这一作为平衡的秩序模式制定了关键的隐喻词语，而亚当·斯密的市场概念则将之由物理自然沿用到社会领域[①]。

作为秩序的创造准则的第二种自由观念列举各类知识以确证有 22
目的的自主公共行动。从某种方面来说，它更富有工具色彩，也更有民主品味。在这里，科学的主要政治功能不表现在提供秩序的基本隐喻，以实现一种无意识的机械平衡，而表现在通过事例证明了一种方法。凭借这一方法，由自由理性的个人组成的共同体就能形成“客观”知识并定义真理。反过来，这些真理则被确定为限制所有理性的意见发表者和行动者的权威约束。科学作为开明的相互作用的模式，其政治功能不是集中于某一具体科学知识，而是在于“科学共和国”可成为自由-民主原则的社会组织模式。根据这一模式，自由可同时发展知识与和平。在这一体系中，自我发展与集体进步可以相互协调。迈克尔·波兰尼（Michael Polanyi）注意到了存在于科学共和国的社会学原则与关于市场的经典经济学理论之间的密切联系[②]。在其形成理性的一致意见并发展“公共知识”的范围内，科学支持分权化，使之成为自主地理性矫正的体制或开明和解的体制，而不是盲目的、无意识协调的体系[③]。在自由-民主政体的模式下，科学事业的象征性修辞力量

---

① Smith, *The Wealth of Nations*. 又见 Amos Funkenstein, *Theology in the Scientific Imagination from the Middle Ages to the Seventeenth Century* (Princeton: Princeton University Press, 1986), esp. pp. 317, 323 - 324. 关于钟表隐喻在表达“众多活跃互动的部件有序整合的系统”这一观念上的作用，见 Otto Mayr, *Authority, & Liberty, and Automatic Machinery in Early Modern Europe* (Baltimore: Johns Hopkins University Press, 1986), esp. p. 119.

② Michael Polanyi, “The Republic of Science: Its Political and Economic Theory,” *Minerva* 1 (Autumn 1962), 54 - 73.

③ John Ziman, *Public Knowledge: The Social Dimension of Science* (Cambridge: Cambridge University Press, 1968).

产生于如下事实：与市场机制相比较，在公共行动的建构过程中，它为理性和目的性原则留下了更多发挥作用的空间。

在自由-民主国家中，科学家和学者的自由与公民的自由一样，通常被加以保护，以便作为必要条件，形成诸如知识和秩序等社会福祉，并获得信息，自主地达成一致意见，从而确定合法的权威。在专制主义国家中，科学则主要被用来确证关于世界的某种观点，强化政府权力与控制。自由的创造潜力可以实现开明的、分权的和解；科学共和国则可以作为其示例。这一观念在专制国家中被忽视或压制了[①]。在自由-民主政体中，个人的创造力被弘扬，被作为一般社会、技术和文化事业的基础。科学家象征性地为自由做出了一般性的政治辩护，将之作为发展社会福祉的条件[②]。自由-民主国家将科学共和国作为一项证明自由有能力形成秩序和行为准则的示例，并将之延伸至政治领
23 域。与此相应，专制国家也将秩序的科学观念延伸至政治领域，将之作为自由观念的基础或自由观念的理性化。只是，其自由观念是对某些命令的坚持或对某一必要实体概念的采用。与此区别相一致，自由-民主社会中关于真理和知识的公共定义，既服务于国家一方，也服务于个体一方。这里的个体既可作为已确立主张和权威的潜在宣传者来活动，也可作为其批评者而活动。与此相比，专制国家中关于真理和知识的公共定义，只服务于已确立的管理权威，而压制任何潜在的个体或团体挑战者。

---

① 例如，关于早期苏联科学的形象，见 *Science at the Cross Roads*。这是提交给1931年6月29日—7月3日的伦敦国际科学技术史大会的论文。fore. J. Needham and intro. P.G. Wersky (London: Frank Cass, 1971). 关于自由批评主义，见 Michael Polanyi, *Personal Knowledge* (New York: Harper Torchbooks, 1982), pp222 - 245.

② 关于科学作为自由个体创造力的民主价值的表达，见 Karl Mannheim, "The Democratization of Culture, in his *Essays on the Sociology of Culture* (London: Routledge and Kegan Paul, 1956), esp. pp. 188 - 199.

作为秩序准则的第三种自由观念承诺知识指导行动的作用,但降低了分权互动的作用。正如我们将看到的那样,这一取向立足于如下假设:理性行动者足够坦诚,但不是保证其相互调整与适应的可能性,而是保证第三方有能力并从他的角度出发,来鉴别所有个体行动者表达出来的集合倾向或平均倾向,并据此行动[①]。在这种模式下,知识和理性并不被认为是将分散的个体引向开明之所或相互合作的要素,也不是让一群自由个体做出决定并一起行动的要素。相反,它们被看作是一种手段。依赖这种手段,自主互动的结果可被预期并由第三方实施,以避免分权的"浪费"与"无效"。在此种自由-民主行动模式下,科学的作用不是将控制与操作理性化,而是将公共知识确定为对集权公共行动的限制,因此,也就防止了集权公共行动。在现代自由-民主国家中,科学通过如下方式,确实帮助维护了行动的集权组织,这些方式是:要求保证行动者接受关于其绩效的客观的公共检验;根据自然原则和科学知识,建议立法与行政行动不可随意,要遵循规则。在第一种观念中,科学的政治功能是对自发的或无意识的机械平衡这一隐喻的利用与精细阐述。在第二种观念中,科学的功能是将科学共和国作为建立在开明的和有目的的自主互动基础上的秩序模式。而在第三种取向中,科学的政治功能则集中于表达和确证集权行动作为技术行动,因而,也是公共的和负责任的行动。

在这三种观念中,自由行动形成并维持了公共秩序。知识被用以
保证不会出现恣意妄为或无秩序,被用以增加社会福祉。自由观念的 24
这三种不同的自由-民主意识形态,以三种不同理解,使用了科学,分

① 在其缺少民主的版本中,这一位置将集权行动理性化。例如,在加仑(Gallom)优生学中,控制生育的观念并不是由明确的个人意愿引导的,而是由关于集体利益的"科学"观念所引导的。Francis Galton, "Hereditary Improvement," *Fraser Magazine* n.s. 7(1873),116－130. 又见 Porter, *The Rise of Statistical Thinking*, pp. 128－146.

别是:将关于自然的科学的-机械论的隐喻用于社会与政治;作为社会建制化的实践体系;以及作为行动的范式。在无意识和自主的分权协调背景下,科学与其他事物一同被用来支撑如下断言:分权化不会必然引发混乱。如果在民主环境下出现集权情况,科学则被用来服务如下观念:某些集权也可以担负民主责任。在第一种情况中,科学被用来联合自由的个体行动,以便将它们与社会福祉的偶然一致充分确定下来。这样才能将自由理性化,使之免受政府侵扰。在第二种情况中,科学被用来支持如下断言:获得充分信息的个体能够自主地、审慎地一同行动,以提升人类福祉。在第三种情况中,科学被用来将如下断言理性化:集权权威会对公众负责,并保证其行动权不会被滥用[①]。

在这三种作为政治创造力的自由观念中,只有后两者被认为与工具主义相一致。在第一种观念中,并没有一致认可的、共享的公共目标。其中,个人行动转变为公共行动以及使之内在一致以便个人行动与社会福祉相一致的过程,都被认为是自发的、无目的性的。这是一种内在于事物本性中的非人调适。在后两种观念中,其结果以及客观化和去人格化的行动都是深思熟虑的。有人假设一群理性的个体行动者能够一致认可公共政策或公共行动的客观性,因而,也能够确定共同的行动方法。另有人假设,引导一群行动者加入共同行动过程的基础,对第三方来说也可以是明显的。第三方可以从显露出来的个人倾向中推测出适当的公共行动过程,由此,在服务公共利益的共同行
25 动中将人们联合起来。尽管适当的行动被集权化了,但这种行动的非

① 在西方传统中,自由意志能够体现在合法的和必需的行动中,这一观念已得到中世纪神学家们的发展。这些神学家们试图将上帝的全能与秩序和自然法则统一起来。中世纪关于“上帝的绝对权能”(potentia Dei absoluta)和“上帝的定旨权能”(potentia Dei ordinata)的区分,后来被发展,理性化了“科学符合神的自由意志这一神学观念”之主张。见 William J. Courtenay, *Covenant and Causality in Medieval Thought* (London: Variorum Reprints, 1984); Funkenstein, *Theology and the Scientific Imagination*.

参与特征根据环境而被理性化，这被认为保证了主要行动者持续接受外部批评和评价。

一群分散行动会产生无意识或偶然平衡、自主适应会导致审慎的协调，而公共行动也可以由集权引导。不管前后两者存在多么明显的差异，科学在这三种自由观念中，持续发挥着作为规范秩序之来源的作用。在第一种情况中，与市场类似，知识反映了所谓的个体行动的内在协调，其总合起来就是法律规范，并反过来将限制政府干预的约束理性化。在第二种情况中，知识和认识允许自治的行动者相互间充分坦诚，并假设行动领域中存在足够的规范性与可预测性，以保证说服和同层次协调的可能。在第三种情况或集权情况中，要求同样的坦诚、规律性和可预测性，以保证第三方能够从已显露的或推算出的个体行动倾向等相关事实中推论出公共行动的过程，以便将公共事务引向"中立"机构，发展社会福祉之理想，也即"大多数人的至善"。

在这三种观念中，知识允许自由被看作是有结构的因果关系，并将作为自由-民主秩序中创造性政治结构之原则的自由与作为随意行动根源的自由区别开来。在这三种观念中，科学知识的主要功能是将行动"外化"为形式，"将它们以相同的方式集合在一起"。三种形式之间的区别在于观察行动并将之结合在一起的视角不同，以及不同视角的政治意蕴有所差异。

这一点大概可以通过假设说明来阐述清楚。设想行动者如同萤火虫一样，可以发出光，在黑暗中照亮其路径。在自由的市场观念中，自由是自治的自我主义者的自主行动，发光的行动者在不自知的情况下，启动了形式的"上帝之眼"或"科学之眼"，从而指明了所有行动者集合起来的路径，就像有一只看不见的手，制造了一个和谐的整体。在第二种自由观念中，存在开明的自我调整，似乎行动者——萤火虫——能够彼此观察被照明的路径，并相互适应对方的行动，从而形

成一种集体形式。在这里,知识允许其相互"透明",这使得集体行动
26 中的协调和一致变得可能。然而,在盲目互动的情况下,"光"是局外人获得知识的条件;在开明互动的情况下,知识是相互调整与合作的手段。在此两种情况下,自由国家发挥了顺利互动的保卫者和支持者的最小作用。国家制定了语言文字、规则、货币、重量和计量单位等,并将之标准化,以便确保其体制的稳定与管理[①]。在现代自由-民主国家中,政府在制定和维护诸如重量和计量单位等标准的方面的作用,已延伸至新的标准类型,涉及健康、安全和产品标识等事物。

在第三种自由观念中,一些当选官员代表公众采取行动。这一观念将类似市场的自发平衡与开明的分权协调两种因素集合了起来。政府代表公众的承诺立足于如下假设:政府清楚公民的倾向。第一种模式中的"上帝之眼"在此被政府之眼所代替。这种情况下可能出现的专制,被公众所监督。政府对公众是同样透明的。公民间彼此透明的原则是第二种模式即开明的分权协调之模式的特征。在第三种模式中,这一原则变为公民与政府间的相互透明。既然作为所有公民权利的取证和监察已被分权化,那么,政府行动的透明性看起来就限制了权力的集中("被监督的权力是贬值的权力")[②]。在这一观念中,对政府而言,公民倾向的可见性以及政府能够知道并预见公共行动的期望进程等假设,都被用来理性化政府为公众行动之承诺;政府对公民的可见性,则被用来通过责任制的分权化缓解政府行动的集权结构。政府利用科学支持其承诺,即对整个系统的概要认识赋予其权力,以

---

① 例如,请考虑牛顿出任铸币厂厂长的作用。见 Frank E. Manuel, *A Portrait of Isaac Newton* (Cambridge: Belknap Press of Harvard University Press, 1968), pp. 229-244.

② Samuel P. Huntington, *American Politics: The Promise of Disharmony* (Cambridge, Mass.: Belknap Press of Harvard University Press, 1981), p. 75. 现代民主政治的一个特征是相互透明。关于其文化基础的研究,见第 3 章和第 4 章。

此来提供理性指导并为一般福利而行动。反过来，公众及其授权的或自我授权的非政府机构则引用科学，根据技术效能的公共标准及其品行，让政府行动者承担责任。这三种自由-民主行动(无意识的集合、自主调整和公共责任集中导向)的每一种之中，都明确分配了可见性 27
或对他人透明的属性，但这是以特定的控制行动之权力的分配为前提的。保证集权形式仍然与自由-民主价值相一致的因素，是对专制的技术官僚集权主义的反对。民主的工具主义表明了可见的因而可被作为独立观察者的公民所监督的政府存在的理由①。

在不同的时间和环境下，三种自由-民主行动中的某一种较其他两种会都处于中心地位。虽然如此，现代自由-民主国家却将三者结合进了一种混合的行动体系之中。三者的共存赋予自由-民主政体以独特的灵活性，可以在分权集体行动的无意识形式和自主形式之间转变，也可以在分权形式与适度的集权形式之间转变。在自由-民主国家中，公共行动作为分权互动产物的执著信念，是对监督行动的集权化结构进行周期调整的关键因素。强化行政部门作用的自由-民主理性与分权互动机制的稳恒运行，密切相关，而后者则为理性地指导和计划行动提供了指标，就像市场体制中的价格一样。当然，它们也以新闻自由为手段，将行政体系暴露出来，使之接受胜任绩效的公众考核。事实上，自由-民主政体是一个政治左右摇摆的系统。在其中，可以摆脱激进分权的魅惑，而走向缓和集权的周期，又可以回应对过度集权的恐惧，走向再度分权的周期②。

自发平衡、分权自主协调与理性的民主集权，是公共行动三种范式。在三种范式间的浮动与公共行动基础所要求的知识水平的变化

---

① 见第 3、4 章中有关这个争论的进一步讨论。

② 有关自由-民主政治中在集权工具导向和道德分权形式之间的周期性转换，见 Huntington，*The Promise of Disharmony*。

相对应。尽管如此，科学在三者中仍发挥着有限但重要的作用。这一事实反映了科学在现代自由-民主行动的理论与实践中处于中心位置。从这种作用来说，公共行动的工具化与去工具化两种趋势与科学的政治功能的变化相关，并且，与科学技术因作为构建和维持秩序的自由-民主观念的政治资源所附带的价值相关。虽然，自发平衡和无
28 意识协调与公共行动的非工具主义甚至反工具主义观念相容，公共行动的范式也被认为是自主协调或民主管理的集权主义，工具主义还是假设：有足够的知识促使行动相一致，使之成为达到特定结果的手段；而集体行动的结果也可以在自治个体的社会中被确定下来。这两种假设以自由-民主国家的持续变化为条件。作为一群分散的个体行动的自发平衡的自由行动，其工具观念甚至也已理性化。例如，在古典经济学中，就有断言：自发的相互作用有其内在的经济秩序，有其可从科学家的概观认识中鉴别出来的逻辑规律。因此，激进的“有限知识”观点就可能不只破坏分权或集权形式的工具主义，还可能破坏反对工具主义的自由放任理论。

20 世纪后期，自由-民主的美国与其他西方民主国家中，人们逐渐在一定程度上接受了人类事务的不可简化的不确定性。这确实破坏了公共行动的工具主义规范，也降低了科学作为政治资源的作用。因此，科学知识在自由-民主理论和实践中的地位确实有所变化。一方面，正如我已指出的那样，知识承诺构筑了基础，作为能够产生秩序的条件，来保卫自由，同时，明确肯定立足于自由的政治不会引发混乱，也不会导致权力专制。另一方面，在 20 世纪末变得更突出的知识有限的观点，被证明是对所有专业权威行动之主张的最有力打击。这一事实暴露了关于科学知识双重假设的内在矛盾。一种假设以之为“溶剂”，能够将自由理性化，并作为秩序的政治建构的正面基础；另一种假设将它作为指责权力和权威不合理的基础，如从 J·S·密尔到卡

尔·波普尔和保罗·费耶阿本德（Paul Feyerabend）等思想家所指出的那样。这一矛盾表明了自由-民主政治中持续存在的困惑：如何将知识内化于自由观念之中？不仅仅是将知识作为否定原则，通过限制外部专制权力对自由的侵犯与干扰来保护个人权利，而且是将知识作为政治创造原则与政治秩序建构之基础。

科学、因果关系和政治权力的去人格化 29

乔瓦尼·萨托利（Giovanni Sartori）观察到这样一种现象，即“权力的去人格化对于西方人而言确实已经成为一项可以让他们投入其所有政治才能的事情了”[1]，乔瓦尼·萨托利的这种看法稍微有点言过其实了。法律、官僚机构和技术全都可以作为非常有效的工具。其实一些国家已经开始利用它们来将政治权力的运用去人格化。对政治权力非人格化的关注与君主制国家的历史有关的。这反映了用诸如公职、法律和职务等非人格的原则取代专制权威的人格原则的渴望[2]。作为其革命阶段的斗争信条，自由-民主攻击独裁专制统治的原则。后者内在于具有人格特征的专制权力之中，而专制权力往往隐藏在显赫、荣耀和家长制的外表之下。然而，作为占统治地位的意识形态，其批判焦点已由那些被选举出来或被任命的官员以及刚刚获得选举权之公民的热忱，转向了人格化权力的腐败后果。人们一向关注人格化政治权利的腐败后果。与此不同，我这里集中讨论以科学对政治权力

---

① Giovanni Sartori, *Democratic Theory* (Detroit: Wayne State University Press, 1962), p. 408.

② 有关当代政治权威从个人向非个人转变的历史，见 O. Skinner, *The Foundations of Modern Political Thought*, vols. Ⅰ, Ⅱ (Cambridge: Cambridge University Press, 1978). 又见 Ernst H. Kantorowicz, *The King's Two Bodies: A Study in Medieval Political Theology* (Princeton: Princeton University Press, 1957).

活动去人格化的三种不同策略。这三种策略暗含于三种主要形式的自由-民主公共行动之中。

个人是行动的最终来源，而个人自由是神圣的。随着这两条信念的广泛传播，现代政治界对人格化的、变化无常的政治权力活动的腐败后果越来越关注。正如沃尔特·厄尔曼(Walter Ullmann)所言，文艺复兴的人本主义传统聚焦于人类活动的个人与主观方面，这实际上暴露了也加剧了政治行动中主客观两方面的紧张关系。“准确地说，正因为中世纪的公共生活扎实地立足于公职与公职持有者之个性的区分之上，客观规范才能占主导地位并取得巨大成功。对人性的关注……对其人格特征的关注，渐渐破坏了这些客观标准，因为新人本主义关怀释放出了以往一直潜在的力量。”[①]正是对人的主观性、创造性和选择能力的日益推崇，才产生了新的、关于政治因主观化而引发腐败和堕落的弱点的焦虑。现代的自由观念和个人主义可能被用来支持党派偏见、多元化甚至无政府状态。这是对现代国家的挑战，并
30 促使其设计出非人格的、中立的权力公共形式，而这些形式则可以在一个自由政体中形成合法约束。因此，现代自由-民主国家所面临的问题并不仅仅是对政治权力去人格化，而是，采取何种方法，在保证个人主义与自由承诺的前提下，实现这一目标。与独裁主义的观念不同，行动的自由-民主观念只接受行动的唯意志论理论所划定范围内的政治权力的去人格化。

可以看到，在现代自由-民主国家中分权与集权的公共行动的各

---

① Walter Ullmann, *Medieval Foundations of Renaissance Humanism* (London: Paul Elek, 1977), p.181.关于马基雅维利和霍布斯对非人格政治权力的观念与理想之贡献，见 Harvey C. Mansfield, Jr., “On the Impersonality of the Modern State: A Comment on Machiavelli's Use of State,” *American Political Science Review* 77 (1983), 849-857; Harvey C. Mansfield, Jr., “Hobbes and the Science of Indirect Government” *AmericanPolitical Science Review* 65(1971), 97-110.

自框架中,科学知识都被认为是一种方法,来加以使用。这一方法支持了在民主角度上可接受的、政治权力活动的去人格化方式。然而,重要的是,现代自由-民主国家在利用科学技术的同时,也利用了另外一项因素来制定对公共行动的限制,使之可自由-民主地被接受。这一因素在满足“中立权力”需要方面同样重要。当然,这一最重要的因素就是法律。

在自由-民主国家中,一方面,需要代理者为其行动负责,另一方面,要求为政治权力活动引入非人格的、甚至非政治的基础,而法律被用作平衡两者的手段。法律系统允许限制代理者的自行决定的自由,同时,避免与公共行动的自愿前提发生冲突。通过强调评价行动与已确立规则两者间关系的需要,法律框架限制了如下政治倾向,即以行动者的意图或显露出来的个性痕迹来评价行动。政治组织的契约理论被认为创造了公民。它保证了在自由-民主传统中,对公共或政治行动者的法律限制不会过分强调自由个体行动者的行动的独立性,从而避免威胁秩序与行动的自由意志理论之间的和谐。

在将公共行动或其制定之基础去人格化的法律策略中,关键是行动要符合权威规则;而在将权力活动去人格化的工具-科学策略中,焦点则是行动(被认为是原因)及其后果间的关系。这一关系存在于(至少有部分)可知事实的世界中。在其不同的方法中,法制主义与工具主义将行动固定于各自简单的程式上。这些程式的使用为判断行动
并保证行动者负责,提供了易于鉴别的标准。前者将行动看作可与规 31
则一致或不一致的事物,而后者则将行动看作是达到特定结果的充分或不充分手段。这些程式提供了相应的观点。从这些观点出发,分散的与部分模糊的行动可以集合在一起,并作为公共监督甚至部分控制的目标而结合在一起。

法制主义和工具主义都强调行动与非人格的公共标志物的关系,

但却贬低了行动与行动者人格或其内在状况之间关系的重要意义。前者将行动形式化作为由规则规定的行为，而后者则将行动理性化作为达到特定目标的手段选择。

在这些差别之外，关于行动的法制观点与科学观点却存在着重要的类似和一致的方面，如历史上的“自然法”（natural law）观念、孟德斯鸠的“立法科学”（science of legislation）观念和现代工具主义的法律理论取向[①]。不论怎样，在现代科学技术规范的引导下，工具主义已成为一种明确的核心策略，来实现现代国家中政治权力运用的去人格化。因此，考察工具主义如何进入到现代民主政体并被用来服务于自由-民主价值观念，就必须深入探究关于公共行动的现代自由-民主政治理论的基础。

在自由-民主国家中，科学-工具规范对政治行动的影响有其重要意义。其中根本之处在于，既保证了权力的外在公共属性，又不否认自主行动与责任之理念。从工具行动的现代民主形式来看，由（自然或社会）科学所揭示并确立的因果关系并未取代或压制自主行动，相反，它们为自主行动增加了“客观的”可观察方面，并在非人格的约束系统中定义自主行动。这一系统要求自主行动持续接受公众对其效用的检验。工具化作为将政治权力去人格化的策略，其与自由-民主价值观相融合，部分地由自由作为政治建构的积极原则之观念所保证。自主行动可具有可辨别的结构；在自由条件下，自主的个人行为可以形成合法的社会形式。这些观念形成了如下观点：将行动结合起
32 来，被用作达到某一结果的手段，这并不必然暗含关于政治行动的专制观念。由于工具模式的公共行动预设了以审慎行动提升社会福祉

① A. P. D'Entreves, *Natural Law* (New York: Harper Torchbooks 1965); Shklar, Montesquieu; Robert S. Summers, *Instrumentalism and American Legal Theory* (Ithaca, N.Y.: Cornell University Press, 1982).

的、目的明确的代理者，因此，我之前提出：适用于分权或集权情况下有目的公共行动的工具规范并不适用于自发的协调。在自由-民主行动的早期与后期形式中，对科学的作用而言，个体行动无意识地汇集成集体的公共行动这一观念从来也不是核心。在自由主义的早期形式中，科学的典型功能已在市场的机械论隐喻的核心内容中被指明，即努力延伸进公共领域，使得一群公民的行动看起来一致，并作为无意识手段，来取得同样"好"的但并不常有的无意识结果。

在某些方面，"看不见的手"之隐喻符合许多分散的个体行动者的个人行动，这表达了自由-民主传统中公共行动去人格化的最关键内涵。通过将其分别对应于公共领域和私人领域，它将公共行动的自然主义观念与唯意志论观念成功地结合起来。虽然，它赋予个体以自由，允其作为自治的代理者行动，但它却将公共领域置于不自觉的法律规则之下。这一观念的发展遵循了 19 世纪上半叶阿道夫·凯特勒(Adolphe Qqetelet)的认识。作为社会科学学科——统计学的奠基人之一，阿道夫·凯特勒认为个人行为的异质性、自由与不可预测性均可与社会规律的可能性共存[①]。将科学用于政治和社会领域的"自然化"，并将之表达为必然规律的领域，招致了卡尔·马克思和弗里德里希·恩格斯的批判，他们批判以政治经济为资本主义统治的工具，并发展了另一种政治学观念。后者建立在决定论与行动的自由意志因素的另一种组合之上[②]。

关于行动的经典自由理论常常试图平衡自由意志的个人主义与行为的因果观念，通过将自由限制在个体领域、将法律规则限制在组

① Theodore M. Porter, *The Rise of Statistical Thinking* 1820 - 1900 (Princeton: Princeton University Press, 1986).

② Karl Marx and Friedrich Engels, *The German Ideology* (New York: International Publishers, 1963).

织层面,来实现这一平衡;而现代自由理论则逐渐将行动的自主范围延伸进了公共领域。对J·S·密尔、约翰·杜威和卡尔·波普尔来说,自由-民主政治制度是被精心建立和维护的。在某些限制范围内,
33 它们充分表达了自由的政治创造力。通过不断地声明政治行动中代理的地位,这一做法强调了在不否认自主行动的情况下审查政治行动的过度主观化所存在的困境。恰恰是在这种联系之中,科学技术变成了现代自由-民主国家中政治修辞的重要资源。离开自发平衡的市场隐喻,则要求以审慎的、面对面的互动假设取代个体行动的盲目集合或汇集之假设。这一转变必然增加可能出现个体冲突、个人统治以及丧失人之尊严的担忧。公共行动的自主化与个体互动的政治化增加了检查承担公共行动代理功能的行动者的主观性及其行为的潜在独断性的需要。作为象征、规范以及实践惯例的文化集合,科学技术提供了一个视角、一种认识论、一种语言以及一套社会组织化策略。凭借这些,行动可以与行动者分离,并被“客观化”为“方法”,以产生所声明之结果,而不牺牲代理者的自由与责任。正如科学文本提供了一种对话模式,在其中,各种表达和主张被置于发言者个性之外加以独立评价,充满科学信息的技术活动之模式也提供了一套富有政治魅力的策略,来规定、观察和评价行动的效能或其工具效用,而这一切都独立于行动者主观个性之外来进行。科学技术提供了认识行动的社会文化技巧,将之与其代理者分离,而不免除后者为其行动后果所承担的责任。正如我们将看到的那样,这种分离反过来将行动暴露于独立的外在评价之前。这就可能向行动者施以更严厉的责任标准。

行动与行动者的分离,也就是将行动作为取得结果的方法而去人格化。这一做法提出了一种可能,即将公共行动看成是一群相互分离的个体行动,一种不要求个体行动者切实合作或形成组织的集体行动形式。作为关于一群个体行动的相互作用的科学,经济学使用了诸如

"供给"、"需求"、"价格"和"生产力"等概念，来证明行动与人的概念分离的力量，以之将集体行动观点去人格化，并将之规定为整个"系统" 34
的特征或效用。这说明了个体行动是怎样被看成公共行动的因素而不否认其作为自治行动者的代理人的个性的。在自由-民主政体中，公民可以将其可分离的行动结合起来，同时保持个人的独立。他们可以自主或不自主地将其行动结合起来，而不丧失其独立个人的地位。

作为自由-民主的政治行动，无论是分权导向的还是集权导向的协调，都在政治上利用科学知识并采纳工具主义的视角，使得行动者看起来相互透明。与魔术、炼金术和工具主义的其他神秘形式不同，科学技术看起来通过参照可观察的公共事实领域将行动理性化了[①]。因此，自由-民主工具主义倾向于鼓励行动者选择那些从理性与公共角度上看技术可行的行动，至少如此表现自己。它预设行动者会声称其行动具备可见的、胜任方面的事实指标[②]。

在现代民主国家中，科学技术发挥着将公共行动去人格化的作用。其在行政中央集权的背景下所发挥的作用并不逊于其在分散互动背景下所发挥的作用[③]。如果说，在后一种情况下，去人格化的目标是审查面对面互动中的过度主观化，并限制独立性、弥补弱点，以避免削弱平等行动者之间的相互信任与适应，那么，在行政中央集权的民主形式下，去人格化就是保证个人或少数人合法代表多数人行动的必

---

① 例如，见 Tom Settle, "The Rationality of Science versus the Rationality of Magic," *Philosophy of the Social Sciences* 1(1971), 173 - 194.

② 戈登·伍德认为在 18 世纪，具有盎格鲁血统的美国人趋向于把政治事件当做计划和密谋的产物。他指出这种趋势随着世纪末的到来而逐渐衰减。在弗格森和斯密等苏格兰理论家的影响下，政治事件逐渐被认为由非个人因素和过程所产生，而不是由个体代理者或其动机所产生。参见 Gordon Wood, "Conspiracy and Paranoid: Causality and Deceit in the Eighteenth Century," William and Mary Quarterly 39 (July 1982), 401 - 441.

③ 参见第 9 章。

要条件。行动与行动者的分离，在集权互动的背景下，促进了自治个体间的协调与合作；而民主管理国家则利用它，来具体化有关国家官员的主张：他们的行动差不多都是依据有关情况的客观事实而做出的，其中包括已显露的或预期出现的各种公民意愿，因此，他们的行动是“代议行动”。在分权或集权公共行动背景下，将行动视为可从作为人而存在的代理者身上分离出来的技术手段，以作用、任务、功能及后果考察行动的做法，提供了一种处理可能存在的道德和政治冲突的方
35 法。这种方法在塑造和引导公共行动过程中不断发展。当其鼓励使用科学技术将公共行动建构成为达到特定结果而采用的技术规范措施时，工具主义提供了手段，将道德的、政治的及个人境遇的倾向性修辞和戏剧演出转变成冷酷的技术修辞，而后者则用于人类征服事实和客观约束世界的斗争中。这一转变与民主价值相容，特别是，它保证了主要行动者接受更严格的、有关绩效的公共检查。主要行动者对公共检查有控制，但很少。我希望证明这一点。自由-民主的工具主义的显著特征在于它意味着相对独立的、分权的科学技术知识的社会承担者可以自由地向政府和公众提出建议；可以将知识结合进公共行动，并对公共行动的效用进行公共评价与批评；可以将其技能用于政策问题，并裁决公共服务者的竞争力。简短而言，他们为民主、高度政治化的社会建立中立权力或权威提供了基础。公共权威宣称其行动在技术上是完美的。即使这一宣称不是彻底的专家判断，即使作为行动范式的工具主义表面上未获得证据支持，工具主义仍可以支持分权的民主责任制结构。即使仅仅是一种合法化的仪式，民主工具主义仍强迫政治行动者为其行动公开辩护，以应对由相对独立的专家所组成的专业共同体的可能批评。前者的权威与权力部分地以后者如何做或如何说为条件。即使公共事务领域的工具主义仅仅是政治戏剧的一种形式，在自由社会中，它也是一种民主的政治戏剧。在其中，观众

与评论者对演出的期望以及演员出场表演的能力有着可观的影响。我想再次强调：与集权工具主义行动的专制主义和特殊专制主义形式不同，在自由-民主政体中，由于去人格化将行动暴露于公共评价的政
治功能，行动的集权至少看起来被责任的分散部分地缓和了。在自 36
由-民主国家中，去人格化被当作是促成个体代理者的行动公开透明的一个方面、外化胜任绩效指标的一个方面，但决不被当作通过诉求决定论或技术精英来抛弃唯意志论的行动理论的方法。在民主社会中，将行动从作为人的代理者的难以接近的主观方面剥离出来，是一种将行动交予他人判断的方法。在专制政体中，并没有此类自治的公共讨论场所或独立的外在者，来赋予政府行动的去人格化或胜任行动的中立标准以分权的公共责任制。在集权主义中，对集权行动的人格化、特殊化及其武断性的约束，都相当脆弱。在这一背景下，使行动合法化的因素就不再是其明显的技术效能或实践成果。这些都是所谓政治中立的、由可观察事实组成的公共领域中的证据。它们外在于已有政治权威的特权①。这种情况其实是由某些被授权的个人或机构来承担行动。行动因其发起者的美德才拥有权威，而不是因其意图达到或已显示的结果才拥有权威②。

事实上，即使某些代理者因其无知而使其行动摆脱技术理性严格规范的束缚，甚至采用确证仪式之形式，民主工具主义还是对武断行动之自由加以显著约束。在给予公共行动以“自由意志”，使之成为自由代理者之间开放的互动的过程中，会产生内在的紧张与焦虑，而行动的工具主义范式，不论采取其实质形式还是仪式上的形式，都已提

---

① 当然，这样一个中立的-非政治认识空间的存在，在很大程度上依赖于政治与非政治的社会文化划界。

② 关于东德情况的阐述，见 Thomas A. Baylis, *The Technical Intelligentsia and the East German Elite* (Berkeley: University of California Press, 1979).

供了减少这种紧张与焦虑的有力方法。这种公共行动理论，在个人主义与约束之间保持了平衡，特别符合日渐上升的中产阶级的政治癖好。戴维·施奈德（David Schneider）和雷蒙德·史密斯（Raymond Smith）认为，尽管较低或较高阶级的个人主义倾向于“社会行动的戏剧技术观点”，中产阶级却支持另一种观点，即将社会行动作为“主要由技术规则的运用而决定的”事物[①]。工具主义提供了建构和规范公共行动的框架，而不依赖于个人权威，也不否认其扎根于自主互动的分权系统中的基础[②]。工具的结果-方法设计可作为以工具术语表达和判断公共行动的框架。其显著特征就是有能力将行为的技术-事实方面与其规范方面联系起来。在自由-民主政体中，将行动的主客观
37 方面联系起来，就提供了一种最有价值的方法，来赋予“不可见”结果和行动者动机以部分客观性或外部参照物。在一个培育了个人主义价值的社会中，行动者因其内在倾向而产生特殊动机或目标。工具主义假设：分散行动可以根据其特定目标而结合起来，形成一致的手段。这一假设因而也就提出了使行动者动机在一定程度上透明的方法。在所有可归结于行动者的目标中，对观察者来说，那些使其行动看起来更适合作为手段的目标要比那些做不到这一点的目标更有效。事实上，从认识论角度来看，行动者的目标和动机要比其公开的行动更隐晦、更难以直接触及。考虑到这一点，我们无疑可以将行动作为可靠线索，追究行动者动机或结果。这就可能增强工具主义与自由-民主责任结构之间的相互协调。以可观察的且自主选择的行动为基础

---

① David M. Schneider and Raymond T. Smith, *Class Differences and Sex Roles in American Kinship and Family Structure* (Englewood Cliffs, N.J.: Prentice-Hall, 1973), pp. 19, 20.

② 关于科学规范在促成政治利益协商方面所发挥的作用，参见 Yaron Ezrahi, 'The Political Contexts of Science Indicators," in *Toward a Metric of Science*, eds. Y. Elkana, J. Lederberg, Robert K. Merton, A. Thackray, and H. Zuckerman (New York: John Wiley and Sons, 1978), pp. 255 – 327.

构建行动者的“真实”结果，这一做法提供了一种非决定论的、部分技术化的因果观念。这是公共行动的特征。因此，工具主义确立了一种观点为基础。从这种观点出发，一致性、公共责任制和自由意志论可以看起来共存，甚至相互加强，并作为公共行动的特征。然而，仅凭借使其行动看起来是一致的手段这一点就将结果与动机稳妥地归结于行动者，则要求相关知识得到充分发展，并保证每一结果只有一个被充分了解的行动之因。因此，允许一个特定行动最大技术化的条件，也正是在手段-结果框架中将目标稳妥地归结于行动者的条件。只有认识到在实现特定目标的过程中有且只有一种最优行动方法，我们才能从行动之因鉴别出偏离之处，并有充分可信的理由指责行动者公开宣称的动机或者质疑其能力[1]。

然而，在自由-民主政体背景下，无论是行动者的结果还是用以实现结果的手段，在很大程度上，都不够清晰，也没有足够的决定作用，来支持一个严谨的框架，以便将代理者的行动作为明确归结目标与动机的方法。不过，事实上却有这样的公共政策与公共行动领域，在其中，对目标的较高程度的一致认可、一般水平的知识与信息，约束着行动者，并要求他们接受公众认可的、有重要政治意义的动机和价值观 38
念。在自由-民主政体中，工具主义最重要的潜在政治功能之一就是：将看不见的、内在的动机领域外化在一个包含着可观察、可认知、可理性建构之行动的可见领域中，并且，将言辞和争辩的可信性置于对事迹与行动的明显公开与客观的考察之下。

例如，凯恩斯经济学框架意图迫使经济政策的制定者们做两难选择：其一，优先遏制大规模失业，代价是冒高通胀风险；其二，选择失业

① 例如，一个医生给病人开的药可能比其他的治疗方法更昂贵、效果更差。在这种情况下，比较公平的判断，就是或者认为这个医生不称职，或者认为他怀有某些隐藏的、不公开的动机，比如利益，而不是为了让病人迅速康复。

风险，来遏制并降低通胀。在许多此类情况下，将动机归结于行动者的做法是依据如下一些因素而做出的：不可靠的归因、行动者不同的知识水平与负责程度，或者某一类行动造成相应结果这一不可靠观念。尽管如此，工具主义导向还是坚持这一设计，将动机归结于行动者，并坚持根据可见的和预期的行动结果来让行动者负责。因此，作为一种将公共行动者之行为外化与去人格化的方法，工具化强化了自由-民主行动之修辞的具体特征，并满足了自由-民主责任制的重要条件[①]。**在民主国家中，医生、物理学家、化学家、工程师、经济学家、心理学家和其他专业人士被大规模地用于不同层面的管理活动，以帮助将工具主义制度化，不只是将其作为行动的具体模式，而且，甚至可能将它作为建构和批评公共行动并使之合法化的政治策略。**即使政治领袖缺少能力或愿望让其行动符合具体的工具标准，即使公众缺少能力要求行动者按照工具规范来负责，为政府提供建议与批评意见的专家

---

① 用科学来评判行动者动机的早期例证是英国物理学家迈克尔·法拉第参与调查1844年9月份发生的哈斯韦尔煤矿爆炸案。Morris Berman, *Social Change and Scientific Organization: The Royal Institution*, 1799－1844 (London: Heinemann, 1978), pp. 177－186.

　　这次爆炸事件发生于罢工及矿工和企业主存在巨大矛盾的背景之下。法拉第受命调查这次爆炸事件，并找出爆炸原因。人们对这次爆炸事件持有相互矛盾看法。有人认为是不可预见和控制的意外事故，有人则认为是业主因玩忽职守造成的结果。后一种观点认为业主们以矿工的安全为代价来换取廉价成本。当时，显然缺少足够的知识，来决定性地"外化"业主的动机，从而明确谴责他们或免除其责任（同上，pp. 178，180）。法拉第调查时所用到的科学知识存在很大问题。但是，在解决这一问题的过程中，科学还是被作为探究原因和归咎责任的权威工具框架。法拉第的（调查）报告认为"这次灾难完全就是一次偶然事件"（同上，p. 181，引用 The Civil Engineer and Architects Journal 8(1845)，115）。因此，煤矿主既不能被认为是不称职的，也不能被认为是出于其自私的经济动机。

　　这个例子表明了行动的工具定义的一些主要特征，行动本身也可以作为判断动机和能力以及归咎责任的一个根据。它表明了一种在现代自由-民主国家公共事务的众多领域中，逐步占据主要地位的、用来探究责任与能力的方法。当今的一个例子就是《总统委员会关于挑战者号航天飞机事故的报告》(The Report of the President's Commission on the Space Shuttle Challenger Accident) (Washington, D.C., June 9, 1986).

仍然被认为是可信的、政治中立的、“公众利益”的代表。

目前，对公共行动进行政策分析中所采用的一些分析工具已足够
简化，可以对行动形成“普通感觉”之判断。社会科学采用的“理性选
择模型”可以说明这一点。在发展此类理性选择模型过程中，经济学、
社会学、政治科学、心理学和战略研究是一些主要的社会科学。这些
模型以更简化、更一般的形式，深入到关于公共事务中行动与行为的 39
一般认识。在针对诸如《战略防御计划》或削减国家财政预算赤字之
措施等政策选择的公开辩论与媒体评论中，考虑技术可行性与预期结
果的核心作用，说明了这一点[①]。事实上，这类关于行动的工具判断的
简化形式，对平民百姓而言，要比对专家更有权威。后者发明了这些
形式，并且，清楚在判断人类行为或将目标归结于行动者的因果链条
中存在不确定性。当然，将工具绩效标准结合进来就形成了一套有力
的手段，在自由-民主政治背景下将公共行动的表达与评价去人格化，
同时，将注意力从“谁有权威行动”这一问题转移到“什么行动可以被
授权”这一问题上。这是从政治行动的戏剧范式转向技术范式的一个
重要方面。

行动的工具观点，特别是将人类行动去人格化为指向特定结果的技术手段，无疑会遭到其他各种关于行动的观点的批评。关于工具主义的道德批评大概是其中最突出的一种。从卢梭的道德观来看，政治的工具观念是完全值得怀疑的。将行动从行动者身上分离出来，这一做法使工具主义成为一种将个人行动转变为公共行动的有力策略，但对卢梭来说，则是一剂破坏政治的道德品质并以之进而破坏美德与道德情操的“药方”。正如我已经指出的那样，工具主义同样受到法律和

① 例如，关于工具-绩效评估标准的整合以及对政府的政治度，参见 Douglas A. Hibbs, Jr., The Political Economy of Industrial Democracies (Cambridge, Mass.: Harvard University Press, 1987).

宪法观点的质疑。这一观点强调依据规则将行动去人格化的必要性，但规则的权威产生于其来源，而非其预计效果。对工具主义的道德和法律批评指明了它在自由-民主政治中的局限性。这些批评还反映出政治权力去人格化所内在的矛盾，一方面作为自由-民主的目标，另一方面，又同时成为危害其他同样处于核心地位的自由-民主价值观念的条件。正如现代民主国家中首席行政长官（总统或首相）的核心位置所反映出来的那样，不管政治行动去人格化的压力有多大，自由-民主并不能完全摆脱作为政治行动与责任制的主要准则的“人格”。因
40 此，即使作为强化某些特定自由-民主价值观的行动策略，工具主义面对一些严厉的批评来说，还是脆弱的。这些批评要求关注那些被工具主义所压制的自由-民主观念。自由-民主的个人主义与其不依赖专制权力而实现公共秩序的承诺之间存在固有的矛盾，而利用工具主义对政治权力的运用去人格化，恰恰暴露了这一矛盾所产生的紧张关系。

第2章

科学与代表性行动和负责任行动者的形成

如果使行动技术化是指使行动成为指向特定目的的非人格化、规范的手段，那么它就不仅可以避免公共行动受政治权力人格化使用的玷污，而且，也提高了其“代表性”。工具主义可以使行动远离其代理人，独立于个人，这样它就支持了这一主张：人们可以信任作为代理人的个体“为他人而行动”，也就是说，个体行动者可以生成公共行动。

在功能上具有代表性的行动

在现代自由-民主政体中，技术化使得人们相信，私人代理人的行动可以促进公共目标。或许对此最有启发性的表现莫过于，在国防、航天、通信、能源、环保等诸多领域的政府行动中，私营承包商提供科学技术成分的作用与日俱增。从第二次世界大战开始，在美国乃至其他西方民主国家中，为了在大量的公共行动领域中实现科学技术现代化，一项基本的做法就是政府与私营企业签订合同[①]。关键在于，这一发展并不只是一个实际事件，而是有着强烈的象征功能。这一功能与自由-民主意识形态尤其是它关于合法公共行动的观念有关。接下来的这个插曲能说明这一点。

如果谁曾在20世纪70年代晚期到80年代早期访问过肯尼迪航天中心(the Kennedy Space Center)，可能会想起这个熟悉的场景。你加入了一群热情的美国访客。太空漫游是人类最大的冒险，而能干的导游正带着你们穿过它令人着迷的纪念物。或许最为重要的人工
42 物就是一枚“土星5号”(Saturn 5)。这个庞大的太空“利维坦”以一种教导的姿态，开放地面对着那些求知甚切的、好奇的纳税人。随着导游指向火箭颜色各异的部件的导游棒快速移动，这堂“解剖课”平稳地进行着。他说，这个装置是得克萨斯的电子工厂制造的！刹那间，一个角落爆发出了雷鸣般的欢呼声。这是因为，很多自豪的公民清晰地感觉到，他们也是该行动的一分子。导游向上挪了挪导游棒，继续说道：这是在——内布拉斯加制造的，这个是在新泽西，这个是在加利福尼亚！雷鸣般的欢呼声再次淹没了导游的声音。到“解剖课”结束之时，来自全国或近或远处的美国人几乎无一被排除在这一事业之外。对于这个被精心地包裹着民主参与的话语和修辞的太空“利维坦”来说，它刹那间就成为一座丰碑，颂扬着全体人民的心灵手巧，亦即遍布合众国的很多私人性的美国公民和企业的创造与贡献。“土星5号”和托马斯·霍布斯(Thomas Hobbes)原先对利维坦的描画[②]一样象征着公共行动——即由大量微小的私人行动汇集而成、由个体代理人所实施的集体性事业。在这样一个民主的合法化仪式中，参与的修辞和

① Irvin Stewart, *Organizing Scientific Research for War* (Boston: Little, Brown, 1948).

② 这幅画将君主描画为一个庞大的身躯，并且它又是由不计其数的小身躯组合而成。其复制品见于 Thomas Hobbes, *Leviathan* (New York: Penguin, 1982).

行动的聚合实现了奇妙的和谐。若没有技术化、工具化的行动范式，几乎无法想象这样的和谐。在这一具体事例中，由于推进美国航天探险这一目标在一段时间内形成了广泛的全国共识，加之有充足的科学技术基础可供利用，就可以使公共行动的组成部分完全工具化，并将其拆分为大量专门的技术任务和操作。由于这些行动的技术化-工具化形式，它们就能够与公共代理人分离开来而遍布于整个私营经济-工业部门，并再次作为公共行动在科学技术上连贯的组成部分被重新组装。一旦某个公共行动领域被以技术化-工具化术语定义，似乎就认可了去中心化地分配行动的组成部分，而无需担心它们在个人取向或私人利益的错综复杂中腐化或失败。

20 世纪 60 年代到 80 年代早期，当时的政治共识和技术自信促进了美国航天计划的工具化。尽管这并非第二次世界大战之后美国其 43
他的诸多公共政策领域的特征，不过航天计划还是作为例证，说明了：工具化有力地将作为公共代理人的私人行动者整合起来。只要公共行动的科学-技术成分看似严格地规训了个体代理人，并使他们服从于对表现是否恰当的客观检验，那么公共权威就可以把自身托付于私人代理人，而无需担心腐化或是过度人格化。与之同时，由于政府是自由市场中产品和服务的最大买家，私营企业就有着强大的动力来确立可靠和诚信方面的声望。技术行动远离了其代理人的私人-主观维度而在不同的行动代理人之间超乎寻常地流动，这正是对技术的文化地位的人文主义批评所经常责难的。而讽刺的是，这使得现代自由-民主国家扩大了其在行动领域的责任，而政府代理机构和公共领域的规模并未相应地增加①。政府将公共行动的组成部分转包给私营企

① Don K. Price, *The Scientific Estate* (Cambridge, Mass.: Belknap Press of Harvard University Press), pp. 57 - 81.

业，通过这一严重依赖私人部门的技艺就能够更为轻易地调和其不断扩大的责任和自由-民主的行动与责任规范。

唐·K.普赖斯(Don K. Price)在关于此的开创性著述中，对战后日渐利用转包来征募私营企业和大学服务于公共的政府项目和服务进行了分析。普赖斯把公共的和非公共的代理机构之间的大规模转包体系的增长称为“合同制联邦主义”的崛起。他将这一发展视为向着“中央集权的大规模分散”发展。“(它)摧毁了这一观念：随着我们的文明之技术复杂性的增长，政府的功能和费用必然随之增长，而这一增长必然采用大型官僚制的形式。这种官僚制根据马克斯·韦伯(Max Weber)的等级原则而组织，并且正如朱利安·赫胥黎(Julian Huxley)所预测的那样，为了解决政策问题而使用科学的方法。[①]”

工具化的、科学的标准能使私营经济企业的行动和公共服务者的行动一样被信任。只有采用了这样的标准，上述模糊了早期民主在私人部门和公共部门的界线、把私人行动者和公共行动混合起来的进程才是可能的。在社会中，科学-技术规范使得技术规训可以取代道德、
44 组织和政治控制，被信任为保证了公共行动的正直。

在现代自由-民主政体中，政府与私人部门中代理人之间的合同呈现建制化增长。这表明，科学在构建公共行动并使之合法化的过程中占据核心地位。在科学技术知识的帮助下，公共行动通过引入胜任的私人代理人而促进了合理分工和去中心化参与。而以同样的科学技术知识为基础，也合理化了中心化政治权威的一个局部但关键的作用，即协调与调和行动系统中的多种元素。科学技术原理为安装和整合所有零件提供了基础并形成了信任，这才使得“土星5号”形形色色

---

① Don K. Price, *The Scientific Estate* (Cambridge, Mass.: Belknap Press of Harvard University Press), p. 75.

的机械部件由多样的私人的和公共的代理机构开发出来。没有分析和计算的技艺来控制整体中的部分之间的关系，行动纲领则不能分解为诸多专门任务。技术化和工具化的责任将公共行动者和私人行动者束缚于对恰当性的共有的专业检验上，束缚于关于零散的行动如何纳入一体的集体行动纲领的共有观念上。

由于科学技术证实的是统一行动的组成部分的工具性基础，而非随意的或政治的基础，因此它们认可通过专业化而实现的去中心化。而它们也可以认可中心化。在没有自主私人部门的极权主义国家中，无论是专业化在意识形态上被认为的去中心化影响即对非公共实体的认可，还是科学作为一项智识事业的公共性，都没有影响按照必然的技术统一性用科学技术来将中心化的政治控制合法化。

这样，在自由-民主政体中，自由企业和公共部门的共存就为一种特殊的工具主义形式的发展创造了条件。在这种工具主义中，去中心化功能和中心化功能是互补的，它们共同平衡了参与和规训的重要性。

但是，这样的系统必然导致私人领域和公共领域的相互渗透，这激起了对于两部门各自真实性的担忧。政府行动的工具化似乎会导
致不受限制的公共部门延伸到私人领域，而“合同制联邦主义”等的发 45
展能够促进私人利益腐化公民的公共规范的规训。在美国，这些担忧并没有充分地得以加强或延伸从而削弱合同制联邦主义的发展，也没有太过于限制它对于模糊私人部门和公共部门之界线的影响。这一事实表明，工具主义有力地灌输了对政府政策的私人代理人和公共代理人的正直和自律的信任。在美国，私人行动者在公共纲领实施中的参与——包括私人主动性、个体创造力和经济竞争——实际上被认为可以削弱国家行动的高压性、中心化、往往像官僚一样的保守性。因此，将私人部门和公共部门的要素融合起来的科学技术象征着一个经

典的自由理念：如果自主的私人行动被融合进了集体行动之中，那么它就是公共利益的可信媒介[1]。实际上，合同制联邦主义在某些方面是对作为一种公共行动手段的"市场"在一定程度上的重建。但在这里，科学技术是客观的、公共的行动原理，人们相信它们具有限制作用，这一信念消减了对于"经济人"以自我为中心的担忧[2]。

如果把代表的预设和认为专家能够将公共行动的技术性效果或效率最优化的理念转换到政治行动的领域，那么就可以使得政府官员的行动像物理学家或工程师的行动一样，充分地独立于其代理人的主观价值，以确保人们相信他们在功能上具有代表性。工程师不像艺术家，他们被期望如此行动以使其行动独立于自我。瓦尔特·本雅明(Walter Benjamin)指出，"完全的原真性是技术——当然不仅仅是技术——复制所达不到的。"[3]原真性只要预设了独特性、对行动之异常和特殊的映射，那就恰恰会否定可分割或可复制的行动及其身为代表的理念。因此，艺术行动如果被评价为是对特定代理人的原真表现，就不符合技术行动所能达到的代表性。事实上，艺术中"创造性过程"的精神气质称赞的就是不可重复或不可复制的创造性活动。复制原本通常没什么价值可言，并且从基本意义来讲，也是与艺术作为原真行动领域的精神相背离的。

46 本雅明确实担忧工具性价值观延伸到作为原真行动领域的艺术

---

① 这与技术在纳粹国家中作为集体精神和意志之体现的象征性作用截然不同。例如参见 Jeffrey Herf, *Reactionary Modernism*, *Technology*, *Culture*, *and Politics in Weimar and the Third Reich* (Cambridge: Cambridge University Press, 1984).

② 这正是作为技术的科学成分的客观性和合理性及其对创造性意志的限制作用。德国"反动的现代主义"(reactionary modernism)的语境对此持拒斥态度，并且允许技术像艺术一样被等同于精神价值的自由表达。

③ Walter Benjamin, "The Work of Art in the Age of Mechanical Reproduction," in *Illuminations*, ed. Hannah Arendt (New York: Schocken Books, 1969), p. 220. 中译本见：本雅明：《机械复制时代的艺术作品》，王才勇译，中国城市出版社，2002，第8页。

中的危险。类似地,那些将政治领域列入原真行动领域的人也担忧工具性价值观对政治的腐蚀作用①。如果把行动视为代理人的原真表现、而不是被工具性地认为是实现特定目的的手段,固然可能与某些参与型民主相一致,但却明显地冲突于自由-民主把代表性行动当作是为了他人或是代表他人而行动的理念。按照这一理念,一个人如果为了他人或是代表他人而行动,就必须能够将自我的行动远离其主观的个人世界②。当然,和认为公共行动能够完全原真地表现个体这一观念一样,认为公共行动能够完全远离行动代理人的观念同样是幻想。但是,以科学-工具化的视角看待人类行动则提供了一个框架,它使得我们可以既不拒斥行动者的代理人地位,又可以将公共行动构想或表述为充分远离以在功能上具有代表性。

对公共行动的辩护依据的是其目的而非代理人,而艺术作品则通常根据特定代理人(即艺术家)而被证明是原真的。在诠释和评价艺术家的事业时,把个性作为指示物虽不必要,但也正当③。艺术作品在某些方面是特定人物内在世界的象征、表征或表达,在现代艺术的理解中尤其如此。与之相反,对技术行动的评价根据的是目标和环境。作为行动主体的技术人员的个性通常与之无关④。以行动的目标为根据,与之相关的是被看作手段的行动的某些方面和情境中相关"客观"

---

① Michael Oakeshott, *Rationalism in Politics and Other Essays* (London: Methuen, 1977), pp. 1 - 36, 197 - 247.

② 与之相反,一些民族主义的保守观念允许领导中带有领导人个性中的独特性与主观性,这被认为是对该群体或其成员之特点的代表性却理想化的表现。

③ Michael Foucault, *Language, Counter Memory and Practice* (Ithaca, N. Y.: Cornell University Press, 1977), p. 106.

④ 贵族政治的行动观念强调代理人的核心地位。以此为基础的价值观或许至少在一定程度上揭示了工程师在英国的负面图景。例如参见 J. E. Gerstl and S. P. Hutten, *Engineers: The Anatomy of a Profession* (London: Tavistock, 1966), esp. pp. 12;关于更为宽泛的社会文化背景,参见 Eric Ashby, *Technology and the Academics* (London: Macmillan, 1958).

事实之间的关系是否恰当。在技术化和工具化的框架中，以**目标**为中介的**行动**和**情境**之间的关系通常被标准化。因此，使技术行动的结构标准化就像是根据规则将合法行动标准化，它既能有力地将行动从隐
47 晦的个人动机领域中释放出来，还能有力地将它们带入可见的可观察因果空间之中。在这一空间中，它们既是一定程度上非人格化的，又可能是代表性的。对相关情境的标准化和非人格化的反应可以是代表性的，而人格化或主观的反应则不能。只要这些反应能够与其代理人的个性剥离开来，技术行动就能够在代理人之间被出售与转让，并因此成为一些人授权他人以他们的名义而采取的行动。在现代社会中，正是由于被马克思谴责为去人性化的劳动"异化"的要素，专业人士才能成为代表性行动的代理人。在技术行动的语境中，异常通常被当作多变的、反常的和非理性的[①]。有这些过错的技术人员被认为是不负责的。奥克塔维奥·帕斯(Octavio Paz)在论及北美文化时，捕捉到科学的潜在功能的一个重要方面："科学(或者说被看作科学的东西)的普遍性辩护了对集体的规范模式的阐述和强加……亦即强加遣责所有异常的规则。[②]"

正如经济、医学和机械这些行动领域所说明的，技术理性的观念预设了，个体在某种基本意义上是"**自然面前，人人平等**"的。一旦健康、物质财富、安全等人类目标被认为是普遍的，并且关于行动相关事实的知识被充分地推进，人们就会期待最优手段对于不同的人来说大致相同。为了推进被技术地定义且能不自主地添加到集体目标中的个体目标，就要运用标准化手段。汽车、打字机、光学镜片、个人电脑

① 例如参见安德鲁·尤尔(Andrew Ure)的论述，*The Philosophy of Manufacturers* (1835) (London: Frank Cass and Co., 1967), p.8.

② Octavio Paz, "Eroticism and Gastrosophy," in "How Others See the United States," *Daedalus* 101 (Fall 1972), 77.

等技术手段的大规模生产和销售都是以这一观念为基础的。

在有的人类问题中，即使面对情境的个体的个人身份不断变化，但解决问题的技术途径并不需要改变。对于这些技术途径有着基本的非人格基础。如果技术实践以匹配行动者和情境的标准化关系为基础，那么对于在自然或实在面前之平等的预设就促进了其发展。一旦基本目标被认为是不同的人所共有的，并且实在面前的这种平等是被接受的假设，职业化就逐渐成为一种权威的工具性“代表”形式。专业人员可以被视作有权代表委托人的代理人，这里的代表指的就是系统地为**委托人**将可用知识和技艺匹配到能应用的标准化情境中。

医疗能够作为一个例证。医生治疗的总是普遍性人体的一个特 48
例。如果医学知识把人体的某些方面整合进一个治疗的观念或是策略，那么这些方面首先也是普遍性或代表性的方面，而并非特定于某一人体。整个药物工业和其他医学技术生产都是基于病理种类和与之匹配的诊断治疗范畴的关系，而这种关系是以统计方法计算出并确立的。当然，人们期望医生在调整治疗水准和进度时，应该考虑到患者个人的特殊情况。但是，对于任何个例的调整也是在被充分意识到的病理及其对应治疗的一般类型的语境中做出的。对于疾病来说，在其症状和治疗能轻松地形式化和难以形式化与分类的两个极端之间，越是接近前者，治疗就越技术化[①]。治疗越技术化，医生就越容易将处方匹配于患者的情况。在高度标准化的语境中，医生和患者都容易把治疗看作这样一种行动，它代表了患者如果在既定情境中只有这一技术或资源时想要做什么。正是在这一意义中，行动的技术化加强了其“代表性”。

事实上，将现象中的规则性进行科学的建构是一个有力的工具，

---

① J.S. Coleman, E. Katz, and H. Manzel, *Medical Innovation*: *A Diffusion Study* (Indianapolis: Bobbs-Merrill Co., 1966).

它可以将广阔的经验领域标准化,从而确立技术的和上述代表性的行动模式。在我们的社会中,规则性被广泛地用来给标准化的(代表性)治疗、政策和项目确立工具性原理,例如医学上的“心脏病患者”、“糖尿病患者”、“精神分裂症患者”或是其他领域中的“平均智商”、“低收入家庭”、“功能性文盲”这些范畴都可以作为代表。对于在现代社会的公共(以及私人)领域中采用标准化的工具性行动模式,丹尼尔・J.布尔斯廷(Daniel J. Boorstin)恰当的所谓“统计共同体”(statistical communities)①可以被当作实现它的现代设计。除了确保了专业标准化政策和过程的统计共同体,“消费者”、“电视观众”或是“纳税人”等也被充分地用于促进将某些一般的、标准的、工具性的取向应用于几乎整个社会,甚至环境污染和健康风险等大难题的处理也要从作为相关统计共同体的“人类”入手。

49 科学家在试图设计控制环境、降低健康风险的方法或是推动交通、通信或能源生产技术进步之时,通常被认为是代表了所有人,就像是全人类在面对共同困难而求生存的斗争中的先锋队。因此,这个支持了技术行动之代表性的假设就和这一观念联系在一起:科学作为对一般性规则的智识建构,不仅是一个普遍性事业,而且至少可以是普遍性行动的基础。从这一视角来看,技术现代化通常被当作人类历史中的一个章节,而不只是处于特定社会之中②。这一意义下的技术行

---

① Daniel J. Boorstin, *The Americans* (New York: Vintage Books, 1974), pp. 165 - 246.

② 近来,修正的科学史与科学社会学批判这一观点,并转而发展出一种更为地方性-语境化的知识的历史性增长观念。例如参见 Karin Knorr-Cetina and Michael Mulkay, eds., *Science Observed: Perspective on the Social Study of Science* (London: Sage, 1983); Martin Rudwick, *The Great Devonian Controversy: The Shaping of Scientific Knowledge among Gentlemanly Specialists* (Chicago: University of Chicago Press, 1985); Clifford Geertz, *Local Knowledge* (New York: Basic Books, 1983).

动的潜在代表性被这一事实加以说明：蒸汽机、电力、种痘或是航天火箭的发明等技术大突破往往被看作人类文明的成就、人类在遭遇自然力量这一普遍性戏剧中的进步的指示物。基本上就是由于以科学技术为基础的行动具有更为宽泛的文化正当性，政治行动者才经常试图通过诉诸科学技术的权威来将自己的行动表述为是与广泛共有的价值观相一致的。正如我们将要在第三部分中看到的，在 20 世纪最后几十年间，有观点倾向于把技术当作是特定文化与政治价值观的体现，而非对超越文化的共同自然基础的映射。这严重地挑战了上述视角的正当性和社会影响。

论及代表和专业权威的关系的著作之稀少令人惊讶。哈罗德·F. 戈斯内尔（Harold F. Gosnell）少有地指出，专业人士在某种意义上代表了他们为其利益而行动的人们。他提出，“所有的职责专门化都包含着代表的理念……相比于获得同一任务的其他人，专业人士能够更好地照顾到所有人的特定利益。”[①]戈斯内尔说，人们并不愿意为了亲自使用必要的技巧就麻烦地投入资源。他指出，“在工程师的作品中，工程师代表他的顾客，就像医生代表他的病人。”[②]在社会中，“无论
个体是否将愿望表达出来，当处于权力位置的人的性格和行动与这些 50
愿望相一致时”[③]，就代表着个体。正如汉娜·皮特金（Hanna Pitkin）所指出的，从自由-民主理论与实践的视角来看，这种代表观是有问题的。她声称，如果专家或专业人士作为身处他人之上的监护人而行动，就像是成人照看小孩子那样，那么他们并不是作为代表而行动。

---

① Harold F. Gosnell, *Democracy the Threshold of Freedom* (New York: Ronald Press Co., 1948), p. 146.

② Harold F. Gosnell, *Democracy the Threshold of Freedom* (New York: Ronald Press Co., 1948), p. 146.

③ Harold F. Gosnell, *Democracy the Threshold of Freedom* (New York: Ronald Press Co., 1948), p. 130.

自由-民主的代表观意味着，代表者和被代表者是平等的。若不满足这个条件，前者就不能被认为可以替代后者①。

尽管如此，正如皮特金所提出的，经典的代表观强调形式授权，而认为专家在某种意义上具有代表性的观念为其增加了一个维度。形式授权往往忽略了评价被授权的代理人的行动的胜任程度的实质性标准②。实质性标准与判定代表性行动者是否确实为那些授权于他们的人而行动相关。形式代表和实质代表之间的区分表明了代表人们和在他们的利益之中行动的区分。皮特金认为，自由-民主政治的"代表"理论混杂了形式因素和实质因素，即对代表者的正式授权和他们"为了"被代表者的实质行动。我对此是认可的。皮特金指出，"就代表是实质性行动的意义而言，如果一个真正的专家在照看无助的小孩，那他并不是代表性的；如果一个人只是考虑和深思而不行动，那他也不是在代表。"③

但是，在代表他人和为他人利益而行动之间，也就是在麦迪逊和伯克的代表观之间，存在着某些张力④。按照功利主义的路线，强调代表是实质性地为他人而行动、而非映射或是取代他人，就是强调行动是增加利益的手段。工具主义明显地偏向于这一趋势，承诺代表是为利益行动而非反映个人。只要个体利益的概念能被认为认可了公共利益由个体利益聚合而成这一观念，而不要求个人确实形成一个团体，公共行动就可以被不仅当作是在实质上工具性的，也可以被当作

---

① Hannah Pitkin, *The Concept of Representation* (Berkeley: University of California Press, 1967), p. 140.

② Hannah Pitkin, *The Concept of Representation* (Berkeley: University of California Press, 1967), p. 142.

③ Hannah Pitkin, *The Concept of Representation* (Berkeley: University of California Press, 1967), p. 211.

④ Hannah Pitkin, *The Concept of Representation* (Berkeley: University of California Press, 1967), pp. 190 - 191. 另见 John A. W. Gunn, *Politics and the Public Interest in the Seventeenth Century* (London: Routledge and Kegan Paul, 1969), pp. 112 - 115.

在和自由-民主原则相一致的意义上是代表性的。

当然，实质代表观往往被用来捍卫工具性行动的代表性，即使是在形式授权缺失的情况下也是如此。但是，在宪政民主制中，通过具 51
体行动而实现的实质代表必然会被对通过政治和法律程序而确立的形式授权的需要所抑制。

这样，在代表的语境中，工具主义就有着一个矛盾的理论和实践意义。实质代表会和形式代表冲突；使得政府行动对于公共目标是工具性的东西，能够削弱在政治和法律上授权政府行动的东西。不过，在某些环境下，工具性效果或功能性代表变成了政治合法化的一部分，把政治行动“技术化”也有助于代表的政治修辞和主张，尤其是当它促进了行动远离代理人、使得这些行动可以被视作被代理人可能为之而行动的他人“所拥有”[①]。

但是，对于行动目标和被用来把行动客观化为手段的知识来说，确保了它们在一定程度上稳定和达成共识的条件却限制了工具性行动作为代表的可信性。在公共行动的规范因素和认知因素中的频繁切换会削弱工具性规范在公共行动语境中的权威。关于公共政策的目标存在异议，在关注推进这些目标之适当措施的专家之间存在矛盾，这就削弱了科学技术规范去证实公共权威声称它正在作为公正代理人而为公众行动的力量。一旦使得公共行动去人格化和客观化的资源被废弃，行动者会发现，说服他们的观众相信他们的行动并不源于个人的或党派的政治考虑就更为困难了[②]。

---

① 例如，在美国、法国、英国和西德等西方民主制中，正是基于此前提，政府对“经济状况”的责任才在对于政府行动的公共看法和判断中占据如此重要的地位。Douglas A. Hibbs, Jr., *The Political Economy of Industrial Democracies* (Cambridge, Mass.: Harvard University Press, 1987).

② 关于公共行动的认知因素和规范因素之间的复杂关系，参见 Yaron Ezrahi, “Utopian and Pragmatic Rationalism: The Political Context of Scientific Advice,” *Minerva* 18 (Spring 1980), 111 - 131.

在公共事务的语境中，技术行动无疑是政治行动的一类。在现代国家中，用科学技术来使行动“去政治化”已经成为最为有力的**政治**策略。认为社会问题和政治问题像科学问题一样是先天可解决的这一幻想维持了上述策略的权威。但是，正如伯特伦特·德·尤未奈尔(Bertrand de Jouvenel)所说明的，政治问题绝不是能解决的；它们至多只能被平息[①]。然而，平息(而非解决)的权威意味着，对深思和判断的运用超越了计算和机械应用的限制。因此，这构成了一个相对较弱
52 的基础以使公民相信，他们的领导人就像为他们而行动的医生一样而为他们行动；为了保证作为代理人的代表水准，他们的行动充分远离于个人的主观价值和利益。完全机械而不可随意支配的行动之所以能被现代的理解所接受，就在于这一假设：实施它们的行动者并不运用个人权威；只要他们遵循的是运算法则而非判断，他们就只是在一个功能性分工而非等级权威的系统中实施任务。现代的趋势是用功能性-工具性行动原理取代私人的或政治的，用专业知识和技术能力取代等级的和政治的庇护来作为现代公共服务的基础，对政治合法化的考虑至少在一定程度上支撑了这一趋势。如果说庇护通过个人忠诚和政治忠诚来规训行动，现代的职业化公民服务则提出了另一种方式来确保公共代理人为公民行动的能力，即把他们的行动去人格化和去政治化为客观措施。这样，科学技术在公共行动语境中的用途再次表明了它们潜在的政治和意识形态功能，即支持工具主义作为权威的和负责的行动结构的基础，并解决了自由-民主把个人呈现为值得信任的公共行动代理人而出现的难题。

---

① “政治关涉‘无法解决的问题’：在此情境中，并不存在什么有效的计算程序(或运算法则)能够找到带着无法阻挡的信念而解决问题的途径。”Bertrand de Jouvenel, *The Pure Theory of Politics* (Cambridge: Cambridge University Press, 1963), pp. 189, 204 - 213.

科学技术能够确保私人的和公共的代理人的行动的自律和正直，这一功能深刻地影响到了现代自由-民主国家中的政治观念。工具主义的政治观及其作为补充的公共行动伦理常常被用来提出：**政治**行动和**技术**行动不同，它天生就是非功能性的、非公共的和党派性的。自相矛盾的是，工具主义已经成功地在一定程度上颠倒了私人行动者和公共行动者的相对地位，使得前者有时似乎是更为“无关政治的”和可信任的公共行动代理人。人们倾向于将政治动机和主观的党派性动机等同起来，而乐于把专家、技术人员甚至是企业家当作值得信任的现代公共行动代理人，这实际上认可了工具化作为一种策略来限制公共行动，并将它们置于在政治上无涉利益的公共行动的修辞和道德之中。公正而熟练的专家的美德至少在一定程度上能概括为理想的政治行动者美德。这一趋势促进了行动的公共方面和政治方面的分离，并因此为去政治化这种使得公共行动有德行的现代方式提供了便利。用职业的、外在的控制取代道德的、内在的控制来作为行动的公共性 53
的保证，这至少暂时地使得科学成为比政治更为恰当和可靠的非个人-代表性公共行动标准。

但是，从长远来看，在自由-民主国家中，公共行动的去政治化不免产生新的张力。在卢梭等寻求将好政体建立在“高尚行动”（noble actions）[①]的民主主义者看来，用能力和技术取代道德和品格并不能算是一个改善。尽管工具主义已经提供了一种方法来规训去中心化的行动并使中心化的行动被民主地合理化，但若实施过度，似乎就削弱了行动理论中对政治的人文主义道德视角和对于代理机构之核心地位的承诺，而这种视角仍是自由-民主的基础性承诺。汉娜·阿伦特

① Jean-Jacques Rousseau, *The First and Second Discourses*, ed. R. D. Masters (New York: St. Martin's Press, 1964), pp. 56 - 58.

(Hannah Arendt)、伯纳德·克里克(Bernard Crick)、摩西·芬利(Moses Finley)、海因茨·尤劳(Heinz Eulau)等形形色色的著者已经发现,捍卫公共行动的道德政治基础的完整性、免受工具性规范的过度侵犯是必要的[①]。自由-民主传统中的人文主义支持再次断言,公共行动中的政治成分比非政治成分更为基础。尤其是20世纪60年代以来,这一断言作为主要力量推动着对于科学技术在公共事务中地位的抨击,推动着再次断言原真政治参与的价值及其暗含的对于代表性工具主义的不信任。和先前的工具化趋势相对立,这一新取向支持将公共行动再政治化的逆趋势。这一使科学在我们的文化中的作用"政治化"和"意识形态化"的新压力表明了,对于科学技术标准有力地保护了行动的"客观性"、"非人格性"、"代表性"和"与公共的关联性"的信任的**丧失**。从历史性的视角来看,在将公共行动工具化的趋势和去工具化的逆趋势之中,蕴含着关于什么构成了政治上正当之行动的不同观念。正如我们马上就要看到的,它们也代表着对于如何让公共行动者负责的不同观念。

科学与民主政治行动者的责任

科学和知识的权威可以使行动去人格化,或者说按照工具主义的
54 理解有代表性。这一功能与特定个体(包括在私人部门和公共部门之中的)作为公共行动代理人获得信任的方式有关。当然,在这些过程之下是一个更为庞大的自由-民主的政治责任理论,它明确了授权公

① Hannah Arendt, *Between Past and Future* (Cleveland: Meridian, 1961); Bernard Crick, *In Defense of Politics* (Harmondsworth: Penguin, 1964); Moses F. Finley, *Democracy Ancient and Modern* (London: Chatto and Windus, 1973); Hans Eulau, *Technology and Civility* (Stanford, Calif.: Hoover Institution Press, 1977).(Technology and Civility 的作者应为 Heinz Eulau。——译者注。)

共代理人并使其行动合法化的条件。不同的政治世界会导致对政治行动的构想和描述模式不同、对行动者所做或未做的责备或信任的方法各异。对于作为文化和政治建构的行动来说,这些差异反映出了它影响在政治行动者之中分配权威、权力和声望的方式差异。在既定政体中,对行动者、行动及其被感知到的结果是如何与相关社群关联起来的方式进行重构就是探究控制行动的责任系统。责任系统是行为、认识论承诺、隐喻、价值观和建制化惯例的汇集,它们对行动者所做的赋予了意义,维持了行动被归因于代理人并继而或被合法化,或被批判的过程。因此,在任何既定的政治世界中,对行动领域中原因和责任的归因反映了这一政治世界的特定信念与意见。在政治领域所有事例中,"追溯"行动者的责任就是重构行动被纳入对信任或责备的归因的特定方式[①]。

例如,一些社会把巫术作为一种责备或信任行动者的文化方法,而另一些则不。然而,在予以采纳的社会语境中,巫术也被适应于特定承诺和条件。在埃文斯·普里查德(Evans Pritchard)所调查的阿赞德(Azanda)社会中,"如果糟糕的工匠声称是巫师使他的工具失效,这样对他绝无好处。因为糟糕的技术表现而责备巫术只会引发嘲笑。道德责任也是如此。如果奸夫向受伤害的丈夫抗议说是巫师引诱他犯通奸罪,这样对他绝无好处……之所以限定能归咎于巫师的不幸,是为了不将个人责任排除于系统之外"[②]。

在所有既定的行动的社会政治语境中,作为将行动者、行动及其被设想的结果与公众关联起来的方式,科学的因果性观念就像巫术一

---

① 关于追溯责任的理念,参见 Mary Douglas, *Evans Pritchard* (Glasgow: Fontana Paperbacks, 1980), pp. 57 - 58; Mary Douglas, "Passive Voice Theories in Religious Sociology," *Review of Religious Research* 21 (Fall 1979), 51 - 61.

② Douglas, *Evans Pritchard*, pp. 57 - 58.

样被修正、校订并因而在一定程度上被转换。例如，在现代民主社会
中，将平均智商水准差异的“原因”追溯于基因-遗传因素的尝试就遇
55 到了猛烈的抵抗[①]。对于以遗传生物学来解释个体或群体在智识表现
上的差异，对平等价值观根深蒂固的承诺严格地限制了接受它的可
能性。

类似地，西方法律传统承诺把社会视为自主主体之间的互动系统，这就限制了科学的因果作用观念的渗透。法律理论家们意识到，当关于因果联系的问题在法庭中被提出时，就不单关乎事实，而是混杂了事实和政策[②]。例如，在审判的语境中，对原因的追溯就被对责任的归属和分配和在特定时间限制之内做出审判的担心限制着。在科学研究的语境中，并不存在这些对重构因果链条的限制。或许做出审判是有截止时间的，但结束对于真理的智识探索则绝无截止时间。

在特定社会和政治条件中，现代科学在自由-民主使政治行动者负责的模式发展中发挥着核心的作用。毫无疑问，相信科学不同于魔术、占星术或神学而是一种公共知识的信念大大促进了这一发展[③]。基思·托马斯(Keith Thomas)注意到17世纪英国对魔术的信任下降和机械哲学的胜利，讲道“与新科学相伴随的，是坚持所有真理都要被证明、强调对直接经验的需要和不愿接受未经检验而被传

---

① Yaron Ezrahi, “The Jensen Controversy: A Study in the Ethics and Politics of Knowledge in Democracy,” and Lee Cronbach, “Five Decades of Public Controversy Over Mental Testing,” in *Controversies and Decisions: The Social Sciences and Public Policy*, ed. Charles Frankel (New York: Russell Sage Foundation, 1976), pp. 123 - 170.

② H. L. A. Hart and A. M. Honoré, *Causation in the Law* (Oxford: Clarendon Press, 1973), p. 85. Frank D. Fincham and Jos. Jaspers, “Attribution of Responsibility: From Man the Scientist to Man as Lawyer,” in *Advances in Experimental Social Psychology*, ed. L. Berkowitz, vol. XIII (New York: Academic Press, 1980), p. 19.

③ John Ziman, *Public Knowledge* (Cambridge: Cambridge University Press, 1968).

承的信条"①。自现代早期开始，由于认为实践经验始终检验着竞争性主张或论证的相对地位，因而能够将行动领域整合进哲学、修辞学等人文学科并因此赋予了它新的尊严。早期的人文主义著者就拒斥亚里士多德对行动与思辨、哲学层面与工艺即智识事业与手工事业的二分。他们之所以重视"使用中的知识"，不仅是为了对生活予以改善并使之完美，也是为了加强精神的行动意义②。正如保罗・罗西(Paulo Rossi)所指出的，关于知识和行动之关系的这种视角转换和把知识视为建构的理念有关。这一理念由詹巴蒂斯塔・维科(Giambattista Vico)提出："在自然中，我们只确信我们借由实验方法而成功地建构了与之类似的东西……直到我们做到了，才算是证明了一个真理。③"维科指出，"就像上帝是自然的造物主，人类是工艺品的造物主。"④

在西方传统中，自然哲学和手工实践行动的亚文化在一定程度上 56
的融合形成了这样一种行动观，它不仅使得手工劳动变得尊贵，而且迫使抽象的理念去经受经验"低等的"实践检验。技术行动作为理论和实践(即"脑和手")的交汇之处，能够被整合为真理的修辞要素，而自然哲学(科学)可以成为对实践行动的修辞和辩护的要素。把知识当作建构的理念可以支持这样的一种行动理念：行动既表现了自由和

① Keith Thomas, *Religion and the Decline of Magic: Studies in Popular Beliefs in Sixteenth- and Seventeenth-Century England* (Harmondsworth: Penguin Books, 1971), p. 771.

② Quentin Skinner, *The Foundations of Modern Political Thought*, vol. Ⅰ, *The Renaissance* (Cambridge: Cambridge University Press, 1978), p. 107.

③ G. Vico, *Opere*, ed. F. Nicolini (Milan, 1953), pp. 293 – 307，引自 Paolo Rossi, *Philosophy, Technology and the Arts in the Early Modern Era* (New York: Harper and Row, 1970), p. 145.

④ G. Vico, *Opere*, ed. F. Nicolini (Milan, 1953), pp. 293 – 307，引自 Paolo Rossi, *Philosophy, Technology and the Arts in the Early Modern Era* (New York: Harper and Row, 1970).

理性这样的高等人类能力,又是一种可以充当修辞设计的表演,以说服观察中的观众采纳特定主张并拒斥其他主张[①]。

由于人们意识到了实验在知识进步中和稍后的机器在工业革命中的历史性作用,这在社会中加强了工具和技术设备不仅在科学语境中并且在更为广泛的话语领域中的修辞效力。认为知识是在建造和操作机器之中得以发展和证明的这一理念将行动合理化为现代说服模式的必要成分,并日益威胁到了早期认为知识产生于沉思、对话或文本中的修辞学传统。这种现代理念在阿尔贝蒂(Leon Batista Alberti)、阿格里科拉(Agricola)和维萨留斯(Vesalius)等人文主义大师的著作中占据核心地位。他们将自然哲学和机械工艺结合起来,而这分别是沉思的智识目标和对控制的追求。阿格里科拉在其《论矿冶》(*De re metallica*)(1556)中寻求通过坚持工艺的哲学性和科学性以使其尊贵[②];维萨留斯借解剖学家之手来延伸视觉领域,揭开了隐藏的人体结构真理。类似地,在阿尔贝蒂和帕拉第奥(Andrea Palladio)那里,建筑是表现物体中的宇宙真理的工艺[③]。哲学和工艺的融合使得机械、解剖和建筑能够充当真理的修辞和教育。因此,相较于被培根批评为"几乎不曾受到哲学的启发"和保留的"想象与信念大大多于感觉和证明"的炼丹术、巫术和占星术,这些工艺便逐渐被认为更为优

① 关于作为修辞设计的科学、行动和例子,例如参见 Lisa Jardin, *Francis Bacon: Discovery and the Art of Discourse* (Cambridge: Cambridge University Press, 1979); Paolo Rossi, *Francis Bacon* (London: Routledge & Kegan Paul, 1968);关于现代的例子,参见 David Gooding, "In Nature's School: Faraday as an Experimentalist," in *Faraday Rediscovered*, eds. P. Gooding and A. J. L. James (Basingstoke: Stockston Press, 1985), pp. 105 – 135.

② Rossi, *Philosophy, Technology and the Arts*, p. 59.

③ 关于阿尔贝蒂和帕拉第奥,参见 Rudolf Wittkower, *Architectural Principles of Humanism* (New York: Norton, 1971).

越[①]。和这一传统一致,思想家安德烈亚斯·利巴菲乌斯在 17 世纪早期强调了一个公民的和人文主义的关于知识之公共性的观念。他批评帕拉萨尔苏斯(Paracelsus)和柯罗尔(Croll)树立了技术知识与宗教 57
狂热主义和政治激进主义传统的密切关系,并反对第谷·布拉赫(Tycho Brahe)把对知识的追求和与世隔绝的沉思及贵族式的超然态度联系起来[②]。

工具主义作为一个现代的政治行动范式和使自由-民主系统中的政治行动者负责的派生方法,吸收了这种将技术工艺"哲学化"和使哲学从属于实践性的行动检验的共同传统。因此,政治行动既是人类自由的表现——人类在知识规训下产生自主行动的能力,又同时是一项修辞事业——把行动锻造为"表演",它检验理念又具有使得它向"历史的审判"或是观察中的公众的判断开放的客观性。古典、基督教或是贵族政治传统倾向于轻视经验的现世唯物主义维度,人文主义对此的回应是把物质领域作为表现个体神圣的塑造和建构能力的剧场,并通过可观察的东西和操作而使人类自由和知识成为可见的。可见行动和操作的重要修辞功能已经为弗朗西斯·培根所论述。他坚持认为,"检验"作为一种表述和说服的方法胜过"告知"[③]。培根在其论断"操作因为是真理的保证而受到的尊重必然多于因为他们所提供的生活舒适"[④]中,也强调了行动在证实知识主张或真理的修辞中的关键作

① Benjamin Farrington, *The Philosophy of Francis Bacon*, Phoenix ed. (Chicago: University of Chicago Press, 1964), p.73.

② Owen Hannaway, *The Chemists and the Word*: *The Didactic Origins of Chemistry* (Baltimore: Johns Hopkins University Press, 1975); Owen Hannaway, "Laboratory Designs and the Aim of Science: Andreas Libavius versus Tycho Brahe," *Isis* 77(1986),585 - 610.

③ Francis Bacon, *De Augmentis*, bk. 6, ch. 2, *The Works of Francis Bacon*, vol. Ⅳ, eds. J. Spedding, R. C. Ellis, and D. D. Heath (London, 1875), p. 449. 另见 Jardin, *Francis Bacon*, p. 15.

④ 引自 Rossi, *Philosophy*, *Technology and the Arts*, p. 163.

用。从马基雅维利到霍布斯、边沁再到杜威、凯恩斯，鉴于行动是形塑社会政治实在的自由在技术上受规训的表现，它的这一特点也变成了行动自我合法化的有力修辞手段。一旦权力在行动中的表现似乎被知识或是工具主义逻辑所管制，它就会把自身突出为受限制的和并不随意的，即尊重自然和社会实在所强加的限制并因此假设了一种公共性。

只要操纵政治的自然“物质”的权力和个体充当这些行动的见证者的权威仍然像马基雅维利的《君主论》(*Prince*)里那样限定于少数
58 享有特权的人，只要工具化政治的理念能将行动的技巧和自由结合起来而没有强迫行动者被公开曝光，那么政治工具主义就仍然可以和君主制或贵族制政治结构兼容。在科学中与之类似的是，在 17 世纪下半叶的西芒多学院(the Academia del Cimento)和皇家学会(the Royal Society)等科学论坛中，执行和见证实验的“公共空间”起初被限制在相互信任但范围严格的绅士共同体中①。但是，在科学和政治的语境中，执行和见证行动的公共空间都不断地扩张，这最终导致了技术行动和政治行动成为公共的演出②。正如我接下来将更为详细展示的，由于对行动的视觉呈现、观察和报告模式实现了标准化，观众共同体的范围也不断增长，对已经成为自由-民主社会共同生活之焦点的公共行动和事件来说，这定义和制度化了其在现代民主的社会文化空间——公共的舞台或是场所。

相比执行公共行动所需的技巧，用被感知的公共行动结果来判断成功与否所需的技巧相对简单。对两者的区分促成了随后的发展。技术性成功正是在与现代“公共空间”的社会文化结构的联合中，才变得比形而上学指示物、逻辑、精致的经验分析或数学证明更容易作为

---

① Steven Shapin, “The House of Experiment in Seventeenth-Century England,” *Isis* 79(1988).

② 参见第 3 章和第 4 章。

判断主张可接受性的“民主”基础。可见的技术事件示范了物质指示物的修辞效力。例如，一次生动的气球飞行就使拉瓦锡(Lavoisier)关于不可见气体的主张被公共地接受[①]。在政治中，所有可见的、工具性的成功指示物都有类似的优势。体现于技术操作的公共行动工具化为向公众演讲、在社会中确证主张和使对政治权力的使用去人格化与合法化提供了更为民主的模式。工具化取向使得能够将公共行动与事件呈现和感知为代理人和事实世界的一系列相遇，并且他们试图在这样的世界中推进特定的目标。与行动在把政治当作个性冲突的演出取向中被呈现和感知的方式不同，在工具化取向的语境中被感知的行动者是在执行任务，这些任务既要求尊重对环境的公正判断，也要
求精通技巧。只要这些工具性行动的结构不能被完全预测，只要有能 59
力的行动者被设定能够从其经验中学习，开放的行动语境就像是科学实验的语境一样，使得代理人的主张的权威从属于其促进行动变为对其表现和理念之适当性的说服性证明的能力。因此，先天不可见的理念的权威似乎至少在一定程度上依赖于公共-感知空间中可见指示物的力量。

科学工具主义将行动者抬升为与对象世界相对立的代理人，而政治工具主义将行动的代理人和作为行动对象的他人区分开来则是有问题的。政治实验主义促进了一种操控他人的取向，它更多地把他人当作被处理的事实或对象，而非能辨是非的主体。因此，鉴于自由-民主承诺了公民是自由的、能辨是非的主体这一理念，将工具-实验进路应用到公共行动之中所暗含的操控取向就构成了一个问题。

由于有必要对将工具主义进路用于公共行动和操控他人的取向的联合加以处理，这就驱使自由-民主对工具主义加以辩护。马基雅

① Robert Darnton, *Mesmerism and the End of the Enlightenment in France* (Cambridge, Mass.: Harvard University Press, 1968), pp. 18 - 24.

维利和霍布斯被广泛地诠释为:他们认为为了预知和有效地影响政治行为,人们并不应该被理想化的人性道德观所迷惑。人们应该转而意识到,人类本质上是丑陋的、以自我为中心、具有暴力倾向,也要意识到惧怕对人类行为的影响。因此,将工具主义价值观整合进自由-民主关于权威而负责的行动的观念就要求,工具主义和人性的负面图景以及统治者的操控取向的结合应该被平衡、中立或重新解释。至少从现代早期开始,就已经有人试图调和将工具主义(科学的和技术的)进路用于政治行动和自由-民主价值观予以调和。在早期(包括非自由和非民主的)对于将工具主义进路用于政治的论述中,可以发现这些尝试的关键元素。这其中包括功利主义对工具主义的辩护、断言工具
60 主义支撑了民主的认识论行动观——行动是在社会中可理解的事实、把工具主义当作一种对行动的非随意限制的行为根据。

例如,在马基雅维利和霍布斯那里,只要人性的负面图景反映了人类行为的真实逻辑,便为抑制偶然性对公共事务的影响提供了便利,也为合理地或者说按照工具主义推进有序、稳定、安全这些共有目标提供了便利。这一信念消解了人性的负面图景。对于不自主平衡,抑或个体行动按照曼德维尔(Bernard Mandeville)的《蜜蜂的寓言》(*Fable of the Bees*)(1723)所设想的那样自发聚合而成集体行动,我在前文中将其称作早期非工具主义的自由公共行动模型。在这一模型中,确保公共利益的并非个体行动者的道德美德,而是个人的缺点(以自我为中心的行为)——尽管并非蓄意却是必然地带来了公共利益。在工具主义的自由-民主公共行动模型(包括去中心化的和中心化的)中,始终假设着真正的人类行为原则与公共利益存在因果关系。差别在于,这些联系并不被认为是自动的,而是依赖于自由而知识渊博的代理人的蓄意干预。因此,尽管人类本质的负面因素和操控他人的取向联合在一起,但为了捍卫将工具主义进路用于政治行动的民主

性，唯意志论的行动观和功利主义原理能够被整合成这样一个框架。

这些意见还不足以解决这一问题：既然道德约束抑制随意行动的作用被当作是非自然的或是乌托邦式的而被放弃，那么工具主义取向的行动者的行动如何能被自由-民主价值观接受？一种处理问题的方法是说明，尽管并不能指望道德来抑制随意行动，技术-工具性规训却可以。按照马基雅维利的观点，“好的”君主的美德并不等同于好人的高尚品质，而是要和起作用的行动者一致[1]。道德约束在此就被技巧和技术规训所取代。好的君主并不等同于自身诚实的人，而是其行动被放大功效的工具性考虑所规训的人。由于道德约束在政治上被技术规训所取代，因而就可以把被工具性地引导的行动认可为一类和自由-民主规范一致、既不随意又不被情感和个人的无常所控制的行动。这意味着，判断行动的根据从行动的代理人转换为更为明显的目的或 61
结果。这种转换使得政治工具主义不仅可以被合法化为君主或其他特权行动者行动的原理，而且也可以合法化为民主政治参与的原理。

一旦人们偏爱“那些知道如何治理的人”胜过“有权治理”[2]的人，一旦后天的技巧和技艺变得和运用政治权力相关，贵族式特权就变得更容易受到攻击。同时，由于对超自然力量的否定和对行动的去神秘化，也就是假设所有人类统治和控制先天地被自然的“反抗”所限制，使得最高纲领主义对权威的要求被进一步从底部削弱了。

除了功利主义把工具主义当作是提供了公共利益而辩护，以及对于把工具主义当作非随意或被限制的行动形式的理论说明，认为工具性行动可公共地观察的认识论辩护也有助于调和工具主义价值观与自由-民主政治的行动观、责任观。政治行动的焦点原先是冲突代理

---

① Niccolo Machiavelli，*The Prince and the Discourses*（New York：Modern Library，1950）. p.94. 另见 Skinner，*Foundations*，Ⅰ，p.137.

② Machiavelli，*The Prince*，p.102.

人的戏剧，工具主义似乎将其变为理性行动者祛魅地面对至少在一定程度上可知、遵循规律的事实世界。这样的工具主义表明，政治行动是透明的和可辨别的。对于被认为是原因而被用来产生期盼结果的行动来说，它们能够被呈现为去神秘化和可理解的事件，并且没有隐晦的动机与险恶的代理人。它们作为技术行动，似乎可以让代理人比自我、道德或宗教所激发的代理人对公众更为负责。

在宗教的行动范式中，责任通常被追溯于超验的指示物和不可见的代理人，对行为的判断是根据行动者在社会中难以捉摸的内在动机。而在工具主义的行动范式中，与之相关的变成了行为的外在方面。作为宗教范式之基础的责任结构是纵向的而非横向的："耶和华不像人看人，人是看外貌，耶和华是看内心。"

随着现代自然科学和随后社会科学的崛起，以观察事物外在表面即外在表象为基础的人类知识得以被认可。这一视角一旦被延伸到
62 政治的公共事务领域，由于它将人类行动"外在化"为因果关系，并因而将其定义为人们能够"看见"并因而能判断的事业，因此就准许了工具主义。同样，工具化使得政治公共行动的认识论地位民主化。从这一视角看，把政治行动工具化和更为宽泛的通过提及"外在物"(例如私有财产)而将政治"物质化"或"具体化"的趋势——自洛克(Locke)以来的英国自由主义中尤为明显——能够被当作补充性尝试而将政治置于常识领域中，并用这种现世的横向责任替换超脱尘世的纵向责任[1]。

---

① John Locke, *Letter on Toleration* (Indianapolis: Bobbs-Merrill Co., 1955), pp. 17,18,19,56–59. 中译本见：洛克：《论宗教宽容》，吴云贵译，商务印书馆，1982，第5页。另见第4章。关于国家的基础，旨在用人类和横向的责任来取代超脱尘世和纵向的责任的目标也引导了托马斯·霍布斯去尝试将政治权威去神秘化和使宗教教义失去信任。宗教教义强调生命永恒和来世奖惩的可能性。霍布斯担心，这些教义会降低臣民对君主权力的依赖。关于这一问题的讨论，参见 David Johnson, *The Rhetoric of Leviathan* (Princeton: Princeton University Press, 1986).

在现代科学论坛的语境中，对于行动的物质性和可见性的强调与新型说服模式的发展和权威化密切相关。用托马斯·斯普拉特(Thomas Sprat)的话来说，新型说服模式偏爱“实验的沉默力量”胜过“言语的壮丽”。伦敦皇家学会的会徽上镌刻着“不迷信任何权威”(Nullius in Verba)。或许这最为明显地表述了理想的“行动的修辞”——这种说服以可见操作为基础，它不同于、甚至优于演讲或文本的效力[①]。工具主义的权威利用了这一在公共论坛中用操作来支持主张的传统。合法行动的权威来自于日益被去神秘化的人类法律文本，而工具性行动本身有着前者所缺乏的修辞效力。关于这一点，想到 fact(事实)源于拉丁语 factum(表示行为或行动)是有益的。“事实”一词在西方传统中的力量反映了，行动代表个人的力量远大于言语。

在科学和政治的语境中，行动的事实方面或外在可见方面是认可主张和行为的参照对象。这一强调不仅有意将话语和行动领域与宗教权威所要求的不可见指示物区分开来，而且有意保护横向责任免遭由于过度人格化、过度主观性、随意性和幻想而容易堕落的风险。可见性能够抑制以主观的即不可公开解释的指示物为基础的行动的“腐蚀”作用，这已经在自由-民主传统对待将行动认作一个人自我良知的指示所表现出矛盾中得以说明。当然，在某些语境中，在社会中被习俗化的良知支配行为模型调和了个体良知的主观性。社会对良知的 63
认可能够建立在“超越自我利益的动机”在场的基础上[②]。但事实是，即使一个并非无政府主义抑或并非极端的道德良知的观念也是政治

① 关于在早期现代科学中，实验和示范在证明知识主张中的作用，参见 David Gooding, Trevor Pinch, and Simon Schaffer, eds., *The Uses of Experiment* (New Rochelle, N. Y.: Cambridge University Press, 1989).

② Michael Walzer, *Obligations: Essays on Disobedience, War, and Citizenship* (Cambridge, Mass.: Harvard University Press, 1970), pp. 126, 131.

多元主义的伴随物，这表明了将其融入到自由-民主的横向责任系统的困难[①]。正如良知的缺陷所说明的，良知并不是行动者这样一个主观的个体和公共的政治行动领域之间的桥梁，因为它是保护着个体作为判断的根本来源，使其免受外在权威的侵犯。只要自由-民主的公共领域观念建立在这些私人的个体判断领域的多样性基础上，个体良知作为个体对自我责任的行动原则就不能被拒斥，但是也不能被认为是一个使行动者对同伴负责的框架，后者是民主制中基本的责任形式。

对同伴的责任取代了对上级的责任，并补充了自我指示标准。工具主义作为责任结构，其力量恰恰在于实现了这种对同伴的责任，并因此确证了行动的非人格化的外在指示物超越个体良知的权威。只要科学-工具主义进路强调世界作为公共事实实体的道德中立性，它所创造的社会文化空间中的行动就被非人格化的外在所予限制，并且能被至少在一定程度上被认为是独立观察者的人所观察和理解。当人们将我们社会中的科学技术事业和艺术两者的文化规范放在一起，上述特征就尤为明显。在现代社会中，在规范上证实科学技术成果要根据“非人格的”知识，而艺术作品及其诠释的价值则经常以艺术家的个人特点和独特个性为媒介。艺术家并不像科学家和工程师那样必须根据非人格化的公共事实而使自身主张和行动去人格化。艺术家不像科学家和工程师，他们象征着，在特定限制下，我们的社会许可将功能上的胜任和工具性价值从属于虚构的美学价值和自由消遣。恰是这种外在世界中被规训的指示物的缺失向两次世界大战之间的卡
64 尔·克劳斯(Karl Kraus)、瓦尔特·本雅明等人表明，美化政治会导致腐化和不负责任，艺术的合法领域是个体经验的领域，在此人们对

---

① Michael Walzer, *Obligations: Essays on Disobedience, War, and Citizenship* (Cambridge, Mass.: Harvard University Press, 1970), p. 132.

于他人无需是可答复的[①]。

现代的人们倾向于把艺术和科学看作是代表了私人领域和公共领域的两极，也就是主观性、想象、暂时与客观性、理性、永恒的对立。杜尔哥(Turgot)清楚地表述了这种趋势："关于自然和真理的知识和它们一样无穷。旨在取悦我们的艺术就像我们一样被限制。[②]"(当然，如果说艺术是主观的自我表达，或者说现代艺术家是"不可解释的"，这样的社会文化状态是艺术在特定历史性时刻的特征。文艺复兴大师们在一个完全不同的文化框架中操作[③]。)

我已经提出，在去中心化的自由-民主公共行动的语境中，工具主义的重要政治作用在于提出了一种粘合零散代理人之行动的方式；而在中心化的自由-民主公共行动的语境中，工具主义的基本政治作用是确保少数行动的人明显地保持着对只能观察的多数人的依赖。在

---

① Benjamin, "Art in the Age of Mechanical Reproduction"; Walter Benjamin, "Karl Kraus," in *Reflections* (New York: Harcourt Brace Jovanovich, 1978), pp. 239 - 273; Edward Timms, *Karl Kraus Apocalyptic Satirist* (New Haven: Yale University Press, 1986).

② Anne-Robert-Jacques Turgot, "Discourses sur les progrès successifs de l' esprit humain," in *Oeuvres*, Ⅰ, 214 - 215, 引自 Peter Gay, *The Enlightenment: An Interpretation*, vol. Ⅱ (London: Weidenfeid and Nicholson, 1969), p. 124.

③ 像吉尔贝蒂(Ghiberti)这样的艺术家，他像科学家那样工作就不只是为了生成审美赞赏或是取悦，同时也是为了向其艺术家同行例示对于他们的共有问题的解决方法。E. H. Gombrich, *Norm and Form Studies in the Art of Renaissance*, vol. Ⅰ (London: Phaidon, 1978), pp. 1 - 10. 菲利波·布鲁内列斯基(Filippo Brunelleschi)、莱昂·巴蒂斯塔·阿尔贝蒂、安德烈亚·帕拉第奥等文艺复兴时期建筑家认为，建筑是一个关于天上原型的数学-几何学的科学。在文艺复兴美学中，艺术家个性的极端主观性被宇宙秩序的极端客观性所平衡。18 世纪晚期，这种对于极端客观性的坚持被打破了。人们意识到，艺术对于世界的建构和表征有着无限的可能性。这导致约翰·拉斯金(John Ruskin)等现代美学理论家强调了艺术家的灵感和创造性，而非类似于科学的技术逼真性。参见 Rudolf Wittkower, *Architectural Principles in the Age of Humanism* (New York: W. W. Norton, 1971), pp. 117 - 118, 154; Walter John Hippie, Jr., *The Beautiful, the Sublime and the Picturesque in Eighteenth-Century British Aesthetic Theory* (Carbondale: Southern Illinois University Press, 1957)中的讨论。

这两种语境中，工具性规范蕴含了对这一理念的承诺：公共行动是深思熟虑的，其代理人是自由的，并且他们的自由至少在一定程度上受限于可知的因果链条。这样，在工具性价值观和自由-民主政治价值观的融合之下就是以这一信念为基础：客观的因果联系既限制了自由代理人的主观性和随意性，又允许他们将自身行动客观化并使得它们在普遍可理解的事实世界中是公共的。

由于在此预设了人类有能力理解因果关系并充当原因，这就为融合了科学的必然因果性观念和唯意志论行动理论的行动观奠定了基础。从这一视角看，就可以调和国家作为像机器一样被建构的图景和人文主义的人类行动观[①]。基督教思想家往往将公正的政府归因于天赐的恩泽，而文艺复兴的人文主义者则倾向于强调，政治依赖于反奥古斯丁的自然主义所理解的人类和人类才能的运用[②]。乔托(Giotto)的绘画在当时的中世纪传统中格外显眼，而现代政体
65 中的公民就像是其中的人物，被认为是自然的、并非理想化的人。在文艺复兴的想象中，人类既不是全然自由地按照其意志来建构政体，也并非命中注定受制于外在原因。他们既不是完全自主的，也不是全然被决定的。人类行动居于两种极端状态之间。在面对不可动摇的必然性和偶然性时，人性不屈地试图维护和运用自由与智慧。人类行动正是人性对抗命运这出戏剧的一部分。这个故事既包含了成功运用实践智慧、技巧和意志而实现的成就，也包括暴露出人类有限性的挫败。

如果想要吸收工具主义的行动观、把人类当做自由造物主的理

① 关于人文主义将人类视作“制造者”和“塑造者”的观念，参见 Giovanni Pico della Mirandola, *Oration on the Dignity of Man*, in *The Renaissance Philosophy of Man*, eds. E. Cassirer, P. O. Kristeller, and J. H. Randall (Chicago: University of Chicago Press, 1948), pp. 223 - 254.

② Skinner, *Foundations*, Ⅰ.

念，而同时又不拒斥人类是在一定程度上被必然性所束缚的生物这一悲剧元素，这种主体性和世界、自由和因果作用的二元论是必要的。按照霍布斯的观点，国家是一个受“取自自然和源于自然必然性的设计和计划”所帮助的自主人工建构[①]。按照培根的观点，只要人类是自然的仆人和诠释者，那么他就是自然之主[②]。因此，人们对自身命运负有一定程度的责任。失败并不只是被归咎于人类知识和控制的客观限制，也在于事实面前的鲁莽、轻浮和缺乏谦逊。在伊卡洛斯被误导的飞行这一神话中就是如此。在尘世中也有可以说明的对应物。例如，1671 年法国工程师伯特兰 · 德 · 拉 · 科斯特（Bertrand de la Coste）由于无法支持他所声称的发现了永恒运动的奥秘，而被法国科学院（the French Academy of Science）羞辱[③]。

马基雅维利将类似的“实在”工具主义标准应用到了政治领域中。他承认构造政治世界的物质迫使政治行动者不停地对抗自然力量和偶然被强加给秩序之可能性的不确定性的阻力，也指出“不能把我们的自由意志消灭掉，我认为，正确的是：命运是我们半个行动的主宰，但是它留下其余一半或者几乎一半归我们支配”[④]。政治至少在一定程度上是可以被驯服和引导的。马基雅维利把偶然和无序的强力比

---

① Amos Funkenstein, *Theology and the Scientific Imagination: From the Middle Ages to the Seventeenth Century* (Princeton: Princeton University Press, 1986), pp. 336-337. 再一次地，把自由行动当作是在建构秩序的过程中自由运用自然的因果性的观念，保留了中世纪早期所认为的通过自然规律运转、并不随意的神圣意志。这是《诗篇》19:1 中所赞颂的神圣力量：“诸天诉说神的荣耀。”关于希腊文化中的主体性和偶然性，参见 Martha C. Nussbaum, *The Fragility of Goodness, Luck and Ethics in Greek Tragedy and Philosophy* (Cambridge: Cambridge University Press, 1986).

② Novum Organum Ⅰ，引自 Rossi, *Philosophy, Technology and the Arts*, p. 186.

③ Roger Hahn, *The Anatomy of a Scientific Institution: The Paris Academy of Sciences*, 1666 - 1803 (Berkeley: University of California Press, 1971), pp. 141 - 144, 147.

④ Machiavelli, *The Prince*, p. 91. 中译本见：马基雅维利：《君主论》，潘汉典译，商务印书馆，1985，第 118 页。

做“那些毁灭性的河流之一，当它怒吼的时候，淹没原野，拔树毁屋，把土地搬家；在洪水面前人人奔逃，屈服于它的暴虐之下，毫无能力来抵抗它”。他坚持认为，“事情尽管如此，但是我们不能因此得出结论说，
66 当天气好的时候，人们不能够修筑堤坝与水渠做好防备，使将来水涨的时候，顺河道宣泄，水势不致毫无控制而泛滥成灾。”[①]在马基雅维利那里，被训练过的君主作为一名政治工匠，能够在命运所强加的限制中建构与控制。就像一名工匠，他受知识支持的行动居于自由与限制、也就是理念和事实之间。

宗教、道德、法律、艺术和科学提供了文化上的不同责任模型，以及连接行动者及其行动、公众和被用来分配信任、声望或责备的过程的不同模式。我已经尝试展示了，科学技术通过支撑工具性的公共行动范式，在对现代自由-民主行动和责任的建构中发挥了重要的作用。工具主义是科学-技术的行动标准向公共的自由-民主国家领域的延伸。工具主义的力量基本上来自于科学技术潜在的政治功能，即将行动的基础外在化，并支持横向的、而非等级的抑或自我指示的责任。但是，科学工具主义作为一种针对公共行动之组织的取向，它所做的远远不止对自由-民主责任形式的支持。事实上，它支持了民主政治成为“一个场景”(a view)、一个在公共知觉领域中正在进行的系列表演。对于民主政治这个被认为正在进行的演出来讲，公共领域作为其剧场的出现是和现代政治作为一种政治力量的崛起不可分割的。

① Machiavelli, *The Prince*, p.91. 中译本见：马基雅维利：《君主论》，潘汉典译，商务印书馆，1985，第118页。

第3章

科学与自由-民主政治的视觉文化

通常情况下，自由-民主传统反对某些历史、社会和政治领域知识的主张。对这些主张的批判与自由-民主对开放社会、言论与结社自由、宽容、政治权力去中心化的承诺有关。不过，自由-民主关于有代表性、负责任的政治权威的观念倾向于支持对政治知识的乐观理论，同时也受其支持。如果要相信有人可以作为他人的代表而行动、可以使政治代理人对公众负责，一个重要的条件就是可以了解他人和理解、判断他们的行动。在自由-民主传统中，这一信念基于一种乐观的政治认识论，即认为政治是由行动或事件组成的，而它们都是可观察、可报告的公共事实。

从这个角度看，自由-民主政体的政治行动之所以是公共的，不只是因为它被用来实现长远的公共目标，也不只是因为由公共代理人所完成。从某种意义上来说，公共行动也是更为宽泛的公众所能感知得到的。

人们觉察到有必要使政治行动符合这种意义上的"公共"同步于早期自由信念的衰落。后者认为，政治秩序是在零散的行动者或机构之间形成的“自然的”、自发的平衡。自由-民主既承诺了自主的政治代理人，又希望防止他们的行动是随意的、无常的或是对共有目标不利的。人们逐渐意识到，持续的干预亦即旨在维持政治秩序和推进特定目标的行动是必要的。而这就需要对上述承诺和希望加以综合。
68 这种从被动到主动的转换，或者是约翰·杜威所谓的从“旧”自由主义向“新”自由主义的转换，表明科学作为政治资源的作用发生了改变[①]。在旧自由主义中，科学被用来把对“自然规则”的盲目遵守合理化，并因而把政府干预非法化为可能破坏自然平衡的“人工”行动；而在新自由主义中，科学的意识形态和政治用途则在于将这些“人工”干预合法化为被技术规训的或是合理的、旨在纠正或完善并不完美的自然状态的措施。这是向着一种更符合行动主义-干预主义的政治行动理论或国家行动理论的转变。人们在此之前已经意识到，普遍参与政治的理想和政府只由少数人组成的现实之间存在鸿沟。而上述转变又不可避免地加深了这一鸿沟。正是在这一语境中，要想确保那些在政治上享有权威的少数代理人有代表性和负责任，让他们的行动变得透明就显得非常重要。

在诸如新英格兰村镇(the New England town)和以色列基布兹(the Israeli kibbutz)这样的小型地方性民主社会中，它们的面积并没有严重限制到普遍参与。即使如此，平等参与的理想和权力分配不平等的现实之间的这种鸿沟也一直存在。但是，随着公民和领土的扩张超过了行动所扩散的范围，“民治政府”的理念就显得愈加不切实际，因而从某种意义上来说，使行动为公众所见就变得更为重要。

---

① 例如参见约翰·杜威在其 *Liberalism and Social Action* (New York: Perigee Books, 1980)中对“旧”自由主义(即斯宾塞的自由主义)和“新”自由主义的区分。另见在卡尔·R·波普尔的 *The Poverty of Historicism* (London: Routledge and Kegan Paul, 1963)中得以发展的“社会行动”概念。

美国共和政体早期的创立者们关注于在人口众多、领土广阔的国家中建立一个民主政府系统的可行性[1]。在人口众多、领土广阔的国家中，政府的需要和民主责任制的规则之间存在着张力。联邦党人把代议原则和主权可分原则当作是能一定程度上缓和这一张力的手段。我认为，有这样一个调节权力分配不平等这一现实和民主参与这一理想的措施，它尽管很少被论及但同样重要——用托马斯·潘恩(Thomas Paine)的话来说就是，使政治成为“简单的事实、明显的论据和常识”[2]。这种尝试基于现代西方文化最为核心的信念之一：眼见为知；从某种意义上来说，对世界的视觉经验就是在直面世界的实在；可以说，关于世界的真理基本上就被写在知觉对象的可见表面。

把这一信念延伸到政治领域就是这样一种理念：政治是透明的， 69
政治代理人、政治行动和政治权力都是可见的。现代民主制在很多方面都以这一理念为基础。对于认为政治是可观察事实、“一个场景”和公共知觉对象的观念，尽管并不易于在智识上捍卫或在实践中证实，但它已然成为自由-民主意识形态的核心承诺。从某些方面来讲，这一理念可以替代乌托邦式的参与民主制理论，也可以替代以怀疑的政治认识论为基础的非参与型政治。

启蒙运动特有的自由-民主观认为，政治是“在外面的”；它和物理世界一样，至少能在一定程度上作为事实而被我们以科学的方式知晓。当然，这一理念必须与其他观点竞争。而它的独特性明显地体现在，其他的政治图景都强调代理人在政治秩序产生中的创造性地位，

---

① 例如参见“The Federalist no. 10,” *The Federalist*, from the original text of Alexander Hamilton, John Jay, and James Madison, intro. Edward Mead Earle (New York: Modern Library, 1937) pp. 53 - 62。

② 引自 Eric Foner, *Tom Paine and Revolutionary America* (London: Oxford University Press, 1976), p. 85。中译本见：潘恩：《潘恩选集》，马清槐等译，商务印书馆，1981，第19页。

而忽视了作为观众的个体所需的“距离”①。事实上，我们难以把政治行动当作是像物理对象或事件那样的可见事实。而恰是面对着这些困难，在文化上特别地把政治建构为可观察、通过指示性语言可报告的东西才呈现出其全部意义。

我在此的目的是要考察权威、代表和责任的关系。我猜想，我们通过这些关系就能理解，美国等现代的大规模民主制中的政治行动是一个正在进行的公共演出。我会论证，在可见的被公共地知觉的事实空间里，以技术化和工具化术语来定义公共代理人的行动可以被解释为把政治行动外在化和客观化的策略的组成部分。我还会进一步提出，对于视觉和看见、见证来说，它们在自由-民主政治话语中的核心地位及其在讨论权威、代表和责任时的隐喻是和这种对政治的定义分不开的：政治是一个明显的、可观察的事实领域，它对所有被认为是观众的公民开放。

自由-民主行动的戏剧演出

70 当然，从某种意义上来说，所有的政治形式都利用知觉领域来观看政治权威的确立、代表和合法化。为了使权威具体化、被保护并获得支持，不同的政治“世界构造”策略都包含多种利用视觉的方式。在不同的政治剧场中，部落首领、国王和王后、总统、总理和军事独裁者都是演员。作为政治权威确立和合法化的一个维度，政治表演的舞台效果是政府艺术的一部分。从某些方面来看，管理国家的才能和编剧的才能是分不开的，后者的成败往往对应地导致前者

① 关于这一点，参见 Stuart Hampshire, *Thought and Action* (London: Chatto and Windus, 1959) and Richard J. Bernstein, *Praxis and Action* (Philadelphia: University of Pennsylvania Press, 1971), pp. 165 – 229 关于杜威行动理论的讨论。

的成败。

政治的戏剧性的一面就是权威的政治演出。它并没有过多掩饰政治中真实的东西,却清晰地表现了作为政治秩序之基础的规范和承诺。任何给定的政治世界中都有一些文化代码,它们确定了视觉经验的政治功能、支配着那些被可见与不可见的关系所影响的意义。即使对这类文化代码进行简要的考察,也能对特定的看见、观察和展示规范提供重要的线索。这些规范形塑了自由-民主政治,并影响到了科学技术在现代民主国家中潜在的政治功能。

一开始就需要注意的是,西方文化传统倾向于把真实的和虚构的区分开来,并认为戏剧性的就是虚构的。这使我们没能将政治行动的戏剧性一面看作是政治的实质,而只是把它当作政治实在的表征或错误表征。正是以这种区分为主要基础,托马斯·杰斐逊(Thomas Jefferson)这些民主主义者才常常将君主制政治贬低为"戏剧性的"。和其他持民主主义立场的批评家一样,杰斐逊把君主政体的编剧才能看作是从公众眼中掩盖政治真相的艺术,而公众的眼睛会"被王冠和小冠冕的闪光照花"[①]。在自由-民主对非民主权威系统的批评中,一个典型就是抨击非民主领袖对光辉壮丽的使用,并认为这种戏剧性的、非法的手段旨在掩盖真相[②]。因此,自由-民主的权威努力把自我突出为"非戏剧性的",也就是诚实,拒绝为了自我神秘化或自我装饰而大量使用给人以美感的说服和表达感情的姿态。权威把自我表述为工具性公共行动的中立代理人,这是通过诚实公开的主张而实现自

---

① Jefferson's "Letter to James Madison," Dec. 1794, In *Thomas Jefferson*, ed. Merrill D. Peterson (New York: Viking Press, 1975). 中译本见:杰斐逊:《杰斐逊选集》,朱曾汶译,商务印书馆,1999,第499页。

② 请再次注意瓦尔特·本雅明对法西斯主义美化政治的论述,"The Work of Art in the Age of Mechanical Reproductions," in *Illuminations*, ed. and intro. Hannah Arendt (New York: Schocken Books, 1969), p.242。

我合法化的策略的根本表现,同时这也是民主政治行动的戏剧演出所特有的。

71 我们已经意识到,客观的、现实的、事实的或者技术上合理的同虚构的、私人的、戏剧性的一样,都是文化上的建构——一种"集体的直觉"①。既然如此,我们就必须意识到,自由-民主政治行动的"实在论"、"工具主义"和"公共性"也是同样被文化地和戏剧性地生产出来的。克利福德·格尔兹(Clifford Geertz)恰当地指出,"真实之物如同想象之物那样富于想象性"②。自由-民主政治既不是一个绝对可以公共地观察的事实领域,也不是一个据其反映客观事实的成败就能被评价的"实在的剧场"。重点在于,在所有的自由-民主政治中,"实在"是处于核心地位的政治建构,而对所有代理人的随意而戏剧性的行为进行的中立(假设与政治无关的)核查行动就被定义为"实在"。就这一点来说,在自由-民主政治世界中,事实实在被用来使政治权力去中心化并对其加以限制。在非民主政治的话语中,实在是一个完全不同的文化建构。这是因为它服务于其他目的,例如去支持等级制权威或任何"超级机构"具有超乎寻常的——有时甚至是魔幻的——力量的主张。非民主政治世界对视觉的利用通常并不在于确立用于核查政治权威之主张的事实实在,而是从认识论上支持、从美学上装饰并赞

① 这一表述出现在简·瓦格纳(Jane Wagner)为莉莉·汤姆林(Lily Tomlin)的单人剧所撰写的剧本,*The Search for Signs of Intelligent Life in the Universe* (New York: Harper and Row, 1987), p.18:"我变得像苏格拉底(Socrates)所说的那样疯狂,它将灵魂从习惯和惯例的奴役中神圣地释放出来。我再也不要被现实恐吓。毕竟,到底什么是现实?不过是集体的直觉罢了。我的太空密友认为,现实曾是一种原始的控制人群的方法,后来就变得一发不可收拾了……对能接触到现实的人而言,它是致使压力产生的首要原因。我可以轻微接受它,但我发现,要是把它当作一种生活方式就太束缚了。"

② Clifford Geertz, *Negara: The Theatre State in Nineteenth-Century Bali* (Princeton: Princeton University Press, 1980), p.136. 中译本见:格尔兹:《尼加拉:19世纪巴厘剧场国家》,赵丙祥译,王铭铭校,上海人民出版社,1999,第165页。

颂政治权威反抗来自政府管辖之外的社会规范或公共规范（如“常识”中的实在）的限制的权力。

在一些政治秩序中，国家演出的主要结果就是在戏剧中确立了宇宙和政治的结构及其关系。19 世纪巴厘“剧场国家”的演出就是一个有启发性的说明。按照格尔兹的观点，这些演出似乎例证了“权力服务于壮丽，而非壮丽服务于权力”①。它们维护了按照系谱而不是行为进行分层的等级制。“古代巴厘的国家庆典活动是隐喻性的剧场：这一剧场展示关于实在之终极本质的观念”②。它们被用来提出、实现等级制并“炫人耳目”③。巴厘的政治剧场确立于公开的空间之中，但在西方意义上则并不是公共的。正如汉斯·斯佩尔（Hans Speier）所指出的，“公共空间”意味着大众参与政治的空间；抑或是基思·贝克（Keith Baker）所说明的，是裁决公共观点的空间④。巴厘的政治空间并不是人民的空间自下而上地延伸，而是“被
转化为庙宇的王室宫殿的神圣化空间的延伸”⑤。与之相反，现代自 72
由-民主国家的演出逻辑的基础是一个形而上学的剧场，这个剧场

---

① Clifford Geertz, *Negara*: *The Theatre State in Nineteenth-Century Bali* (Princeton: Princeton University Press, 1980), p. 13. 中译本同上，第 12 页，原译文“壮丽”处为“夸示”。

② Clifford Geertz, *Negara*: *The Theatre State in Nineteenth-Century Bali* (Princeton: Princeton University Press, 1980), p. 104. 中译本同上，第 123 页，原译文“实在”处为“真实”。

③ Clifford Geertz, *Negara*: *The Theatre State in Nineteenth-Century Bali* (Princeton: Princeton University Press, 1980), p. 123. 中译本同上，第 149 页。

④ Hans Speier, *Social Order and the Risks of War* (New York: G. W. Stewart Policy Sciences Books, 1952), pp. 327 - 335; Keith M. Baker, "Politics and Public Opinion under the Old Regime: Some Reflections," in *Press and Politics in Pre-Revolutionary France*, eds. J. R. Censer and J. D. Popkin (Berkeley: University of California Press, 1987), pp. 204 - 246.

⑤ Geertz, Negara: *The Theatre State*, p. 109.（原书并无此表述，此处应为间接引文。——译者注。）中译本见：格尔兹：《尼加拉：19 世纪巴厘剧场国家》，赵丙祥译，王铭铭校，上海人民出版社，1999，第 130 页。

被用来采纳一种使人清醒、去神秘化的公共实在观，以对所有政治演员“赋予人性”、检查和批评。

伊尼戈·琼斯(Inigo Jones)为斯图亚特的国王们设计并产出了国家演出。控制这些演出的意志仍然是国王壮丽而非凡的权力[①]。斯图亚特宫廷剧场是一种君主制意识形态和宣传的手段，它使用了建筑、舞蹈和技术来赞颂国王的超凡力量和保护被迷惑的公共图景——即使是面对可能与之矛盾的政治事实和历史事实。斯蒂芬·奥克尔(Stephen Orgel)写道，“假如我们能真正看到作为自然的驯服手的国王和作为花神的女王，那么也就不存在关于清教徒、爱尔兰或运送货币的问题了。因此，统治者通过魔术师般的艺术，把自我从一个居于宫廷和文化中心的英雄重新定义为宇宙中心的权力之神。”[②]

视觉领域被用来展示和赞颂等级制，因此也被国王的设计师和建筑师所控制。等级制原则还反映在对演出的观众的安置上。奥克尔强调了这一事实：1605 年以后，只有王室成员在场时才会用到透视装置。有了这种装置，在剧场中就只有一个焦点、一个完美的位置。在这个位置上，唯一的全景式假象实现了其最大功效。奥克尔恰当地写道，这里就是国王的位置，而“围绕着他的观众立刻变成一个生动的王

---

① S. Orgel, *The Illusion of Power: Political Theatre in the English Renaissance* (Berkeley: University of California Press, 1975); S. Orgel and R. Strong, *Inigo Jones: The Theatre of the Stuart Court* (London: Sotheby Parke Bernet, 1973); D. J. Gordon, *The Renaissance Imagination*, vol. 1, coll. and ed. S. Orgel (Berkeley: University of California Press, 1975); J. D. Redwine, Jr., ed., *Ben Jonson's Literary Criticism* (Lincoln: University of Nebraska Press, 1970).

② Orgel, *The Illusion of Power*, p.52. 关于西班牙菲利普四世(Philip Ⅳ)当政期间为了神秘化和强化国王权力而对戏剧和盛况的使用，参见 Jonathan Brown and J. H. Elliott, *A Palace for a King: The Buen Retiro and the Court of Philip* Ⅳ (New Haven: Yale University Press, 1980). 关于 17 世纪早期的王室文化，另见 R. J. W. Evans, *Rudolf* Ⅱ *and His World: A Study in Intellectual History*, 1576 - 1612 (Oxford: Clarendon Press, 1984); A. M. Nagler, *Theatre Festivals of the Medici*, 1539 - 1637 (New Haven: Yale University Press, 1969).

室结构的象征。一个人坐得离君主越近,位置就'越好'。而这就是他的地位的象征"①。因此,除了国王之外,每一个观众的视觉范围都只是局部的。奥克尔指出,在国王的顾问看来,由于国王的位置是唯一有着完美视角的地方,更重要的是,由于其他观众能够看到和意识到国王在表演中这一享有特权的视角,因此这种安排是重要的②。在君主制的剧场中,国王独有的特权进一步反映在这一事实中:和其他所有的观众不同,只有他这位最重要的观众才可以登台演出并担当主要演员。这种在看见和展示的空间或场所之间的自由交叉,反映了国王在控制演出中的核心地位。这样,宫廷剧场的这一结构就表明,完满的视角并不是由局部的个体视角聚合而成的,而是单个人出众的全景视角。当然,这也就类似于柏拉图将在上的知识主张和权威主张中心 73
化的视角等级制模型。马基雅维利在《君主论》的献词中清楚地表达了这种等级制的知识观:"正如那些绘风景画的人们,为了考察山峦和高地的性质便厕身于平原,而为了考察平原便高居山顶一样,同理,深深地认识人民的性质的人应该是君主"。但是,当马基雅维利说有必要做一个"深深地认识君主的性质的人"时,他也间接提到了另一种知识的可能性③。实际上,自由-民主的政治观把政治看作一个场景,其重点就是强调公众对政府的观看,而不是政府对公众的观看。

斯图亚特王室剧场使得君主制的理想化形象在视觉上得以实现。它例证了什么才能被称作**赞颂性**(celebratory)的视觉框架,或者说一种有组织地诱导对权威的力量和华丽发出赞叹和赞美的视觉"文化"。当然,西方最为核心和最有影响力的赞颂性视觉文化传统出现于天主

---

① Orgel, *The Illusion of Power*, pp. 10 - 11, 14, 16.

② Orgel and Strong, *Inigo Jones*, p. 25, and Orgel, *The Illusion of Power*, p. 43.

③ Niccolo Machiavelli, *The Prince and the Discourses* (New York: Modern Library, 1950), p. 4. 中译本见:马基雅维利:《君主论》,潘汉典译,商务印书馆,1985,第2页。

教堂。这些教堂赞颂神圣权威及其在尘世中的代理人的主要策略就是视觉文化。因此，值得注意的是，在17世纪英格兰王室和国家在文化和政治上的冲突中，查理一世（Charles Ⅰ）是一位对天主教的文化策略极为响应的“高派教会教徒”；而对于与王室文化相背的文化与视觉取向来说，其在英国社会中的扩散都与国家对王室的敌对态度有关。国家的敌对受到了清教徒与温和的国教徒支持，成为英国革命和把反天主教的文化取向合法化中的重要力量[①]。正如任何参观罗马圣彼得大教堂的人都能直接意识到的，天主教把产生给人美感的视觉经验的艺术使用到了几近完美，而这种视觉经验使观众变得渺小并对超然的力量充满了敬畏。与之相反，反天主教和反王室的文化取向则把权力从享有特权的表演者身上转移到观众身上。

表征了君主权威的视觉文化代码主要是“赞颂性的”。我想提出的是，与之相反，表征了自由-民主权威的视觉文化代码则主要是“证明性的”（attestive）。它的基本取向不是奉承的，而是描述的和证明
74 的；目的也不在于赞扬，而是通过在公共事实的世界中展示和观察例子来证明、记录、解读、分析、确证、否证、解释或示范。它的重点在于展示和看见，这是说服挑剔的观众而不是去影响轻信的崇拜者的要素。在社会中，证明性视觉代码受到了成功的现代实验-科学传统的规范的支持，这也在17世纪下半叶伦敦皇家学会的哲学舞台中得以证明。证明性视觉代码把视觉定义为对事实不动情感的、怀疑的——而不是轻信的——见证。证明性视觉证实了可观察世界的存在及其性质，同时还否证了不能被所看到的东西予以证实的主张。它并不是

① 我是受迈克尔·海德（Michael Heyd）的指引才关注到这一点的。关于高派教会教徒、王室、清教徒和在政治上反对查理一世的温和国教徒之间的联盟，参见 Perez Zagorin, *The Court and the Country: The Beginning of the English Revolution* (New York: Atheneum, 1970), esp. pp. 190 - 191.

一个对超级代理人或“极好的”对象之华丽加以赞叹和赞颂的视觉。证明性视觉拒斥给人美感的视觉经验的唤起力量，同时可以只关注与有关世界状态的陈述相关的东西。这里的陈述包括确证陈述和否证陈述。

当然，证明性视觉文化预设了大量规范、理念、建制和惯例。它意味着在认识论上相信看见是可靠的，也相信看见和知道有关；它确定了什么样的可见证据和证明是可接受的、哪些是不可接受的；它决定了哪些展示形式符合自由-民主的说服标准而哪些是不符合的、话语中的什么语言使用形式和修辞风格是合适的、什么样的证明是可靠的、看见这种行动是如何参与确证或否证代理人的主张的、公共行动的表演者及其观众之间的适当关系是怎样的，以及公众要有怎样的素质才能成为值得信任的观众和见证者群体。证明性视觉文化含蓄地承诺了视觉的公共空间的本质及将其用于证明与试验知识主张的合法性。

“视觉联盟”：实验-科学的传统和证明性注视

W·V·蒯因（W. V. Quine）指出，科学把世界视作物理对象，这
和荷马的世界观一样不过是个神话。他继续讲道，“物理对象的神话 75
之所以在认识论上优于大多数其他的神话，原因在于：它作为把一个
易处理的结构嵌入经验之流的手段，已证明是比其他神话更有效
的。”[①]毫无疑问，科学技术这类社会实践极大地证明了这一神话的功
效，并推动了科学技术的权威化，使之成为在科学的语境之外观看、解
释世界的范式。

---

① W. V. Quine, “Two Dogmas of Empiricism,” in *From a Logical Point of View*, 2nd ed. (New York: Harper Torchbooks, 1961), p. 49. 中译本见：蒯因：《从逻辑的观点看》，陈启伟，江天骥，张家龙等译，中国人民大学出版社，2007，第 46 页。

我所谓的“证明性视觉文化”把世界看作是可观察事实的汇集，这在西方科学技术的传统和惯例中都是可寻觅的；“证明性视觉文化规范”则是自由-民主行动观、权威观和责任观的基础。关于两者的关系，可以有“强”或“弱”的主张。强主张认为，展示和见证的规范和惯例是自17世纪中期从科学的亚文化中发展起来的，它在社会中的扩散影响到了现代自由-民主政治的视觉文化。弱主张并不要求把科学当作是自由-民主表述、解释或见证的行动模式的原因(或源头)，它确立了一个更小限度的主张：科学的功能是一个权威的文化模型，它在社会中确证了证明性视觉代码的规范性地位。我会在接下来的讨论中采用弱主张，但也并不放弃强主张。正如我们将要看到的，弱主张已足以确立科学技术作为政治资源的重要性，也足以确保其在自由-民主的代理观、行动观、权威观和责任观中的基础性作用。

正是为了支持弱主张，我将考察证明性视觉规范在实验-科学传统中的表现。由于把政治视作场景和可观察的事实实在，这一神话使得科学(和随后的现代技术)在社会中具备使话语、行动和责任的形式合法化的作用。暂不论科学发源之时，上述作用在20世纪末的不断下降使得它尤为明显。如果民主公民自始至终都清楚，政治中的因果理论究竟是多么地脆弱——关于公共事务语境中行动及其结果的因果联系，我们的知识是多么地不确定；看到政治代理人所做或所说就代表政治过程或事件的可靠知识的假说是多么的可疑；如果他们意识
76 到、观察到的事实也只是复杂的文化人工物，那么他们就很难坚持他们的信念，也很难以此指导他们在所处的政治世界中的行动。

不过，如前所述，自由-民主政治的一个重要特点就在于忽视了这些怀疑，而把政治当作一个“真实的”而否认其戏剧性的场景。这实际上就是民主制看见与知晓政治的模式的盲目。在自由-民主政治中，科学技术的文化最重要的意义莫过于支持了这种把政治当作是“简单

的事实”的“幼稚的实在论”，同时还使政治免遭认识论上的怀疑主义可能的破坏。

皇家学会的会徽上镌刻着“不迷信任何权威”。或许再没有更为清晰的表述，可以表达出对可观察事实有能力陈述自我的信心，可以表达出对视觉在表达真理时胜过言语的信心。受其影响，皇家学会的成员们对语言持怀疑态度，要在通向真理的道路中脱离语言。这种意见反映出它对于视觉的自主性和独立性、视觉的有效性胜过听觉，以及认为知识反映在语言之外的视觉经验的知识观的承诺。对于认为视觉可以独立于解释的观念来说，尽管它在20世纪末的文化中已经越来越不被信任了，不过它还是代表了17世纪中期文化价值观的基础性转换。

当然，利用视觉来证明上帝的存在并赞颂上帝的权力、智慧有着深厚的宗教传统。自然神学在出现之时就强调要在关于自然的著作中展示神性[①]。罗伯特·波义耳(Robert Boyle)、艾萨克·牛顿(Isaac Newton)和约瑟夫·普里斯特利这些早期的物理学家在宗教上倾向于用科学验证和赞颂上帝的权力与存在。这就表明，赞颂性和证明性视觉取向并不必然是割裂的和互斥的，尤其在16—17世纪的科学革命之初更是如此。毫无疑问，在有些语境中，证明-描述性模式服从于宗教权威的赞颂性视觉修辞和对上帝存在的宗教证明。因此，看见和展示的证明性规范从赞颂性模式中的历史性解放是现代科学的文化

---

① 例如参见 Thomas Burnet, *Sacred Theory of Earth* (1681 - 1689), William Derham's *Physico-Theology, or, a Demonstration of the Being and Attributes of God from His Works of Creation* (1713) and William Paley's *Natural Theology, or, Evidence of the Existence of and Attributes of the Deity Collected from the Appearances of Nature* (1802)。另见 C. C. Gillispie, *Genesis and Geology: A Study in the Relations of Scientific Thought, Natural Theology, and the Social Opinion in Great Britain*, 1790 - 1850 (Cambridge, Mass.: Harvard University Press, 1951) 中的讨论。

发展及其文化作用的重要的一个方面。

77 王室剧场是赞颂性视觉文化的典型场所，而哲学舞台则是证明性视觉规范得以发展和表述的最为重要的场所。这一现象反映于斯普拉特主教的《皇家学会史》(*History of the Royal Society*)(1667)。这本书记录了罗伯特·波义耳的实验和罗伯特·胡克(Robert Hooke)的著作。关于视觉在现代科学文化中的作用，相关的历史研究还包括史蒂文·夏平(Steven Shapin)、西蒙·谢弗(Simon Schaffer)、大卫·古丁(David Gooding)和欧文·汉纳威(Owen Hannaway)的著述①。当然，最有启发性的还是斯普拉特。他提到，皇家学会的成员是平等而"真诚的见证者"，他们拒斥所有充当中介的权威，并挪开了所有介于人与世界之间的面纱。斯普拉特坚持认为，"视觉联盟"胜过"言语的辉煌壮丽"②。罗伯特·胡克和这一基本取向一致。他在其《显微图谱》(*Micrographia*)(1665)一书中谈到，"用诚实的双手和眼睛来检验和记录事物所显现出来的自我"③是必要的。皇家学会的成员更喜欢直接接触"自然之书"。据说，他们会直接注视于"完美的原

---

① Thomas Sprat, *History of the Royal Society* (1667) (St. Louis: Washington University Studies, 1958); Thomas Birch, ed., *The Works of the Honorable Robert Boyle*, 2nd ed., 6 vols. (London: J. & F. Rivington, 1772); Robert Hooke, *Micrographia* (1665), reprinted as vol. XIII, *The Life and Work of Robert Hooke*, in R. T. Gunther, *Early Science in Oxford* (1938; London: Dawsons, 1968); Robert Hooke, *Philosophical Experiments and Observations*, ed. William Derham (London, 1726); Steven Shapin and Simon Schaffer, *Leviathan and the Air-Pump: Hobbes, Boyle, and the Experimental Life* (Princeton: Princeton University Press, 1985); Owen Hannaway, "Laboratory Designs and the Aim of Science: Andreas Libavius versus Tycho Brahe," *Isis* 77(1986), 585 - 610; David Gooding, "In Nature's School: Faraday as an Experimentalist," in *Faraday Rediscovered: Essays on the Life and Work of Michael Faraday*, 1791 - 1867, eds. David Gooding and Frank A. L. James (Basingstoke, N. Y.: Stockton Press, 1985), pp. 105 - 135.

② Sprat, *History of the Royal Society*, p. 73.

③ Hooke, *Micrographia*, 引自 S. Alpers, *The Art of Describing: Dutch Art and the Seventeenth Century* (Chicago: University of Chicago Press, 1983), p. 73.

件”而不是“糟糕的复制品”①。

在早期实验中，证明性视觉规范潜在的民主意义就已经明显地表现出来。1660年，在佛罗伦萨西芒多学院所做的一个实验中，学院成员担心自欺欺人会影响到他们自己的证明，就邀请了包括文盲在内的很多人来观察实验并画下他们之所见②。此事表明，他们相信证明性视觉是普遍的。当然，在正在出现的科学的语境中，证明性视觉事实上也日益服从于特定规范和所需的特定技术与训练。皇家学会在接到科顿·马瑟(Cotton Mather)(1713年当选为皇家学会成员)的报告时，认为他对新英格兰观测到的流星的解释是可以接受，但他关于怪鸟和精神医学的报告都是“与自然哲学基本无关”的解释而予以驳回，同时“请求对其予以证明的牧师先生的原谅”③。皇家学会批评其成员“内心还是一名牧师”，这说明新科学的主要成员试图将这两种模式区分开来：一种是科学的看见和报告的严密模式，另一种则是受赞颂性和其他非理性、非证明性视觉取向所指引的宗教模式和常识模式④。

罗伯特·波义耳试图通过空气泵实验这样的手段来确证知识主 78
张，并将其完善为一种平息争论和确立知识的技艺。这在很多方面都是证明性视觉取向在实验哲学家所设计的说服策略中的功能的范式。夏平和西蒙颇具启发性的研究认真地考察了波义耳实验主义的意识形态及其在社会政治背景中的实践和更为广泛的含义。波义耳的进路的基本特征在于，他坚持认为事实形成于“见证者的

① Sprat, *History of the Royal Society*, p.371.

② W. E. Knowles Middleton, *The Experimenters: A Study of the Accademia del Cimento* (Baltimore: Johns Hopkins University Press, 1971), p.260.

③ Raymond Phineas Stearns, *Science in the British Colonies of America* (Urbana: University of Illinois Press, 1970), pp.413 - 414.

④ Raymond Phineas Stearns, *Science in the British Colonies of America* (Urbana: University of Illinois Press, 1970), p.425.

增衍"[①]亦即个体证明的聚合[②]。同样,实验知识的构成被认为是一个在公共的见证空间中的公开过程[③]。因此,观察者不再是被动的观众而是见证者[④]。在对表演者的主张加以权威化和去权威化的过程中,见证者的作用比观众更为重要。因此,见证者的看见代表了一种权威的分配,这种分配把更多的权力赋予了与表演者有关的公众[⑤]。

对于要证明自我行动和效果的实验者和见证者来说,为了保证他们对事实的尊重和温和的对话模式,实验伦理要求他们谦虚、谦逊[⑥]。约瑟夫·普里斯特利所践行的18世纪实验哲学或是迈克尔·法拉第(Michael Faraday)所践行的19世纪实验哲学趋于展现出这样的知识图景:知识是由普通的、往往未经训练的和在理论上或数学上受过规训的观察者所推进的,而不是由少数精英发现的[⑦]。当然,这些理念就意味着要确保看见是公共的经验,而不是私人的。此外,在竞争性的主张之中决定如何分配权威的过程中,实验的地位从一开始就要求实验者和见证者(即实验的表演者和观察者)自由地行动。自由行动是实验成为公共的"哲学"事件和确立事实真理的条件。实验的表演者

---

① Shapin and Schaffer, *Leviathan and the Air-Pump*, p. 20. 中译本见:夏平,谢弗.:《利维坦与空气泵:霍布斯、波义耳与实验生活》,蔡佩君译,上海人民出版社,2008,第18页。

② Shapin and Schaffer, *Leviathan and the Air-Pump*, p. 25.

③ Shapin and Schaffer, *Leviathan and the Air-Pump*, p. 39.

④ Steven Shapin, "The House of Experiment in Seventeenth-Century England," *Isis* 79(1988), 390.

⑤ 正如我们接下来将要看到的,"集体见证"是一个构成权威和使演员负责任的去中心化的参与模型。它一旦为自由-民主国家所用,就通过把完全揭露出的风险和不确定性强加给演员,而提供了一种平衡集权的策略。通过多种形式的公共见证,去中心化的责任制可能已经成为对中心化的权力加以民主的合法化的基本方法。参见我在第9章中的进一步讨论。

⑥ Shapin and Schaffer, *Leviathan and the Air-Pump*, pp. 64, 69; Shapin, "The House of Experiment," p. 22.

⑦ Simon Schaffer, "Priestley's Questions: An Historiography Survey," *History of Science* 22(1984), pp. 151－183; Gooding, "In Nature's School."

不同于炼金术士，他们总是乐于把自己的行动并借此把自己的主张曝光于公众对诚实和能力的检验之下。对于通过透明的行动的自我曝光和自愿组成的见证者共同体之间开放的互动，他们也乐于承受其风险。这和我们所关注的尤其相关。工具性行动被设想为被曝光的表演，演员的成败要接受公众的检验。这样的公共性使它在此之后成为 79
一个颇具魅力的民主行动模型或类型。作为一种“诚实”的行为，工具性行动能够显现出和自由-民主价值观中自我合法化相应的特征。

在波义耳关于公开实验之力量的观念中，实验者（即演员）可以失败，并且他们的失败被揭示为成功。这是至关重要的[①]。演员通过承担风险——或者看似承担了风险，他对于自然的绝对“权威”的谦逊就得以证明，检验及其结果所具备的非随意性和非人格性就在社会中得以确证。

波义耳实验纲领最大的批评者或许就是托马斯·霍布斯。他反对的正是公共见证可以构成权威和行动是公共判断的透明对象。如果暂且不论一些相反的声音[②]，霍布斯总体上是反对波义耳的说服技艺的。霍布斯的理由是，在对自然的审问中，无论是见证还是操纵工具和机器都不足以区分公共经验和私人经验，也不足以用公共经验区分有效主张和无效主张[③]。根据霍布斯的观点，平息争论和冲突的可靠技艺不是见证事实，而是消解了不确定性的演绎的数学-几何模式。确定性知识不依赖于人与事实的关系，而是与它们自己的运行及其结果有关。无论是对于几何学还是国家权威来说，个体在其中的作用都使得关于它的确定性知识成为可能。人们能完全知道的，只能是他们

---

① Shapin and Schaffer, *Leviathan and the Air-Pump*, p.186.

② 例如，霍布斯把见证当作“一起知道”。关于这一点，参见 *Leviathan*, ed. M. Oakeshott, intro. Richard S. Peters (New York: Collier Books, 1962), p.57.

③ Shapin and Schaffer, *Leviathan and the Air-Pump*, p.129.

自己制造的。霍布斯怀疑，冲突的观点和权威并不能在公共知觉的空间被果断平息并代之以共识[①]。

相反，对波义耳来说，实验共同体是一个理想政体的模型，而用夏平和西蒙的话来说就是一个“在专政和激进个人主义两个极端之间组织并维持一个和平社会”[②]的范例。而霍布斯反对把见证当作构成权威的程序，这是他以威权主义来解决社会冲突的重要反映。不过，实验主义的政治行动观所表述的这个替代模型不仅需要对抗霍布斯这样反经验主义的理性主义的批评，还要面对不信任的蔓延。不信任的出现既有可能是因为不可靠的见证者，也就是没有批判精神的经验主
80 义者；也可能是因为庸医或江湖骗子，他们操作工具并不是为了在竞争性真理主张中做出决断，而是为了制造效果，是为了使公众满怀兴趣、印象深刻并获得其赞赏。波义耳试图要逐步灌输“和权威相比，要尊敬经验”[③]，因此批判“不熟练的旁观者”，认为他们的“好色和情欲使他们的智慧变得阴暗而堕落”[④]。为了使炼金术士失去信任，波义耳采用的基本方法就是将他们从无法进入的私人空间转移到公共实验室的公开空间，这就把他们曝光于集体的批判性见证[⑤]。

然而，想要让人们信任被规训的证明和以可信赖见证者为基础的公共空间的建制化，这本身就是一个非常缓慢而复杂的社会文化进

---

① 有一个与之不同的解释，它把霍布斯的唯物主义和使政治服从于公众在公共知觉空间中的判断这一目的联系起来。参见 David Johnston, *The Rhetoric of Leviathan* (Princeton: Princeton University Press, 1986).

② Shapin and Schaffer, *Leviathan and the Air-Pump*, p. 341. 中译本见：夏平，谢弗：《利维坦与空气泵：霍布斯、波义耳与实验生活》，蔡佩君译，上海人民出版社，2008，第 325 页。

③ Robert Boyle, “The Christian Virtuoso,” in *Works of Robert Boyle*, eds. Thomas Birch and George Olms (Hildesheim: Verlagsbuchhandlung Anollung, 1966), p. 513.

④ Robert Boyle, “The Christian Virtuoso,” in *Works of Robert Boyle*, eds. Thomas Birch and George Olms (Hildesheim: Verlagsbuchhandlung Anollung, 1966), p. 514.

⑤ Shapin and Schaffer, *Leviathan and the Air-Pump*, p. 336.

程。起初，这类空间的创建和皇家学会有关。在此之后，它们在社会中蔓延，成为在科学之外的领域中构成和挑战权威主张的社会文化策略。这一切都有赖于行动和说服的基本标准的大幅发展和变换。

夏平则展示了在早期“可信赖的”见证形式中，表演早期实验的公共空间的社会范围被限制在绅士之中。他们的社会关系和地位保证了他们是值得信任的见证者[①]。绅士作为实验的见证者和表演者是可信赖的。这种权威也和这一假设联系在一起：真理只能由自由而独立的个体加以证明[②]。这里的“自由”的特征不仅包括独立于他人，还包括克制和节制的美德——正如波义耳所说明的，不被个人的“情欲”奴役。在17世纪的英国，这些特征是和绅士阶级联系在一起的。在此之后，在自由主义和民主制理念所引导的社会政治改革的有力推动下，可信赖的见证者在社会中也得以扩展，所有的个体都被认为有可能具备自由和理性判断的美德。因此，自由-民主的理念不仅促进了这样一种观念：对科学实验的公共见证是一个包罗所有个体的范畴，真的知识是被所有人所拥有的知识；而且还开启了这样一种可能性，即用民主术语把工具性行动定义为类似于实验的行动，它服从于包罗广泛的公共见证，并因此服从于以既定表演之准确性为基础的公共确 81
证或否证。因此，见证的社会空间的延伸就是社会文化和政治上的一个发展。这一发展证明了，科学和政治的见证规范和对主张赋予权威的规范在一定程度上有所交汇。与之同时，这一发展还推动了启蒙运动，并使得在启蒙运动的深远影响下，西方观念认为真理和理性是与政治相关的。在这样的语境中，关于公民能否对事实做出自主而理性的判断、教育“低等阶级”以科学的方式思维的前景的争论就和关于民

① Shapin, “The House of Experiment,” pp. 395 - 404.
② Shapin, “The House of Experiment,” p. 395.

主政治秩序的前景的讨论紧密联系起来。例如,18 世纪中期的法国和 19 世纪中期的英国就是如此。公众能够通过证明性、批判性的注视而确立权威,而对于那些害怕公众堕落为乌合之众的人来说,未受教育的人容易受唤起的演出的"腐蚀"作用和宣传的把戏所影响就使得他们颇为担心①。

无论是在现代科学中,还是在现代自由-民主政治的文化和教育程序中,我所谓的"证明性视觉文化"都是一个必要的因素。而基于上述原因,意识形态就会强烈地试图保护和加强它的地位。17 世纪时,皇家学会成员有意尝试将实验哲学区分于神秘主义者、经验主义者和宗教狂热分子的活动,后者的活动一点也不少于学者的活动②。早期的公众迷恋于对电的示范,这就很容易被用来让人们相信神迹和对现象的超自然解释,同时也能被用来扩散科学的见解。谢弗说明了,18 世纪的法国自然哲学家面对江湖医生和骗子利用电的效果,是如何不得不捍卫对其合乎规范的使用以维持自然主义-科学的解释的③。在 18 世纪的美国,艾萨克·格林伍德(Isaac Greenwood)、查尔斯·唐恩(Charles Town)和阿奇博尔德·斯宾塞(Archibald Spencer)等人开创并完善了一种公开的科学演讲,他们使用工具来生成电的现象,并通过演讲对电进行科学的示范和自然主义的阐述④。埃比尼兹·金纳

① 20 世纪关于政治"大众化"的讨论,参见 George L. Mosse, "Political Style and Political Theory—Totalitarian Democracy Revisited," in *Totalitarian Democracy and After*, International Colloquium in Memory of Jacob L. Talmon (Jerusalem: Israel Academy of Sciences and Humanities, 1984), pp. 167 - 176. 关于埃德蒙·伯克对与言语说服相对立的视觉说服的批评,参见 W. J. T. Mitchel, *Iconology* (Chicago: University of Chicago Press, 1986).

② Michael Heyd, "The New Experimental Philosophy: A Manifestation of 'Enthusiasm' or an Antidote," in *Minerva* 25, no. 4,432 - 433.

③ Simon Schaffer, "Natural Philosophy and Public Spectacle in the Eighteenth Century," *History of Science* 21(1983),1 - 43.

④ Raymond Phineas Stearns, *Science in the British Colonies of America* (Urbana: University of Illinois Press, 1970), pp. 506 - 514.

斯利(Ebenezer Kinnersley)是美国殖民地时期最受欢迎的公开演讲人之一。据报道,他受本杰明·富兰克林(Benjamin Franklin)鼓舞而在殖民地四处开展带有公开示范的演讲。同时,他还反复在最新研究的启发下对公开示范加以修正[①]。这些大众演讲超越了有教养的美国 82
绅士的界限,还吸引了农夫和技工。再加之这一情境的民主性,使得这些大众演讲取得了成功[②]。法国胡格诺教派的避难者简·T·德札古利埃(Jean T. Desaguliers)在英国的公开演讲中使用了机械设备来说明牛顿运动定律。他还在其颇具影响力的《实验哲学课程》(*A Course of Experimental Philosophy*)(伦敦,1725)中用版画来解说,以"通过实验证明牛顿已经用数学证明过的东西"[③]。不过,在努力用实验来证实对自然的理性而证明性的取向时,还要克服来自宗教发言人的反对,后者使用自然和科学来恐吓罪人或是赞颂神奇的力量[④]。

随着大规模图片印刷等主流文化和技术的发展,这种利用实验来灌输观看、判断现象的证明-科学模式的努力得到加强。人们在评价印刷机时,通常关注的是它对文本传播的影响。但小威廉·M·埃文斯(William M. Ivins, Jr.)指出,通过大量的图片印刷和传播,印刷机强有力地形塑了视觉交流并深深地影响到了它的功能[⑤]。由于可以精确地复制图像和把事物的表象标准化,视觉交流的信度得以增加,图

---

① Raymond Phineas Stearns, *Science in the British Colonies of America* (Urbana: University of Illinois Press, 1970), pp. 506 - 514; J. A. Leo Lemay, *Ebenezer Kinnersley: Franklin's Friend* (Philadelphia: University of Pennsylvania Press, 1964).

② Lemay, *Ebenezer Kinnersley*, pp. 66, 77.

③ 参见 Margaret C. Jacob, *The Cultural Meaning of the Scientific Revolution*, (New York: Alfred A. Knopf, 1988), pp. 142 - 151.

④ Lemay, *Ebenezer Kinnersley*, pp. 20 - 21.

⑤ William M. Wins, Jr., *Prints and Visual Communication* (Cambridge, Mass.: MIT Press, 1953).

片也被认为传达了被描画的事物的实在性、连贯性和客观性[1]。这样，被科学理解所支配的图片印刷就促进了表述和观看对象的“证明性视觉代码”在社会中的扩散。对这一发展最有影响的例证就是狄德罗(Diderot)的《百科全书》(*Encyclopedia*)[2]。对于18世纪欧洲证明性视觉说服策略及其在社会修辞中的功能,《百科全书》是最有启发性的记录。而从我在此的目的来看,最有趣的莫过于机器和工具的简单朴素的图片——通过印刷,公开实验中展示和见证的价值得以延伸[3]。

18世纪时,“光”或“光照”常被用来隐喻知识及其在社会中的扩散,这表明公众更为广泛地参与到了文化和政治秩序中。这是证明性视觉取向普及并融入到科学之外的权力和权威修辞的一个重要标志[4]。启蒙运动反映了,证明性的看见在知识主张和权力主张的权威
83 化中的规范性地位得以提升。尽管孔多塞(Condorcet)的“知识”概念反映了他在某些方面的“数学化”偏见,但当他把启蒙拥护为一种使政治权力去中心化的方式时,他还是反映了当时的时代精神。他写道,“被启蒙的人越多,权威人士就越不能滥用它,也越没有必要赋予(权威人士)社会的权力、能量和范围。因此,真理是权力及掌控权力之人的敌人。真理传播得越广,掌控权力的人就越不能误导人们;真理获

---

① William M. Wins, Jr., *Prints and Visual Communication* (Cambridge, Mass.: MIT Press, 1953), pp. 161, 162, 116.

② Denis Diderot, ed., *A Diderot Pictorial Encyclopedia of Trades and Industry*, intro. and notes Charles Coulston Gillispie (New York: Dover Publications, 1959).

③ 关于科学实验的证明性图片报告的去审美化和西芒多学院对此的实践,参见 Middleton, *The Experimenters*.

④ 使用“光”的隐喻来表示民主化的知识概念表明了一种转换:在此之前是基督教认为的神性或内心之光,它与超感官的光有关;在此之后的观念则把光理解为一种基于外在感官的经验。关于这一区分的一些早期版本,例如参见 David C. Lindberg, “The Genesis of Kepler's Theory of Light: Light Metaphysics from Plotinus to Kepler,” *Osiris* 2d ser., 2(1986), 5–42.

得的力量越大,社会就不需要被治理。"[①]这种对于知识在政治民主化中的力量的信任,支撑着孔多塞及其诸多信徒对公共教导的民主政治作用的信任[②]。在此,普及教育(包括实验知识传播)的理想和全面参与政治的理想紧密联系起来。

当然,对于和实验科学的文化和权威紧密联系的批判性、证明性视觉取向来说,并不是所有的教育形式都服务于它在社会中的扩散和权威化。但在19世纪欧美最有影响的几次教育改革的推动者亨里希·裴斯泰洛齐(Heinrich Pestalozzi)等人看来,合适的教育方法首先要以向学生**展示**字词所指代的对象或东西为基础,然后才是教授他们字词及其正确使用[③]。不过,在19世纪的美国,证明性视觉取向的扩散还是遇到了赞颂性宗教取向的持续反抗,而后者倾向于把"自然课程"当作是宗教课程[④]。但到了19世纪末,对自然的科学取向就更为显著地影响到了美国的教科书[⑤]。裴斯泰洛齐的"实物法"意味着教师权威发生了重要的转换:教师原本是无可置疑的课本讲读者、诠释者;而在裴斯泰洛齐的指导下,教师变成了微型实验的表演者,他们所面对的是年少的而仍可能怀疑的见证者。裴斯泰洛齐的方法在地理学、地质学和物理学等领域带来了特殊的效果,并因此

---

① 引自 Keith M. Baker, *Condorcet: From Natural Philosophy to Social Mathematics* (Chicago: University of Chicago Press, 1975), pp. 75, 79.

② 例如参见 Rush Welter, *Popular Education and Democratic Thought in America* (New York: Columbia University Press, 1962), and Merle Curti, *The Growth of American thought* (New York: Harper & Brothers, 1943).

③ Kate Silber, *Pestalozzi: The Man and His Work* (London: Routledge and Kegan Paul, 1973); *Pestalozzi's Educational Writings*, eds. J. A. Green and F. A. Collie (New York: Longmans, Green Co., 1912).

④ Ruth Miller Elson, *Guardians of Tradition: American Schoolbooks of the Nineteenth Century* (Lincoln: University of Nebraska Press, 1964), p. 19.

⑤ Ruth Miller Elson, *Guardians of Tradition: American Schoolbooks of the Nineteenth Century* (Lincoln: University of Nebraska Press, 1964), pp. 19 - 20, 以及 pp. 15 - 40, 221 - 242 与之相关的讨论。

使这些科目在课程中的重要性与日俱增。这与证明性视觉文化代码在教育系统中的扩散是一致的。美国引入科学教育和反精英的文化战略的另一个有力动因在于，美国尤其重视有用知识的价值。
84 对于看见和展示的价值的全新的强调就表明，社会中的说服标准发生了重要的转换。

正是在这一背景下，机器和工具化操作的修辞价值才在19世纪工业革命中变得如此重要。如前所述，在工业革命之前，公众对于机械表演的诉求是被预先充分考虑到的。伊尼戈·琼斯所使用的17世纪早期斯图亚特王室中的机械奇迹和1773年在法国梅斯(Metz)进行的壮观的气球飞行都很有启发性[①]。但主要还是由于诸如国际性的大型科学与工业展览(如1851年伦敦水晶宫博览会)和公共的现代科学博物馆这样的文化制度，才使得机器和工具的修辞效力被证明性的、科学的取向在社会中的权威化所系统地“驯服”和使用。在此之前的几个世纪中，贵族的“珍奇柜”的特点在于包括自然的和“魔法的”物体。如果说它里面的这种收集是用来获得和保护权力与财富，那么现代科学博物馆就是一个民主的证明性视觉文化的可见词典。它提供了对对象的权威分类，还传授了一种合适的观看模式：把世界当作是知识的对象[②]。但它的权威就像是实验主义者的权威一样，要服从于同时来自专业观众和业余观众的公开审查和批判。

---

① 关于气球飞行，罗伯特·达恩顿(Robert Darnton)写道，“飞行的消息广为人知，其中很多是不可能阅读《物理学刊》的人。……(对科学的热忱)快速传播，超出了巴黎的科学团体，超出了教育程度的局限，在文学领域中也超出了散文的界限。”参见 Robert Darnton, *Mesmerism and the End of the Enlightenment in France* (Cambridge, Mass.: Harvard University Press, 1968), p. 22. 中译本见：达恩顿，《催眠术与法国启蒙运动的终结》，周小进译，华东师范大学出版社，2010，第21页。

② Alma S. Wittlin, *Museums: In Search of Usable Future* (Cambridge Mass.: MIT Press, 1970). 另见 Donald Home, *The Great Museum: The Representation of History* (London: Pluto Press, 1984).

波义耳、普里斯特利、法拉第和其他实验主义者在公开实验的表演中制定了证明性视觉取向的规范，企图用事实来支持知识主张并平息科学观点的纠纷。证明性视觉取向也奠定了机器在社会语境中修辞效力的基础。机器发挥了对知识主张进行非正式的实验证明的功能。有历史学家恰当地说，工厂是“纯科学的胜利，而非心灵的堕落”①。工厂就像科学博物馆一样提供了一个便于接近的空间。在这一空间里，正如培根已经预先考虑到的，操作及其结果不仅证明了它们对于生活的便利是重要的，而且对于真理也是重要的②。和图书馆相比，实验室、车间和工厂越来越成为公开演说家为了证实其主张所寻求的指示物。毫无疑问，这代表了西方的说服标准及其在科学语境之外的意义所发生的改变。沃尔特·翁（Walter Ong）认为，“根据视觉和空间领域的一些类比”，笛卡尔（Descartes）所强调的“明晰”和“清楚”的理想是可能的。根据翁的观点，对这些理想的强 85
调反映了知识观的转向——在此之前，知识“被包裹于争论中”；而现在，知识“和一个由视觉的、图表式的语言所构想出的沉默的客观世界”有关③。

尤其是从 19 世纪末开始，由于科学的持续职业化和与之相随的业余科学家地位的衰落，可见的机械效果在证明科学知识主张上的重要性与日俱增。而在此前的科学论坛中，业余科学家还被当作测量与报告自然现象和收集“自然的记录”时的有益参与者而受到欢迎。由于科学理论和科学观念变得愈加抽象、深奥，并且科学家为了从事研

① Perry Miller, *Life of the Mind in America* (New York: Harcourt, Brace and World, Inc., 1965), p. 297.

② Francis Bacon, *The New Organon*, ed. and intro. Fulton H. Anderson (Indianapolis: Bobbs-Merrill Co., 1960), p. 116.

③ Walter J. Ong, *Ramus, Method and the Decay of Dialogue* (New York: Octagon Books, 1974), pp. 151, 251.

究也不得不掌握复杂的技巧，科学在社会中的修辞和合法化就变得愈加依赖于能被简单地知觉的结果的力量。这其中包括药物、飞行器、武器，在随后的20世纪则是计算机[①]。当然，专业化水平和外行知识的矛盾也使公众把机器和科学工具的可见结果当作是魔法机器，而不是理性知识的符号。机器能否在证明性视觉文化（而不是赞颂性或其他取向）中被观察到，决定了机器作为培根所谓的"真理的保证"的效力[②]。不过从总体上看，现代西方社会已经在使用机器和工具来支持在证明性视觉取向中得以表述的出色的、有用的知识主张。伦敦的皇家研究院（the Royal Institution）、技工讲习所（the Mechanics Institutes）、美国的学园和学校（the American Lyceums and Academies）是19世纪时扩散证明-视觉取向的主要机构主体，同时与之伴随地，也是吸收机器、工具和实验的修辞效力来支持主张与论证的基本实践主体[③]。

和17—18世纪的罗伯特・波义耳和约瑟夫・普里斯特利类似，迈克尔・法拉第或许是对应在19世纪时采用工具和实验来培植科学知识观的实验科学家中最为核心的一位。在他们那里，科学知识是通过对象、运行和结果的公共见证而产生并得以确证的。大卫・古丁

---

① "对于多数作为外行的公众来说，似乎科学的权威更多地来自于它最终可能产生的技术成就。技术所带来的舒适与方便招致了社会对于科学研究的支持，并助长了物理学家尽管被荒诞地扭曲但通常讨人喜欢的图景。……无法通过事实而被理解或评价的抽象晦涩的理论大概是在一种全部通过技术应用而被理解的方法中被'证明'。" Robert K. Merton and Paul K. Hatt, "Election Polling Forecasts and Public Images of Social Science," *The Public Opinion Quarterly* 13 (Summer 1949), 187 - 188.

② Michael Heyd, "The Reaction to Enthusiasm in the Seventeenth Century: Towards an Integrative Approach," *Journal of Modern History* 53 (June 1981), 258 - 280.

③ Gooding and James, eds., Faraday Rediscovered; Carl Bode, *The American Lyceum* (Carbondale: Southern Illinois University Press, 1968); Steven Shapin and Barry Barnes, "Science, Nature and Control: Interpreting Mechanics Institutes," *Social Studies of Science* 7(1977), 31 - 74; David Layton, *Science for the People* (London: Allen Unwin, 1973).

对法拉第的科学和演讲技艺的研究表明，把法拉第的发现从私人的实验研究空间的偶然语境中转移到关于不证自明的事实的公共论坛是非常有效的[①]。从发现的私人空间到示范和确证的公共空间的转换，是和法拉第从皇家研究院地下室的一个实验室搬到二楼的演讲剧场一致的。法拉第说服公众的技艺在于，通过降低他自己的作用和工具的影响，从而把结果表述为是不证自明的“自然的事实”[②]。法拉第的实验示范的技艺的力量源于证明性视觉文化的这一预设：事实是被当作独立于理论或观念的东西而被看到和见证的。他熟练的公开示范技艺使得公众难以意识到，在他的实践背后有着极为复杂的干预和决定。古丁写道，“使这些技艺能够发挥作用的东西是看不见的，这就使得示范性实验成为向外行观察者直接揭示自然的有效手段。法拉第知道，如果一个实验主义者关注于实用性，或者为他的仪器问题所妨碍，就会使他的观众也意识到它们。”[③]法拉第宣称，他不信任以理论取向为中介的视觉。他已经意识到可获得的结果和它们作为“真实事实”的社会地位的关系。他示例了科学家通过表现对自然的谦逊这种似乎不会影响结果的能力而确立权威的技艺。正是通过这些实践，科学的权威才使把世界看作是可观察的所予和把无中介的证明性视觉当作是可靠知识来源的神话在社会中得以确认。20世纪末对事实的反思取向认为可见事实和结果都是建构物。大卫·古丁作为一个研究法拉第实验技艺的历史学家，他的分析正是受到了使用这一取向来描述和揭露法拉第的公开示范的启发。他展示了，法拉第操作的修辞效力来自于两方面：一是社会在先地信奉着我称作“证明性视觉文化”的规范；二是熟练的表述和示范知识的技艺，这使人们看不到事实被 86

① Gooding. “In Nature's School,” pp. 105－135.
② Gooding. “In Nature's School,”pp. 106－108.
③ Gooding. “In Nature's School,”p. 107.

编造的过程[1]。

87 当然，随着可见例证在现代科学修辞中的力量不断加强，社会趋于根据主张能被目证的程度来对知识领域进行分等。对于数学这样很少通过视觉说明的领域来说，在社会中证明了物理学家、地质学家、天文学家和医学家之科学主张的具体的可见参照物并不是经常可获得的[2]。尤其是从 19 世纪末之后，社会科学试图获得科学及其物理学、天文学这样的知识领域的地位的努力是艰难的，这反映了大多数自然科学都可得的视觉结果并不容易获得[3]。尽管如此，正如我们接下来将要看到的，社会科学已经成功地把在人类行为领域中适当采用证明性视觉取向合理化。因此，对于把政治当作一个场景和一种表演的自由-民主政治观来说，社会科学从文化上和社会上有力地证明了其权威[4]。

作为公共演出的政治和自由-民主意识形态

证明性视觉文化的规范不仅反映于现代实验科学的实践中，更是

---

① 法拉第看似不证自明的事实具有复杂的理论和实践基础。与之相关的另一个有启发性的讨论，参见 Ryan D. Tweney, "Faraday's Discovery of Induction: A Cognitive Approach," in *Faraday Rediscovered*, eds. Gooding and James, pp. 189 - 209.

② Robert P. Multhauf, "A Museum Case History," *Technology and Culture* 6 (Winter 1965), 56.

③ 关于社会科学在视觉说明上相比自然科学的劣势，例如参见 *The Behavioral and Social Sciences: Outlook and Needs* (Washington D. C.: National Academy of Sciences, 1969), p. 5. 这是一份来自美国国家科学院科学与公共政策委员会(the Committee on Science and Public Policy, National Academy of Sciences)和美国社会科学研究理事会问题与政策委员会(the Committee on Problems and Policy, Social Science Research Council)组成的行为及社会科学调查委员会(the Behavioral and Social Sciences Survey Committee)的报告。另见 Merton and Matt, "Election Polling, Forecasts and Public Images of Social Science," pp. 187 - 188.

④ 参见第 7 章。

明确地反映于其精神气质当中。而一旦它被用于公共事务的语境，似乎就成了自由-民主核心价值观的基础。把政治看作一个场景和一系列可观察事件的观念正是以证明性视觉取向的代码为基础的。它把公众当作是个体观众的汇集。自由-民主承诺“个体”是权威的首要来源，“公众”则是对于同一群体中个体之联合体的政治表述。如果把民意当作是大量独立的个体证明的集合，就能够调和这两项承诺。作为集体性概念的“公众”是与个人主义价值观兼容的。它为把公众当作是合法的和赋予合法性的主体提供了自由-民主的根据。把政治从文化上建构为一个场景，把公众确认为拥有证明和定义政治实在的权威的观看者，这就为作为演出的政治和自由-民主原则的融合提供了一种规范性框架。

从某些方面来看，可以把这一发展视作马丁·海德格尔（Martin Heidegger）所指出并批判的文化趋势的一个具体事例。他指出，把世界形而上学地建构为一个可观察对象离不开作为观看主体的个体。
在海德格尔的伦理学-美学的人类学中，客体和主体、场景与观看者是 88
一体的范畴。按照海德格尔的观点，正是由于试图把世界理解为一个场景的努力和把主体确证为观看者有关，他才能声称“唯有在世界成为场景之际才出现了人道主义”①。类似地，在这种政治语境下，把政治作为场景的理念确认了个体公民作为一名观看者的位置。

当然，在自由-民主意识形态的语境中同样重要的是，在以证明性视觉见证政治的模式中，暗含于其中的公众概念将自身区别于其他公众概念——如把公众当作是有机统一体、狂热的乌合之众或被动的人群。假如公众是对政治进行证明性观看的主体——具体说来，就是能

---

① Martin Heidegger, “The Age of the World View”, *Measure*, a critical journal, 2 (Summer 1951), pp. 277 - 279, 282. 中译本见：海德格尔：《林中路》，孙周兴译，上海译文出版社，2008，第 81 页，原译文“场景”处为“图像”。

够沉默和冷静地注视，视角能够清晰并免受情感和审美取向所引发的扭曲的影响，那么公众就不容易受到那些将民主化等同于非理性政治的批评者的批评①。

罗伯特·波义耳曾批评“不熟练的操作者”，认为他们的好色和情欲“使他们的智慧变得阴暗而堕落”②。在政治语境中，这类批评强调了自律和保持距离对于保证看见和见证的可靠性是重要的。正如布莱克(William Blake)和柯勒律治(Coleridge)所证明的那样，如果把世界视作我们的想象力的创造性建构，就会消解客体和正在观看的主体之间的边界③，而证明性注视则通过赋予客体独立性而使主体的自由变得均衡。证明性视觉文化在支持主客二分之时，也就允许了世界成为一个对主体的自由加以并不随意、非人格的(并因而在民主上是可接受的)限制的客体。和实验-科学传统中的证明性视觉取向一样，自由-民主的视觉文化反对不加限制的狂热参与和极端超脱，这样就使民主公民的视觉成为超脱参与的工具。因此，证明性视觉文化就允许了这样一种政治话语形式的产生，指示性语言在此之中限制了对语言的表达性使用和主观性使用。在自由-民主政治语境中，证明性视觉文化变成了一个工具——借助它，就可以利用“事实实在”来确保
89 “外在的”参照物的权威胜过“内在的”参照物，并因此抑制了随意性并

① 当然，也有其他观念认为，作为自由-民主主体的公众无论是和个人主义还是和治理者在智识上受过规训的注视都不那么兼容。典型的传统剧场在剧场中通过楼层而水平地进行了分层。与之相比，有一些诸如来自赞同法国革命的艺术家的设计希望人能为他人所见。尽管这一发展反映了公众作为一个政治-意识形态范畴——亦即同时作为演员和观众出现的崛起，但这种公众概念紧密地联系于另一种公众概念。在后者看来，公众是在情感上联合的群体，而不是分散的、一定程度上超脱又一定程度上参与的个体的集合。参见 James A. Leith, “Desacralization, Resacralization and Architectural Planning during the French Revolution,” *Eighteenth Century Life* 7 (May 1982), 74 - 84 富有启发性的论述。

② Boyle, “The Christian Virtuoso,” p. 514.

③ James Engell, *The Creative Imagination: Enlightenment to Romanticism* (Cambridge, Mass.: Harvard University Press, 1981), pp. 248 - 258.

使代理人对公众更加负责。

在自由-民主政治文化中，实验科学家在自然事实面前的谦逊变为政治演员在社会和政治"实在"的公共事实面前的顺从。一般认为，正是这种对事实的尊重约束了不同职业中的技术专家。而从作为观众-见证者的公民的视角来看，这意味着让政治行动服从于超脱的判断。把作为可共享经验的"事实实在"和主观事件(比如梦)区分开来，把主客观的话语模式和行动模式区分开来，就为规训和调和政治的大量文化策略奠定了基础。

从自由-民主意识形态的视角看，对于见证公共行动这一确证或否证政治主张的手段来说，其最重要的含义或许就是这一过程假定的包容性。特别是19世纪中期以来，正如自由-民主社会中自由的出版物和政治杂志的发展所显示的，把政治实在视作一个场景、观察者进行报告的一个客体的理念，已经动摇了被选出的权威去评判、批评和影响政治主体行动的权力①。实在融合了自由-民主去中心化的行动观、权威观和责任观，并支撑了政治行动和话语的公共的、外在的参照物在规范上的优越性。这种作为文化设计的实在的一个重要甚至关键的特征就是这一假设：关于实在的知识没有确定性的，而只有可能性的②。从政治表演者的视角看，所有关于实在的知识先天受到限制，这使得他们无法完全控制和操纵他们自己的行动及其结果。只要关于实在的确定性知识(包括关于公众对试图误导他们的行为会有怎样

---

① 例如参见 Michael Schudson, *Discovering the News: A Social History of American Newspapers* (New York: Basic Books, 1973).

② 关于17世纪英国的可能性经验知识的概念，参见 Barbara J. Shapiro, *Probability and Certainty in Seventeenth-Century England* (Princeton: Princeton University Press, 1983)；关于数学知识概念和经验知识概念之区别的文化和政治内涵，另见 Yaron Ezrahi, "Science and the Problem of Authority in Democracy," in *Science and Social Structure*, a Festschrift for Robert Merton, ed. T. F. Gieryn, Transactions of the New York Academy of Sciences (1980), pp. 43 - 60.

的回应和姿态)是不可能的,政治演员就和实验科学家一样,无法完全预见他们自己行动的过程和结果[①]。因此他们会经常遭遇失败。由于证实性视觉取向迫使政治演员曝光于公众的视野之下,而有关事实的知识又先天地受到限制,这使得他们必须始终冒着失败被曝光给公众
90 的风险。就像实验科学家容易受到实验可能无法确证其主张的影响,政治演员在面对他们行动的可见影响时也可能无法坚持自己的主张。在一个演员被公开曝光、行动的偶然性和知识的限制总是轻松打败甚至会毁灭演员声望的世界中,政治权力和权威的中心化受到了极大的限制。实在总是把人类主体性的限制和所有人类事业的脆弱暴露出来。

政治权威先天容易受到失败被曝光的影响,这是一个始终在确立和废除政治领导人的机制。这确保了一种并不依赖公民去引导和控制其治理者的实际能力的公共受托政治责任。公开曝光失败的力量可以减小或者是破坏政治领导人的权势。当这种力量被忽视或误解的时候,民主政治作为大型演出的特点通常就会被无可辩驳地解释为民主传统的退步[②]。只要我们意识到,在面对政治时的证明性视觉取向的文化框架中,民主政治的演员易受批评的特点并不需要理性的、有能力的和参与的公民;而即使是在见证者声称既没有知识也没有共识来确定"正确的"行动过程的地方,公共见证实际上也重新分配了政

---

① 对于行动者预测行动结果的能力之限制的经典处理,参见 Robert K. Merton, "The Unanticipated Consequences of Purposive Social Action," *American Sociological Review* 1(1936),894 - 904.

② 参见 Mosse, "Political Style and Political Theory," and Yaron Ezrahi, "Comments on Mosse's Paper," in *Totalitarian Democracy and After*, International Colloquium in memory of Jacob L. Talmon, pp. 167 - 182. 另见 William Kornhauser, *The Politics of Mass Society* (New York: Free Press, 1959); George L. Mosse, *The Nationalization of the Masses: Political Symbolism and Mass Movements in Germany from the Napoleonic War through the Third Reich* (New York: H. Fertig, 1975).

治威望和权力，那么我们就无需同意这一观点：在参与型或代议民主制的经典模式不可行的时候，唯一的选择就是退步的民主形式——在这其中，少数人试图并往往成功地误导了多数人。只要在好奇地注视着的公众面前不懈的曝光和容易受批评对于检查和保持领导者民主地负责是重要的，即使"民意"没能引导政策制定者，它也不会像有的学者所想的那样破坏自由-民主制度①。当然，讽刺的是，自由-民主制中的演员由于失败被公布而容易被批评，这使他们逐步获得了信任。早期的实验科学家明显地意识到了这一事实：报告失败实验能使他们被信任为客观而谦逊的科学家②。在证明性视觉文化的语境中，被曝光的失败证明了代理人的限制和观众控制表演者声誉的权力。

在把政治当作是可观察的事实实在的观念中，另一个民主化因素 91
是它承诺现在的规范性胜过过去和未来③。面对政治时的证明性视觉文化意味着，政治是一系列在现在时之中展现的行动、事件或过程。只要看见是由观看者和观看对象之间的直接接触行动构成，那么对于表演者来说，看见也就意味着当下的公共受托责任是可能的。在不可见指示物使主张或行动权威化的规范性胜过可见参照物的政治世界中，在赞颂性视觉取向使用过去和未来而使超凡的或享有特权的代理人权威化的政治世界中，相对于去世的和未出生的人来说，现存的就趋于被弱化。相反，证明性视觉文化吸引了观众来参与政治这场正在进行的演出。证明性视觉文化代码摒弃了神性光照或理性的"内心之光"，而代之以允许物理上的视觉去接触外在世界的"外在之光"，这样

---

① Walter Lippmann, *The Phantom Public* (New York: Harcourt, Brace and Co., 1925); Joseph Schumpeter, *Capitalism*, *Socialism*, *and Democracy* (New York: Harper & Bros., 1947); Harold D. Lasswell, *The Political Writings of H. D. Lasswell* (Glencoe, Ill.: Free Press, 1951).

② Shapin and Schaffer, *Leviathan and the Air-Pump*, pp.65 - 69.

③ 关于这一点的更为详细的讨论，参见第10章。

就用民主制的政治知识观取代了等级制的政治知识观。按照自由-民主政治的认识论假设，公众无法见证的东西的地位次于“事实”，并因此在确证或否证主张和行动时居于次要地位。

政治是一个可以被公共地观察而在一定程度上是偶然的实在。它反映在现实的观众面前，而他们会对成功和失败的表演者分别做出奖惩。这个政治概念是区分自由-民主政治系统和非民主尤其是极权主义政治系统的因素。纳粹德国、西班牙佛朗哥时期和法西斯意大利这些现代极权主义国家都对证明性视觉文化进行了压制，因为它们无法接受其政治含义。极权主义国家无法承认公众拥有独立而权威的政治主体的地位、公民有权参与定义政治世界中的事实，也无法承认政治权威先天地具有反映失败的弱点。极权主义不允许在认识论和本体论上做出以确保自由-民主国家中政治演员之缺陷的承诺。极权主义不像民主制，它把政治建立在确定性知识、绝对控制和无风险性的幻想之上。它采用认识论上的乐观主义来把牺牲合理化为值得的付出，并用工具化的话语来为政治权力的中心化辩护[①]。与之同时，极
92 权主义在哪里对权威美化、神秘化、绝对化，民主的证明性视觉取向就在哪里祛除美化、神秘化、绝对化。如前所述，法西斯主义的独裁者都拒斥并压制在政治领域中采用证明性视觉文化规范。尽管如此，法西斯主义似乎更倾向于通过美化政治来实现这一目标[②]。不过，它们都凭借确定的、客观的实在概念来阻止公民所有的怀疑和批评。另外，对于公民极端地自我远离政府的权力，它们都使用大规模国家演出的唤起感情的美感来加以弱化，以保证公民忠诚于并保护政府。它们这

① L. Bobrov, *Grounds for Optimism*, trans. H. C. Creighton (Moscow: Mir Publishers, 1974), p.35.

② J. L. Talmon, *The Origins of Totalitarian Democracy* (London: Mercury Publishers, 1961); Berthold Hinz, *Art in the Third Reich* (New York: Pantheon Books, 1979).

样做的目的在于唤起公民的忠诚，并保护政府免遭公民的超脱参与，而正是这种超脱参与始终将民主领导者置于无情的监督之下。

看见和展示的规范在各个非民主政治世界中也存在差异。当然，这和不同民主系统间的区别、民主国家和非民主国家的区别一样都是有启发性的。我们之所以关注这些差异，是因为它们有助于我们区分在哪些政治世界中的科学技术充当了意识形态和政治资源而哪些没有，也有助于说明科学技术在前者中真正发挥意识形态资源的功能的多种方式。

尽管现代极权主义国家和现代之前的封建-贵族统治社会都没有为针对权威的证明性视觉取向留出空间，但后者是缺乏证明性视觉文化所需的社会文化条件，而前者则是要压制本可以做见证者的观众的独立自主。在封建社会或贵族统治的社会中，人民和政府都基本上是不可见的，而可见空间主要被用来仪式性展示或是赞颂等级制①。马克·布洛赫(Marc Bloch)写道，在封建社会中，“物质世界只不过是一具伪装，真正重要的事情发生在背后”②。但这个实在并不能成为公共的，因为在这样一个社会中，关于哪些经验对象是公共可见的、是被共有但独立的知觉所确证的，社会先天的异质性和等级性并没有为可公约的个体观点提供支持。对公众来说是“客观的”事实世界观可以反过来证实存在着大量零散但平等的主体，存在着其观察可以自发聚合而成公共场景的观众或见证者，但在这种社会中却并不存在。这种社会的等级-异质结构会支持对实在的不同分层和定义，而它们在文化 93
上的对应位置则取决于知识和权威的等级分配。但在现代民主制中，

---

① Orgel, *The Illusion of Power*.

② Marc Bloch, *Feudal Society*, trans. L. A. Maynon (Chicago: Chicago University Press, 1964). p.83. 中译本见：布洛赫：《封建社会》，张绪山等译，商务印书馆，2004，第156页。

恰是由于假定个体观众是平等的、他们的证明可以自发地聚合，“公众”和“实在”才能被建构为共有经验。现代的极权主义国家并不是封建社会中那种等级-异质的看见与展示的文化，因为它是一种基于观众之平等的民主的统一公共视觉，但却是被变换或者说被扭曲了。在极权主义国家中，尽管并不用证明性视觉文化的修辞来要求它们的实在概念独立于政治权力和权威的结构，但正是通过看见和展示行动的中心化控制，作为对象的世界的统一性才取代了自主的个体证明的自发聚合而得以实现。

不过，民主的和极权主义的事实实在观之间的区别并不在于，前者承诺了一种自主-客观的实在观，而后者通过操纵公共感知而扭曲了这一观念。两者的区别在于，**建构**实在或是**生成**关于事实世界的观念的方式的中心化和去中心化。在20世纪晚期的社会中，人们越来越广泛地意识到，实在是一种社会文化建构，它以先在的价值观约定为基础。这里的约定决定了哪种经验是客观的、哪种证明是有价值的、关于世界的什么声称和主张能被当作社会中通行的被证明的事实。无论实在是看似自发聚合的观察或证明的特性，还是少数权威代理人的特性，如果把给定的事实和对实在的社会文化建构加以核对，在两种观点中都不存在独立于语境的事实。霍布斯坚持认为，对实在的中心化定义比基于集体见证的去中心化定义能更为有效和可靠地平息社会争论。但即便如此，两者都和他的这一观点兼容：从根本上来说，我们的知识以及对实在的观念，是创造出来的而不是发现出来
94 的[①]。不同的政治-文化世界的区别在于被证明的实在“图像”被制造和传播的过程，而非像实证主义所认为的在于这些系统真正发现和意识到同一个客观真理的程度。自由-民主政体强调大量自主的个体证

① Shapin and Schaffer, *Leviathan and the Air-Pump*. p.344.

明的自发聚合，这就调和了作为普遍限制的实在观和对自由的承诺。一旦自由的个体见证者确立下来事实，就肯定了自由的生成能力。如果自由的个体能够就特定限制达成一致，如果自由能够自我限制，那么自由就能与秩序实现调和。极权主义国家就没有这样的价值观和要求来指引对实在的权威定义。事实上，由于需要将中心化权威的声称和主张客观化，这样就会压制见证者的权威和证明性视觉文化。极权主义阻挠具有知觉和认知能力的多数人的自主形成和表述，取而代之的是禁止个体预先建立对实在的描述。极权主义破坏了自由-民主社会赖以保证个体视觉之独立性的文化和制度基础，并因此破坏了确保个体视觉作为保证知识和实在的公共地位之工具的权威的文化和制度基础。它毁坏了迫使所有演员被平等地曝光于公共空间的公共可见性的社会文化条件。它压制任何对于经验先天的不确定性的认知，因为这样才使接受绝对控制成为可能。只要被意识到是事实的东西能支持国家的权威，极权主义对实在的取向就是赞颂的而不是证明的。从这一观点看，现代极权主义并不单单诬蔑民主的代表观和法律观。现代极权主义还更为基础性地扭曲了把政治视作一场由证明性而非赞颂性视觉文化所控制的公共演出的民主观念。极权主义在文化、传媒和政治领域中的审查制度并不允许构成了民主政治剧场的原则、惯例和制度。只有在自由-民主政体中，公共演出才以一种去中心化的责任系统（而不是中心化的控制系统）为中介，真正将演出者曝光于无法预测的检验和受过教育的视觉。因此，极权主义政府崩溃的最重要的特征之一就是，受赞颂的官方国家演出被公民对政府行动的失
败及补救建议的展示和讨论所取代。 95

因此，与极权主义国家不同的是，民主国家中的政治演员处于两难之中。一方面，在行动服从于主观检验的事实实在的领域中，演员们获得支持和有效利用民主行动的修辞的能力有赖于他们将自我行

动转化为实证的、可见的成功指示物的程度。另一方面，由于可见事实领域是不完全决定性的并残留了顽固的不确定性，而自由-民主演员既没有权威也没有工具来垄断对于事实或社会表征的证实，因此他们的政治声誉还依赖于不确定的和无法预测的事件①。

当然，公众对民主制演员的责备或信任很少取决于他们的行动及被公众理解或解释为行动结果的事件之间有智识根据的联系。从根本上来说，与政治演员行动的实质特征或影响相比，公众对他们的感知、成像和评价中的不确定性、不一致性和模棱两可与他们政治声誉的波动更为相关。但是，这个系统成功地保留了民主政治演员的行动会给他们的政治声誉所带来的影响的不确定性。即使公众对工具性成败的判断被误导或扭曲了，但由于假设了演员面向对他们的演出进行的公共判断是透明的，这就保证了民主的合法化或非法化仪式在确立和推翻政治权威中的力量，也就保证了公众在其中的权力。

在现代自由-民主政治的意识形态建构中，尤其是在对公共行动的工具主义范式的辩护中，科学技术已经发挥了一系列重要的功能。科学技术通过提供用工具化的、非人格的、公共的术语来定义政治行动的权威手段，就实现了公共行动观的转变：早期的自由-民主观念把公共行动当作是自主的“自然”规则的一个方面，而现在是把公共行动当作是深思熟虑后自主选择的结果。隐喻、词汇、行为规范和惯例被用来把政治行动建构为自主的但又被因果决定的、既取决于人的主体
96 性但又在一定程度上是非人格的、在政治上和功能上是有代表性的、对政治演员的能力或无能在一定程度上是偶然但又公共可见的展示。而作为政治资源的科学技术为它们提供了社会确认。

科学技术潜在的政治功能在现代自由-民主国家中能发挥到多大

① 因此，任何试图解决这一两难的努力都只是减少或削弱了政治的民主性。

程度，还取决于适于科学技术和自由-民主政治的亚文化在一定程度上融合的特定传统、价值观和社会惯例的存在。现在我们就要转向现代美国民主制中这种融合及其表现的重要一面。在此，我的目的是明确和分析美国民主制中科学、技术、意识形态和政治互动的特征，并在更为广泛的自由-民主国家范畴中分析美国更为普遍性的或者说可以概括出来的特征。出于比较的目的，我会继续有选择地提及美国和其他使用科学技术作为意识形态和政治资源的民主模式以及非民主模式的差异。

第二部分

美国民主制中私人和公共行动的两难困境

第 4 章

科学、实验政治和民主文化

相比其他的现代自由-民主制，或许美国更多地维持和“拘泥于”这一假象：政治就像物理现象一样可以被看见并用事实报告的指示性语言加以描述，政治行动可以像运动一样被观察，主体也可以像客体一样被描述。这一把政治当作是可观察的东西的观念支撑着美国的责任观，而后者有赖于这一互补性条件：政治代理人的行动应对公众透明，公民要成为政治权力活动的见证者和评判员（而在其他自由-民主制中，并不同等地推崇这一要求）。

西方的实验-科学传统发展并完善了的文化策略可以被用来支持把政治当作可观察事实的观念。但尽管如此，在不同的社会语境中，政治领域对这些文化策略的反应和利用还受到了大量地方性文化因素的影响。针对政治的证明性视觉取向的扩散和建制化需要区分客体和主体、演员和观众、事实和假象、指示性语言和表达性语言。不同的社会文化语境对这些区分的接受和解释各异。因此，对美国、英国、法国、德国的政治文化中促进或阻碍证明性视觉取向的因素加以比较性解释能够突出美国的特点。

看见与展示的文化风格

宽泛的文化差异可以在与视觉经验相关的意义中得以探究，这其中就包括看见和表征在不同政治传统乃至不同科学传统中的地
100 位。例如，在皮埃尔·迪昂(Pierre Duhem)看来，法国人倾向于主要通过(数学的)推理来进行说服，而英国人则是依靠例子来尝试说服的典型[①]。J. B. 贝尔纳(J. B. Bernal)同意这一观点。他指出，和法、德两国的科学不同，英国的科学“讲求实用和着重类比”。他还补充道，在英国，“通过感觉达到科学，而不是通过思维达到科学”比其他任何国家都更为明显。按照贝尔纳的观点，英国人的想象趋于具体的和可见的，正如英国科学家都倾向于关注这一问题：“它如何工作？[②]”

关于工具和实验在确证知识主张中的作用，皮特·戴尔(Peter Dear)指出了法、英两国取向的切实差异。他讲道，对于一个像帕斯卡(Pascal)那样的法国科学家，实验更多的是数学推理中的一部分，它被典型地认为是建立自然的一般性常规过程的人为措施；而在英国的实验传统中，实验更多的是非凡的历史事件。后者比前者更为重视去描述实验情境的特定时间、地点和结构，也更为把见证这一独特行动的真实性当做证实科学主张的一部分[③]。另一位历史学家发现，法国工

---

① Pierre Duhem, *The Aims and Structure of Physical Theory*, trans. Philip P. Wiener (Princeton: Princeton University Press, 1954), pp. 65 – 67.

② J. B. Bernal, *The Social Function of Science* (Cambridge, Mass.: MIT Press, 1964), p. 42. 中译本见：贝尔纳：《科学的社会功能》，陈体芳译，张今校，商务印书馆，1982：第 281 页，原译文“工作”处为“作用”。

③ Peter Dear, "Miracles, Experiments and the Ordinary Course of Nature," unpublished paper presented at the conference on Fifty Years to the Merton Thesis, Jerusalem, May 1988.

程师试图通过数学证明来获得对于吊桥理念的信任，而他们的英国同行则典型地依靠实体模型的雄辩[①]。我们将在接下来看到，和法国相比，英、美两国的科学传统已经各自发展出了对于证明性视觉规范的强烈承诺；而相比英国（抑或法国和德国），美国在政治领域中采用这些规范则很少被反对。

证明性视觉规范是和英美的实验科学传统相联系的，而不同文化对这一规范的依赖程度也体现于多样的视觉艺术传统中。斯维特拉那·阿尔帕斯（Svetlana Alpers）指出，17 世纪的荷兰绘画被要求“图片记录或表现行为”[②]。一边是 17 世纪荷兰绘画中可以被称作“证明性推动”的东西，一边是和弗兰西斯·培根、约翰尼斯·开普勒（Johannes Kepler）及伦敦皇家学会成员等人有关的科学传统，阿尔帕斯追溯了这两者之间的若干联系。荷兰式的看见反映了对“去人性 101
化”视角的承诺。这种视角保护了某种程度的超脱，而这种超脱与理性规训相一致。阿尔帕斯还暗示，荷兰绘画的另一个相关特征是把图片设想为“场景的集合”，即组成了更大整体的局部场景的组合[③]。按照阿尔帕斯的观点，荷兰绘画的这些特征在和皮特·鲁本斯（Peter Rubens）的视觉策略放在一起时尤为明显。后者的图片是一种（用我的术语来说）强调赞颂性而不是证明性视觉取向的视觉历史叙事。正如阿尔帕斯所指出的，在皮特·鲁本斯作品中，重点在于绘画被用来

---

① Cecil O. Smith, Jr., “Material for Colloquium on French Engineers,” unpublished paper presented in Philadelphia, March 26, 1974. 我要感谢史密斯先生对使用这些材料的许可。关于法国和英国分别倾向于依靠视觉的和口头的说服模式之间的差异，另见 W. J. T. Mitchell, *Iconology Image, Text Ideology* (Chicago: University of Chicago Press, 1986), pp. 116 - 149.

② Svedana Alpers, *The Art of Describing* (Chicago: University of Chicago Press, 1983), p. xxvii. 法国文化的看法与之不同，参见 Michael Fried, *Absorption and Theatricality* (Berkeley: University of California Press, 1980).

③ Alpers, *The Art of Describing*, p. 51.

修饰和证实特定的道德理念与宗教信条，而主流的荷兰绘画则在一定程度上综合了绘画和制图[①]。

阿尔帕斯提出了他所认为的支配17世纪荷兰绘画的视觉规范，而迈克尔·弗里德(Michael Fried)则将18世纪法国绘画归因于另一种视觉规范，对两者的比较很有启发性。按照弗里德的观点，法国人一直典型地认为，注视尤其是公众的注视会让意识到被观察的对象产生不真实的戏剧性行为。当然，知道被观察就会使行动扭曲的预期表明，通过看见来获取心理学、社会学和政治学知识是很有问题的。按照这种进路，只要不是在被观察的主体没有意识到被注视这样的极端情况下，由于个人、社会或政治的真理体现于人类行动中，因此它们是无法被见证的。弗里德指出，这些考虑至少在一定程度上解释了为何18世纪法国画家经常挑选睡眠中的或专注的人物来作画。这是因为，按照视觉曝光和行为相互作用的观念，这样就可以削弱戏剧性对其真实性的影响[②]。在活跃于18世纪末到19世纪末的伟大画家中，戈雅(Goya)提供了一个视觉取向从赞颂性转换到证明性的显著说明。他在为查理四世(Charles Ⅳ)皇室所画的肖像中，打破了把模特戏剧性地理想化的习惯，画出的肖像摒除了先前艺术所致力于的对国王和皇室美德的赞颂。戈雅因此也调和了他的视觉和独立的证明性价值观。弗雷德·里希特(Fred Licht)展示了戈雅是如何通过所画对象在镜中
102 的映射来使自我远离、避免与之直面的。这里的镜子就像几十年后的相机，它将表征行动去人性化和客观化，这就让这位西班牙画家降低

---

① Alpers, *The Art of Describing*, p. 82; John B. Knipping, *Iconography of the Counter Reformation in the Netherlands* (Leiden: B. de Graaf-Nieuwkoop, W. A. Sigthoff, 1974).

② Fried, *Absorption and Theatricality*.

了如实地(而不是理想地)绘画的风险[①]。

证明性视觉规范在英国的实验-科学传统中的权威显而易见,而在政治领域中的权威则与前者并不匹配。我已经指出了这种可能性,接下来也会予以更多关注[②]。尽管我们可以发现一些贯穿于不同的文化整体之间并将它们区分开来的基本趋势,这种在同种文化的不同领域内接受或反对证明性视觉规范之趋势的差异也是同样重要的。一个与之相关的例证来自威廉·布莱克,他批判了牛顿观看宇宙的模式,并用宗教想象的视角取而代之。对于布莱克来说,牛顿科学设定(或建构)的事实实在妨碍了有创造力的想象[③]。布莱克、柯勒律治和雪莱(Shelley)重视想象的创造性功能,这种立场能消解主客体之间的边界;而威廉·黑兹利特(William Hazlitt)倾向于认为,知觉对象合法地限制了视觉能够经验的内容。詹姆斯·恩格尔(James Engell)指出了他们的差异。他进一步指出,美国文学对"创造性想象"表现出的信任和赋予的价值都少于欧洲[④]。

尽管证明性的、赞颂性的和其他类型的视觉取向能共存于同一社会或文化中,但对于美国文化和社会(尤其是自 19 世纪中期开始)的多种研究表明,美国的科学、艺术、技术、教育和政治中独特地表现出了证明性视觉模式强有力的在场。在我们继续更为详细地探究证明

---

① Fred Licht, *Goya*: *The Origins of the Modern Temper in Art* (New York: Universe Books, 1979),尤其参见 pp.67－82.关于戈雅和启蒙运动主旋律的关系,另见 A.E. Pénez Sánchez and E.A. Sayre, codirectors of the exhibition, *Goya and the Spirit of the Enlightenment*, catalogue (Boston: Museum of Fine Arts, 1989).

② 更深入的讨论参见本章和第 5 章。

③ William Blake, *Complete Writings*, ed. Geoffrey Keynes (Oxford: Oxford University Press, 1976); Jean H. Hagstrum, *William Blake—Poet and Painter* (Chicago: University of Chicago Press, 1964).关于布莱克对科学的视觉策略的批判,参见 Donald D. Auk, *Visionary Physics*: *Blake's Response to Newton* (Chicago: University of Chicago Press, 1974).

④ James Engell, *The Creative Imagination*: *Enlightenment to Romanticism* (Cambridge, Mass.: Harvard University Press), pp.197－214,188.

性视觉规范在美国意识形态和政治中的表现和功能之前，简要考察一些它在更为宽泛的文化上的表现是有益的。

相机作为一种生成实在的图像的机器，自 1839 年首次出现，就独特地促进了在美国更为广阔的社会和政治领域中对证明性视觉取向在文化上的采用和认可。正如艾伦·特拉登堡(Alan Trachtenberg)所展示的，制作、收集和传播照片是为了准确地记录和表征实在，同时也是利用相机以实现审美、道德或意识形态的目的[1]。不过，照片被大规模地用作可视的历史记录，加之相机在对物质环境和社会环境的科
103 学研究、病历制作、现代新闻报道、政治沟通中的作用，这似乎确证了一种信念，即照片"能被看见、处理和交换，仿佛它们是绝对实在的表征"[2]。同样，照片有助于维持这一信念：事物的可见表面和人的外表告诉了我们内在的是什么，视觉是知道甚至接触实在的可靠工具。因此，对于把世界当做通过视觉而知道的客体的观念而言，照片可以支撑这一观念应对下列观念的有力挑战：实在是无限灵活的审美-想象建构；抑或，实在远不能成为我们的知识的统一对象，它是一个混沌的并在很大程度上是偶然的经验混合物。

照片与自动化机械的结合使得它尤为适于充当证明性视觉取向的文化媒介，而证明-记录性注视渗透于艺术的程度则反映了它更为广泛的作用。19 世纪有影响的美国画家托马斯·伊肯斯(Thomas Eakins)和诗人斯蒂芬·克莱恩(Stephen Crane)的作品就是例证[3]。和伦勃朗(Rembrandt)的《杜普博士的解剖学课》(*The Operation of*

---

① Alan Trachtenberg, *Reading American Photographs*: *Images as History*, *Mathew Brady to Walker Evans* (New York: Hill and Wang, 1989).

② Alan Trachtenberg, *Reading American Photographs*: *Images as History*, *Mathew Brady to Walker Evans* (New York: Hill and Wang, 1989), p. 20.

③ Michael Fried, *Realism*, *Writing*, *Disfiguration*: *On Thomas Eakins and Stephen Crane* (Chicago: University of Chicago Press, 1987); Alan Trachtenberg, *Brooklyn Bridge*: *Pact and Symbol* (Chicago: University of Chicago Press, 1979).

Dr. Tulp 一样，伊肯斯著名的《格罗斯的临床课》(*The Gross Clinic*)(1875)和《阿格纽的临床课》(*The Agnew Clinic*)(1889)显示出了与早期的欧洲现代解剖学舞台中所树立的证明性视觉价值观的密切关系[1]。按照菲利普·费希尔(Philip Fisher)的诠释，伊肯斯的画表现了更为宽泛的文化趋势。“对于通常看不到和经常被蓄意掩盖起来的政治经济生活的事务来说，现实主义和自然主义的小说家或新闻记者会使其受到公共监督的光照。而伊肯斯以同样的方式，通过这些画把外科手术带入了公共视野。”[2]费希尔强调了伊肯斯反复描画“熟练的大师在观众面前的表演”[3]的尝试和强调观众以及“观察和见证的艺术”[4]的重要性之间的联系。费希尔暗示了公众的崛起和公共视觉空间的发展之间的关系。正是在后者之中，代理人及其行动通过被曝光而去神秘化、去魅化。在这一文化发展的语境中，观众不再被认为是乌合之众，而是受过规训的公众。“艺术的观众并不会目瞪口呆地凝
视奇观或是引起轰动的东西。他们是思维敏捷又认真的学生，他们在 104
智慧和学术上尊重经验丰富的传授，这种尊重回归为对于控制表演的老教师的尊重。”[5]正是在证明性视觉文化的框架中，工具性表演中所

---

① William S. Heckscher, *Rembrandt's Anatomy of Dr. Nicholaas Tulp* (New York: New York University Press, 1958).

② Philip Fisher, "Appearing and Disappearing in Public: Social Space in Late Nineteenth Century Literature and Culture," in *Reconstructing American Literary History*, ed. S. Bercovitch (Cambridge, Mass.: Harvard University Press, 1986), p. 158.

③ Philip Fisher, "Appearing and Disappearing in Public: Social Space in Late Nineteenth Century Literature and Culture," in *Reconstructing American Literary History*, ed. S. Bercovitch (Cambridge, Mass.: Harvard University Press, 1986), p. 157.

④ Philip Fisher, "Appearing and Disappearing in Public: Social Space in Late Nineteenth Century Literature and Culture," in *Reconstructing American Literary History*, ed. S. Bercovitch (Cambridge, Mass.: Harvard University Press, 1986), p. 159.

⑤ Philip Fisher, "Appearing and Disappearing in Public: Social Space in Late Nineteenth Century Literature and Culture," in *Reconstructing American Literary History*, ed. S. Bercovitch (Cambridge, Mass.: Harvard University Press, 1986), p. 161.

反映的技艺才得以被奖励，而无能与失败则被惩罚。

正是在展示和见证的证明性视觉规范所统治的公共空间中，工业的机器世界才能将知识转化为可见的展览。例如第一次世界大战之前的费城、芝加哥和圣路易斯的大型世博会。也正是在这些文化环境中，被认为是公共可观察表演的工具化政治才能成为一种现代自由-民主政治。丹尼尔·卡尔霍恩(Daniel Calhoun)暗示，美国人愿意相信，事物真实的本质就写在它的表面。这种趋势反映于19世纪美国的工程风格和宗教修辞等具体领域中，也蔓延到了政治空间里①。费希尔说道，“在不同的文化领域中，在人性和行动方面适合变得明显的新材料只是被缓慢地发现了。”②他指出，西奥多·罗斯福(Theodore Roosevelt)是在民主政治领域中集中精力用大众媒体来加强政治领导的第一人。他探索、检验和示范了新的文化材料和策略。有了它们，政治权威现在就可以把政治定义为一场在全国观众面前正在进行的演出了。

迈克尔·弗里德指出了可见性和曝光在伊肯斯和克莱恩作品中的核心地位，并看到了艺术价值观的发展和文化影响之间的联系，这种影响源自亨里希·裴斯泰洛齐对于19世纪中期费城中学的教育理念和他们把绘画当做是一种训练视觉和手工来尊敬对外在世界的具体表征的手段而重视③。上述例证并不足以保证，在美国的科学、艺术和政治的文化语境中，对于展示模式和看见模式之间的关系可以做出什么稳固的概括。尽管如此，如果我们关注解剖学舞台和民主行动剧场的文化结构之间可能的类比，关注受过规训的注视在平衡主观和客观、参与和超脱、私人和公共时更为宽泛的文化作用，就应该能更深刻

---

① Daniel Calhoun, *The Intelligence of a People* (Princeton: Princeton University Press, 1973).

② Fisher, "Appearing and Disappearing in Public," p.169.

③ Fried, *Realism*, *Writing*, *Disfiguration*, p.21.

地理解，在自由-民主行动理论中，把政治客观化为可观察的事实领域 105
对于抑制代理人的自由及其潜在的随意性的作用。

美国政府的可见性和责任制

当然，对于把政治当做是为参与型观众进行的表演的理念、针对政治的实验-工具取向和美国实验-科学传统中所树立的证明性视觉文化规范之间的密切关系，19 世纪晚期的美国有着直接的表现。亨利·罗兰(Henry Rowland)是 19 世纪后几十年中约翰·霍普金斯大学研究实验室的领军人物，可以说是当时美国最具影响力的研究室主任和科学教师。他讲道，“为了培养实干家，他们必须在实践中接受锻炼……如果他们从事科学研究，他们必须进入实验室去直接面对自然界；他们必须学会不断地检验他们的知识，这样才会明白模糊思考的恶果；他们必须通过直接的实验方法才能明白他们的头脑很容易产生错误。他们必须一次又一次地进行试验，解决一个又一个问题，直到他们成为实干家而非口头理论家”[①]，此时他清晰地表达了一种美国文化的理想。

正如罗伯特·卡巩(Robert Kargon)所指出的，实干家并不只是科学家这一类人，而是公民的模范。这样的公民能够看到自我，在经验事实面前能够保持尊重和谦逊；谁能将实验进路应用于行动，就能既深刻意识到自己的力量，也深刻意识到自己的局限和容易犯错的倾向。这一观点中包括了我所谓“证明性视觉取向”和把实验进路应用于行动两者之间的紧密关系。罗兰指出，“建立物理实验室正是为了培养”那些“注定在将来会统治这个世界，注定要解决那些产生于政

---

① 引自 Robert H. Kargon, *The Rise of Robert Millikan* (Ithaca, N. Y.: Cornell University Press, 1982), p.32. 中译本见：卡巩：《罗伯特·密立根的足迹——一位杰出科学家的生活侧影》，方在庆译，东方出版中心，1998，第 19 - 20 页。

治、人性与缺乏生机的自然界的问题”的心灵[①]。

亨利·罗兰看到了实验科学家教育和民主公民教育之间的联系，另一位杰出的美国科学家罗伯特·密立根（Robert Millikan）于20世纪初提出把科学方法应用到公共问题上[②]，他们这都是在呼应托马斯·杰斐逊明确表述过的美国强有力的意识形态承诺。或许，杰斐逊
106 的《弗吉尼亚笔记》（*Notes on the State of Virginia*）（1785）[③]最为重要的特征就是：这本书不仅用科学的指示性语言来描述弗吉尼亚州的地理、地质、气候和人口，还将其不折不扣地用于描述该州的宪法、法律和政府。在杰斐逊看来，以科学的视角看待政治现象和对于“政府学”的信念是一致的[④]。和把实验-科学进路应用到其他对象一样，把它应用到政治中也需要自由。这是因为自由对于祛除知识中的偏见是必要的。自由允许关于事实的真实知识，而只要基于自由的行动以知识而不是命令为基础，自由也反过来允许这类行动：“牛顿的引力原理如今已在理性基础上更加牢固地建立起来，而政府当时如果插手，使它成为一个必要的信条，它就不会这样牢固。理性和实验自由发挥，谬误就望风而逃。只有谬误的东西才需要政府撑腰。真理自己能够站得住脚。”[⑤]这一关于真理之自主性的启蒙观念也延伸到国家和社会事实中，支撑了这一观念：自由政治应受制于有能力的公民的判断。杰

---

① 引自 Robert H. Kargon, *The Rise of Robert Millikan* (Ithaca, N. Y.: Cornell University Press, 1982), p.32. 中译本见：卡现：《罗伯特·密立根的足迹——一位杰出科学家的生活侧影》，方在庆译，东方出版中心，1998，第20页。

② 引自 Robert H. Kargon, *The Rise of Robert Millikan* (Ithaca, N. Y.: Cornell University Press, 1982), p.162.

③ In *The Portable Thomas Jefferson*, ed. and intro. Merrill D. Peterson (New York: Viking Press, 1975).

④ In *The Portable Thomas Jefferson*, ed. and intro. Merrill D. Peterson (New York: Viking Press, 1975), p.162.

⑤ In *The Portable Thomas Jefferson*, ed. and intro. Merrill D. Peterson (New York: Viking Press, 1975), p.211. 中译本见：杰斐逊：《杰斐逊选集》，朱曾汶译，商务印书馆，1999，第264页。

斐逊坚持认为，如果把相关的“事实向公正的世界宣布”①，那么就可以证明英国国王是专制统治者的这一论断。

杰斐逊在他的第二次就职演说中提到，美国的公共生活是会决定“自由讨论如果不用强权撑腰，是否不足以传播和保护真理”的“一个实验”②。他在此阐述了将实验进路应用于政治的一些关键要素，并且这些要素依赖于作为见证者的公民。我已经将超脱注视和证明性视觉取向联系起来，而把公民描述成见证者的杰斐逊强调了超脱注视的价值。他赞扬了“**镇定自如**地……观看”的“我们的同胞们”所做出的判断③。按照杰斐逊的观点，他们的判断证明了“真理和理性已站稳立场，反对假观点……受制于真理的报界就不需要其他法律上的限制；公众在充分听取各方意见后，会自己做出判断，纠正错误的推理和意见”④。

杰斐逊对“镇定自如地观看”的信赖暗含了对于采用表达感情的或唤起感情的说服策略的拒斥。“看见”要以理性判断和行动为基础，就必须是一个受过规训的个体行为；而从总体上来说，也必须是一个并不随意的社会行动。杰斐逊信任公民能够直接经验领导人的见证 107
行动，把它当做是关于领导人的真实观念的来源。他也意识到了困难。他讲道，“在各种行政职责中，更为人们密切关注的是将我们同胞的利益置于诚实的、对他们的职务有足够的理解的人的手中。同时，

① “The Declaration of Independence,” In *The Portable Thomas Jefferson*, ed. and intro. Merrill D. Peterson (New York: Viking Press, 1975). p.236. 中译本见：美国驻华大使馆新闻处：《美国历史文献选集》，中国翻译出版公司，1985，第 13 页。

② “Second Inaugural Address,”, p.320. 中译本见杰斐逊：《杰斐逊选集》，朱曾汶译，商务印书馆，1999，第 325 页。

③ “The Declaration of Independence,” In *The Portable Thomas Jefferson*, ed. and intro. Merrill D. Peterson (New York: Viking Press, 1975). p.236. 中译本见：美国驻华大使馆新闻处：《美国历史文献选集》，中国翻译出版公司，1985。

④ “The Declaration of Independence,” In *The Portable Thomas Jefferson*, ed. and intro. Merrill D. Peterson (New York: Viking Press, 1975). p.236. 中译本见：美国驻华大使馆新闻处：《美国历史文献选集》，中国翻译出版公司，1985。原译文“理性”处为“理智”，“推理”处为“论据”。

没有任何一个职责比这更难以履行的了。"[①]尽管存在这些困难,他还是坚持认为,公民最终会依据"他们亲眼看到的,而不是他们的敌人和我的敌人所说的"[②]来通过对领导人的裁决(正如他自己的经历)。当然,这种对眼见胜过听到的信任暗含了对于目击者而不是遥远的或隐藏的代理人的报告或表述的偏爱。杰斐逊"政治科学"的概念和他对民主政治理想的承诺有关。按照这一理想,对于能担当镇定自如的见证者的公民来说,如果事实能摆在他们眼前,政治就能被认为是场景。为了捍卫这种政治观,杰斐逊就需要对公民的能力予以坚持。他指出,"科学知识的普遍传播已经向每一种见解揭示了一个明白的事实,即人生下来并不是背上装着马鞍"[③]。

当然,杰斐逊认为政治是可观察的,这就显示出了和孟德斯鸠在《论法的精神》(*The Spirit of the Laws*)(1748)中的理念的密切关系。杰斐逊读过这本书并推动了它在美国的出版[④]。尽管政治科学的理念遇到很多阻力,尤以欧洲天主教徒和贵族的反对为甚,但它在美国共和政体的创立者中有着热情的追随者。在美国的语境下,这些理念能被用来揭露欧洲殖民者的专制,并为建立不依赖从前的政治权威提供一个新的基础。在亚历山大·汉密尔顿和詹姆斯·麦迪逊(James Madison)看来,只有相信政治科学是可能的、相信关于好政府原则的知识是可能的,才能捍卫这一论断:民主政治秩序不仅能建立在小规模的社会中,还能建立在人口众多、领土广阔的国家中。对联邦党人来说,重要的是把构建

---

① "To Elias Shipman and Others,"同上,p. 296. 中译本见:杰斐逊:《杰斐逊集(上)》,刘祚昌,邓红风译,生活·读书·新知三联书店,1993,第 532 页。

② "To Thomas Jefferson Randolph," In *The Portable Thomas Jefferson*, ed. and intro. Merrill D. Peterson (New York: Viking Press, 1975), p. 514. 中译本见:杰斐逊:《杰斐逊选集》,朱曾汶译,商务印书馆,1999,第 560 页。

③ "To Roger C. Weightman,"p. 589.(引文之后的内容为"也不是得天独厚的少数人理当穿着皮靴,套着靴刺,堂而皇之地骑在他们背上。"——译者注。)

④ Judith N. Shklar, *Montesquieu* (Oxford: Oxford University Press, 1987), p. 120.

政府的基本政治行动表述为关于知识和理性(而不是传统、偶然或机遇)的问题[1]。曾教授过麦迪逊的 J. 威瑟斯彭牧师(The Reverend J. Witherspoon)讲道,“随性或偶然确立下来的政府并不新鲜……而看到这样的一种政府则必定是全新的:它位于面积庞大、人口众多的国家中,以慎重协商为基础而稳固下来,并直接指向于现在和未来的公共利 108
益。[2]”戈登・伍德(Gordon Wood)指出,美国的政治科学是美国政治文化的一部分,它探究能够解释人类政治行动的科学原理,并且这种探究是独一无二地经验性的,强调汉密尔顿所谓的“事实本身的证据”[3]。在麦迪逊看来,美国实际上就是“关于自由的工作室”[4];这也正如在约翰・亚当斯(John Adams)看来,政治就是一项持续的实验[5]。

亚当斯在其《对美国宪法的辩护》(*A Defense of the American Constitution*)中提出,杰斐逊、潘恩、巴洛(Barlow)、富兰克林和里滕豪斯(Rittenhouse)这些人都把立法视为一门科学[6]。毫无疑问,面对联邦主义者对科学的权威的吁求,反联邦主义者感到有必要对此采取措施。一位反联邦主义者路德・马丁(Luther Martin)写道,“对于现在想让我们接受的宪法,如果其制定和批准能够证明政府学中的知识,那么我不仅承认自己无知,而且为此感到自豪。”[7]如果无知似乎比

---

① Judith N. Shklar, *Montesquieu* (Oxford: Oxford University Press, 1987), p. 122.

② 引自 Austin Ranny, “The Divine Science: Political Engineering in American Culture,” *American Political Science Review* 70(1976), 141.

③ From *The Federalist Papers*, p. 145. 中译本见:汉密尔顿,杰伊,麦迪逊:《联邦党人文集》,程逢如,在汉,舒逊译,商务印书馆,1995,第 162 页。

④ 引自 Adrienne Koch, *Power, Morals and the Founding Fathers* (Ithaca, N.Y.: Cornell University Press, 1961), p. 128. 也引自 Ranney, “The Divine Science,” p. 147.

⑤ G.A. Peek, ed. and intro., *The Political Writings of John Adams* (New York: Liberal Arts Press, 1954), pp. 117 - 118.

⑥ G.A. Peek, ed. and intro., *The Political Writings of John Adams* (New York: Liberal Arts Press, 1954), p. 117.

⑦ “A Letter of Luther Martin to the Citizens of Maryland,” (1788) in *The Antifederalists*, ed. Cecelia M. Kenyon (Indianapolis: Bobbs-Merrill Co., 1966), p. 171.

知识分布得更为平等，这种抨击方法本可以强有力地呼吁民主政治。在19世纪下半叶美国科学的职业化[①]之前，那些认为任何人都可以为科学进步做出贡献的人促进了对于普遍可理解的政治科学的信念。这一信念似乎普遍地为人所信，也与新共和政体的社会向善论的乐观情绪更为一致。孟德斯鸠认为共和政府并不能建立在广大而人口众多的领土之上。鉴于政治科学在美国的倡导者反对这一观点，那么对政府学之可能性的信念最为重要的含义或许就是，正如我已经表明的，政治是一个客观的、可观察的事实领域，它允许公民充当参与者-观众。

揭开权力的面纱

政府学以公共的观察和判断为基础，其最直接的吁求当然就是有权揭穿君主制是一种基于统治者的欺骗和臣民的轻信顺从的政治秩序。毫无疑问，在政治中引入证明性视角和一种常见的迫切需求有关，即要“揭开”政治权威以使公民能看到国王的衣服背后隐藏了什
109 么。从君主制到民主制的政府概念，针对政治权威的视觉取向也从轻信的、赞颂性的转换为怀疑的、证明性的。汉斯·克里斯蒂安·安徒生（Hans Christian Anderson）著名的故事《皇帝的新装》（*The Emperor's New Clothes*）呈现了这一转换。

> “可是他什么衣服也没有穿呀!”一个小孩子最后叫出声来。“上帝哟，你听这个天真的声音!”爸爸说。于是大家把这孩子讲的话私自低声地传播开来。“他并没有穿什么衣服！有一个小孩子说他并没有穿什么衣服呀!”“他实在是没有穿什么衣服呀!”最

① George H. Daniels, *American Science in the Age of Jackson* (New York: Columbia University Press, 1968).

后所有的老百姓都说。皇帝有点儿发抖，因为他似乎觉得老百姓所讲的话是对的。不过他自己心里却这样想："我必须把这游行大典举行完毕。"因此他摆出一副更骄傲的神气，他的内臣们跟在他后面走，手中托着一个并不存在的后裾①。

在对政治权威进行赞颂性视觉表征的语境中，当证明性视觉取向的革命性揭穿力量（同时也是正在监督的公众的）被中断时，其中的若干关键要素就包含于安徒生童话的最后一段。在这个例子中，证明性视觉的批判力量完全威胁到了国家的赞颂性演出。重要的是，对于尚未被习俗"社会化"了的孩童般的观察者，安徒生强调了他天真的视觉的力量。只有孩子天真的视觉才能对情境进行彻底的重新定义。这一事实表明了证明性视角的民主含义和自主见证者的修辞效力。这个故事还表明，对暴露出的真相进行"实在的"描述有力地控制了公共关注及其在社会空间中的扩散。它进一步指出了，面对轻信的、赞颂性的观众突然转换为怀疑的见证者，君主在曝光之时的疼痛以及掩盖自己的认知以延缓赞颂性演出瓦解的尝试。

安徒生童话的这些重要特征也表现于现代自由-民主意识形态的关键文本中，例如托马斯·潘恩和约瑟夫·普里斯特利所撰写的文本。但差别在于，或许是因为他们是在美国民主信条的形成过程中发挥了重要作用的英国人，他们将把政治当作"简单事实"的场景的民主理念和采用光辉壮丽来掩盖剧场演出背后"真相"的君主制 110
政治放在一起是特别有启发性的。例如，托马斯·潘恩在《人的权利》（*Rights of Man*）中指出，"所谓的君主制，在我看来总归是可鄙而又愚不可及。我把它比做一种隐藏在幕后的东西，四周喧哗忙乱，

① *Hans Christian Andersen's Fairy Tales*, trans. R. Spink (London: J. M. Dent, 1958), pp. 79–81. 中译本见：安徒生：《天国花园》，叶君健译，上海译文出版社，1978，第8–9页。

表面上却庄严肃穆，但如果幕布偶然打开，大伙看到它的真相，就会捧腹大笑。”①

当然，这种“捧腹大笑”对政治权威是毁灭性的。当被声称和赞颂的内容和能被证明的内容之间的矛盾突然变为现实时，捧腹大笑就被引发了。赞颂取向给予政治演员的理想化英雄地位使得他们很容易遭受这种讽刺性的曝光②。英国的威廉·梅克比斯·萨克雷（William Makepeace Thackeray）和安徒生处于同一时代。他在文字和插画中充分利用了理想的国王和现实的国王之间的不一致的讽刺效果。萨克雷在他的《巴黎速写》（*Paris Sketch Book*）中写道，“仅有王者的外表是不够的。”国王穿上平常的衣服，似乎就真是一个“身高五尺二、矮小、有皱纹、大肚子的老男人……戴上假发、穿上高跟鞋，他就有六英尺高了。站在你面前的他就是威严、有帝王气派和英勇的人了！就这样，理发师和皮匠制造了让我们崇拜的神”。“尊贵是由假发、高跟鞋、用发亮的百合花徽装饰的斗篷所构成的。”

当然，捧腹大笑也只是自由的公民打破赞颂性国家演出的统治、颠覆支撑君主制权威的正经与高贵的方式之一。一旦公众看到了国王裸露的样子，嘲笑、蔑视、堕落的影响也是毁灭性的。马基雅维利意识到君主权威依赖于壮丽与自我认定的戏剧性突出，建议君主应该着眼于“总是保持着他的至尊地位的威严，因为这一点在任何事情上都是不允许削弱的”，他应该“在行动中表现出伟大、英勇、严肃庄重、坚

① Thomas Paine, *Rights of Man*: *An Answer to Mr. Burke's Attack on the French Revolution* (London: Carlile, 1819), p.36. 中译本见：潘恩：《潘恩选集》，马清槐等译，商务印书馆，1981，第 248 页。

② 1633 年，威廉·普林（William Prynne）“女演员都是臭名昭著的娼妓”的评论被诠释为对女王和宫廷戏剧的抨击，这导致这位罪犯被施以严厉的惩罚。这一事件表明，君主对任何破坏君主制表面上的正经的视角都是敏感的。参见 S. Orgel, *The Illusion of Power*: *Political Theatre in English Renaissance* (Berkeley: University of California Press, 1975), pp.39－40,43－44,79－80,88.

忍不拔”①。也正是一定程度上由于法国革命及其激进的支持者(如托马斯·潘恩和约瑟夫·普里斯特利)破坏了公民对权威的赞颂取向，一定程度上由于他们对国王或王后的尊重逐渐衰减，伯克才对他们进行了批判。伯克早年在凡尔赛见到过“闪耀得像是启明星”②的法国王后玛丽·安托瓦内特(Marie Antoinette)。他详述了她的堕落，认为“不能把君主至高无上的威严和蔑视联系起来”③。当然，埃德蒙·伯 111
克和托马斯·潘恩一样意识到，一旦国王和王后的衣服被脱下，“一个国王只不过是一个男人，一个王后只不过是一个女人”④就是显而易见的了。但和潘恩不同的是，国王和王后被曝光的赤裸并没有被伯克看作是进步性的变化，而是通向了文明政治的堕落。按照他的逻辑，公众并不会满足于发现王后只是个女人，而会进一步通过将这个女人表述为无非是一个动物来宽恕她的弑君罪⑤。伯克在评论法国革命的影响时，惋惜“一切令人欣慰的幻念——它们使得权力是温和的……(并)把美化了和驯化了私人社会的种种情操都合并到政治里来——现在都被这场光明与理性的新的征服者的帝国给瓦解了”⑥。对伯克

---

① Niccolo Machiavelli, *The Prince and the Discourses* (New York: Modern Library, 1950), pp. 85, 67. 中译本见：马基雅维利：《君主论》，潘汉典译，商务印书馆，1985，第110，87页。

② Edmund Burke, *Reflections on the Revolution in France* (1790), ed. and intro. C. C. O'Brien (Harmondsworth: Penguin, 1976), p. 169. 中译本见：伯克：《法国革命论》，何兆武，许振洲，彭刚译，商务印书馆，1998，第101页。

③ Edmund Burke, "Three Letters on a Regicide Peace," in *The Works of E. Burke*, vol. Ⅴ (London: George Bell & Sons, 1906), pp. 391 - 392.

④ Burke, *Reflections*, p. 171. 中译本见：伯克：《法国革命论》，何兆武，许振洲，彭刚译，商务印书馆，1998，第102页。

⑤ Burke, *Reflections*, p. 171. 中译本见：伯克：《法国革命论》，何兆武，许振洲，彭刚译，商务印书馆，1998。(伯克的原文为：“杀害一个国王或一个王后或一个主教或一个父亲，只不过是通常的家内残杀；而且假如人民由于任何机缘或者以任何方式而成为它的赢家，那么一番家庭残杀就更加是极为可宽恕的了，我们对它不必进行过分严厉的探究。”中译本同上，第103页。——译者注。)

⑥ Burke, *Reflections*, p. 171. 中译本见：伯克：《法国革命论》，何兆武，许振洲，彭刚译，商务印书馆，1998，第102页。

来说，将君主权威去神秘化、废除“品味和高雅”的有益影响，并不是人性化的政治，而是去人性化的政治，并且还要承担退化为野蛮的风险。伯克赞同政治权威表面上的正经是使权力变得温和的条件，这就使他
112 站在了安徒生童话中的国王这一边。他感到遗憾的是，法国革命导致了“生活中所有美妙的帷幕全都被粗鲁地撕掉了。所有由道德的想像库中所提供的种种附加的观念——那是内心所享有、被认识所裁可作为遮蔽我们赤裸裸的、颤抖着的天性的种种缺陷并在我们自己的估价中把它们提高到尊严的地位之所必需——都被作为一种荒唐可笑而又过时的款式而被戳穿了”[①]。

托马斯·潘恩引导公众的目光去观察和曝光使权力变得温和的“令人欣慰的幻念”背后的东西。而刺激他这样做的，是去推翻君主制表面上的一本正经，是去证明国王只不过是个男人。很明显，在潘恩的民主化设计中，一个基础性要素就是建立对政府的证明性视觉取向。有足够的证据表明，潘恩和科学技术的亚文化之间有着密切关系。后者大致解释了，潘恩为何信任视觉展示和受过规训的观察在社会中确立正误主张之区分时的力量。从他对于本杰明·马丁(Benjamin Martin)和詹姆斯·弗格森(James Ferguson)等人的巡回科学演讲的熟知，以及他自己访问伦敦和费城的工匠(对科学有着特殊兴趣的观众)时的经历，潘恩可能认识到了用具体的例子进行说服的力量。在本杰明·富兰克林的帮助下，他试图通过在费城议会大厦中展示一座桥梁的实体模型，来推进他关于这座桥的计划。这表明，他想通过具体而可观察的事实进行说服[②]。

---

① Burke, *Reflections*, p.171. 中译本见：伯克：《法国革命论》，何兆武，许振洲，彭刚译，商务印书馆，1998，第 102 页。

② Eric Foner, *Tom Paine and Revolutionary America* (London: Oxford University Press, 1976), p.204.

潘恩尝试在政治话语的语境中做到同样的具体。例如,当他坚持不可见的英国宪法的权威小于可见的美国宪法时就是如此。他写道,"宪法不仅是一种名义上的东西,而且是实际上的东西,它并不是一个理念,而是真实的存在;如果不能以可见的方式产生宪法,就无宪法可言。"[1]按照潘恩的观点,容易被观察和理解的政府必须和自然一样合理而有序。因此在他看来,民主制比君主制更为自然。他讲道,和"大自然的一切都是井井有条的"相反,君主制却是一种"违反自然"的"政府形式"[2]。潘恩再一次借助了对自然的科学观察和对政府的证明性观看两者之间的类比。这里的政府只要是民主的,就是可见的。

潘恩和约瑟夫·普里斯特利、本杰明·富兰克林、托马斯·杰斐 113
逊和本杰明·拉什(Benjamin Rush)等人的关系密切。这既促进了他对于公众可以见证并理解政治的简单事实的信念,也鼓励了他认定每一个"未受过教育的技工"有能力判断政府的本质[3]。潘恩正是根据这些理念才可以声称,民主制是这样一种政府,它"以正直和威严的姿态出现在世界舞台上。无论有什么优缺点,全都一目了然。它不靠欺诈和玄秘生存"[4]。按照潘恩的观点,正是作为透明事实的政治才将民主政府从根本上和"国家和贵族扮演的木偶戏"[5]区分开来。

约瑟夫·普里斯特利是一名科学家、牧师,支持美国和法国革命,推崇实验政治概念。在他看来,在伯克对皇室权威的壮丽雄伟的捍卫

① Paine, *The Rights of Man*,引自 W. J. T. Mitchell, *Iconology*: *Image*, *Text*, *Ideology* (Chicago: University of Chicago Press, 1986), pp. 141 - 142. 该书还对其进行了讨论。中译本见:潘恩:《潘恩选集》,马清槐等译,商务印书馆,1981,第 146 页,原译文"它并不是一个理念,而是真实的存在"处为"它的存在不是理想的而是现实的","可见的"处为"具体的"。

② Paine, *Rights of Man*, pp. 36 - 37.

③ Foner, *Tom Paine*, pp. 6 - 7, 38, 120.

④ Paine, *Rights of Man*, p. 36. 中译本见:潘恩:《潘恩选集》,马清槐等译,商务印书馆,1981,第 248 页。

⑤ *The Rights of Man*,引自 Mitchell, *Iconology*, p. 147.

中，应该被斥责的恰恰是那些促使国王遗忘人民的条件。“我们的国王被置于如此令其神魂颠倒的情境之中，以至于提醒他们正确的关系即忍受人民抑或正如他们喜欢的称呼‘他们的人民’是非常重要的。”[①]他批判伯克散布了“尊敬皇室”的“毒物”，使得皇室“容易想象他们的权利是独立于人民的意志的”[②]。普里斯特利继续说道，“我们并不是……被虚名而是被实物所管理……在某些国家中，由于国王始终处于惧怕之中，因此对国王越是尊敬，就越使他自身及其权力都免受侵犯。”[③]他认为法国这些“对皇室的迷信一样的尊重”已经被法国革命大大破坏[④]。

那么，对于普里斯特利和潘恩来说，一旦对权威的赞颂取向被破坏，权威便更可能地逐渐依赖于它被认为是代表了人民的代理行动。普里斯特利说，“只有广泛的利益，亦即人民的利益才能合理地终结国王的权力。”[⑤]在普里斯特利的思想中，从根本上来说是工具性-实验的政治行动观和将治理者暴露于“见多识广的”、“倾向良好的”和关注的观众面前的要求结合在一起。而这种要求的目的是形成一种没有“令人欣慰的幻念”、雄伟、壮丽、赞颂之保护的权威，这种权威是公共可观察的并因此是民主地负责任的[⑥]。

关于如何描述证明-批判性见证在构成民主权威中的核心地位，

---

① Joseph Priestley, “Letters to the Right Honorable Edmund Burke” (3rd ed., 1791), third letter in *Priestley's Writings on Philosophy, Science and Politics*, ed. and intro. J.A. Passmore (New York: Collier, 1965), p.246.

② Joseph Priestley, “Letters to the Right Honorable Edmund Burke” (3rd ed., 1791), third letter in *Priestley's Writings on Philosophy, Science and Politics*, ed. and intro. J.A. Passmore (New York: Collier, 1965), pp.246 - 247.

③ From Priestley's “Lectures on History and General Policy” (4th ed., 1826), p.188.

④ From Priestley's “Lectures on History and General Policy” (4th ed., 1826), p.188.

⑤ *Priestley's Letters to E. Burke* (3rd ed.) (Birmingham: T. Pearson, 1791), p.27.

⑥ *Priestley's Letters to E. Burke* (3rd ed.) (Birmingham: T. Pearson, 1791), p.8; *Priestley's Writings*, ed. Passmore, pp.303 - 304.

阿历克西·德·托克维尔(Alexis de Tocqueville)做出了最为深刻的论述。他说,民主的公民“只依靠本身确立判断……他们要尽量揭开事物的层层外皮,排除使他们与事物隔开的一切东西,推倒妨碍他们观察的一切东西,以便在最近距离内和光天化日之下观察事物。他们的这种观察事物的方式,很快又导致他们轻视形式。在他们看来,形式是放在他们与真理之间的无用而令人讨厌的屏障”[①]。 114

“揭开”作为证明性、调查性视觉取向所特有的逻辑,它反映了公民不只作为观众还作为怀疑的见证者的特殊力量。因此,揭开政治实体就是证明性视觉取向和使政府负责并持续曝光于公民的判断的民主推力的融合。当然,见证的民主化蕴含了视觉说服的本质及其在政治权力和权威的修辞中的作用。托克维尔指出,“平等使每个人产生凡事自行判断的愿望,对一切事物都怀有明显的、切实的爱好”[②]。这一原理的作用同时影响到了政治舞台和戏剧舞台上的表演。托克维尔继续说,“贵族阶级……无力阻止人民群众进入剧院”,剧本是“贵族制国家文学中最富有民主精神的部分”[③]。那么,提升或承认观众作为见证者的地位就和最为有效地获取他们认同的修辞策略存在关联。无论是在剧场还是政体中,观众都赋予了那些可以变得像“实在”一样可观察而具体的东西非常特殊的力量。按照托克维尔的观点,在一个公民“差不多完全一样”的社会中,“他

---

① Alexis de Tocqueville, *Democracy in America*, vol. Ⅱ, ed. Phillips Bradley (New York: Vintage Books, 1945), pp. 4 – 5. 中译本见:托克维尔:《论美国的民主:全二卷》,董果良译,商务印书馆,1989,第 570 – 571 页。

② Alexis de Tocqueville, *Democracy in America*, vol. Ⅱ, ed. Phillips Bradley (New York: Vintage Books, 1945), p. 42. 中译本见:托克维尔:《论美国的民主:全二卷》,董果良译,商务印书馆,1989,第 612 页。

③ Alexis de Tocqueville, *Democracy in America*, vol. Ⅱ, ed. Phillips Bradley (New York: Vintage Books, 1945), pp. 84 – 85. 中译本见:托克维尔:《论美国的民主:全二卷》,董果良译,商务印书馆,1989,第 659,658 页。

们容易……断言，世界上的一切事情都是可以解释的，世界上没有什么事情为人的智力所不逮。因此，他们不愿意承认有他们不能理解的事物，以致很少相信反常的离奇事物，而对于超自然的东西几乎达到了表示厌恶的地步”①。

托克维尔重视公民在“揭开”政治权威的面纱中的作用和权威，杰
115 斐逊、潘恩、普里斯特利等很多人也重视公民观察和曝光治理者的权力。这表明了在美国民主制中，证明性视觉规范连同公民充当观众、政府充当注视对象被或明或暗地强调的程度。

在讨论证明性视觉取向及其曝光、规训被观察者的权力时，欧洲政治的语境和美国不同，它典型地倾向于强调看见的功能是与公民相对的治理者所采用的控制手段。这当然就是边沁提出“全景敞视建筑”原则时的观点。他把“全景敞视建筑”原则当作一种全景式监督，它服务于监狱、医院、学校和“其他机构”中对行为的等级控制②。他甚至被为了使下属服从于视觉监督而调整这些机构之结构的可能性所吸引。按照边沁的观点，全景敞视建筑原则的本质在于“监督者处于核心的位置，以及众所周知、最有效的发明：看见的同时又不被看见”③。边沁意识到了这种把视觉当做社会控制工具的新颖。他指出，监督是“心灵获取凌驾于心灵之上的权力的一种新模式，并且其凌驾的数量前所未有”④。他的监狱模型被建造成一个圆形建筑或者说是

① Alexis de Tocqueville, *Democracy in America*, vol. Ⅱ, ed. Phillips Bradley (New York: Vintage Books, 1945), p. 4. 中译本见：托克维尔：《论美国的民主：全二卷》，董果良译，商务印书馆，1989，第 570，571 页。

② J. Bentham, *Panopticon*, postscript pts. Ⅰ and Ⅱ (1843), in his *Collected Works*, vol. Ⅳ, ed. J. Browning (New York: Russell & Russell, 1962).

③ J. Bentham, *Panopticon*, postscript pts. Ⅰ and Ⅱ (1843), in his *Collected Works*, vol. Ⅳ, ed. J. Browning (New York: Russell & Russell, 1962), p. 23.

④ J. Bentham, *Panopticon*, postscript pts. Ⅰ and Ⅱ (1843), in his *Collected Works*, vol. Ⅳ, ed. J. Browning (New York: Russell & Russell, 1962), pts. Ⅰ and Ⅱ.

结构，牢房沿圆周分布，监督者处于中心并能看到所有的囚犯。通过使用这一"有效的发明"，边沁试图确保囚犯们不能享有和监督者相似的地位。他的目的是把监督者的无处不在及其对于被监督者的不可见性结合起来[1]。监督者始终在观察着多数人，同时对他们来说又是不可见的。恰是这种不对称保证了边沁全景敞视建筑原则成为等级制权威的工具。在这一语境中，观察者更关注于规训被观察者的外在行为，而非获知他们的内心状态[2]。

如果交换角色、把治理者曝光于犯人恒常的监督下，全景敞视建
筑就变成了一个民主的监督原则。尽管边沁并没有交换管理者的监 116
督者和囚犯的被监督者角色，但通过将全景敞视建筑中的上级曝光于**访客**的注视下，也调和了他们单方面监督的专制性[3]。当然，在更为宽泛的政治语境中，相互监督的原则——观察者和被观察者的角色可以灵活转换——表明，通过监督而控制或规训行为的权力分配是更为平等的。然而，边沁分析看见在政体中的作用正是着眼于政府的观众或监督者角色、公众的对象角色。米歇尔·福柯(Michel Foucault)详细讨论了边沁的"全景敞视建筑"。他选择关注的是边沁的监督观念，这一观念把监督基本上当做是等级制监视下级的技艺、一个"精巧的铁笼"、一种微妙的高压政治形式。与此同时，他基本也就忽略了，在边沁认为访客监督了监督者的观念中，暗含着相互监督的权力的民主含义[4]。由于福柯把视觉主要当做是自上引出规训的方式，因此他好奇

---

① J. Bentham, *Panopticon*, postscript pts. Ⅰ and Ⅱ(1843), in his *Collected Works*, vol. Ⅳ, ed. J. Browning (New York: Russell & Russell, 1962), p. 28.

② 关于 20 世纪早期试图使用证明性视觉取向来使下级的行为合理化的最具启发性的尝试，可参见 F. W. Taylor, *Scientific Management* (1911) (New York: Harper, 1947).

③ Bentham, *Panopticon*.

④ Michel Foucault, *Discipline and Punish*: *The Birth of the Prison*, trans. A. Sheridan (New York: Pantheon Books, 1977), pp. 195 - 228, esp. p. 205. 中译本见：福柯：《规训与惩罚：监狱的诞生》，刘北成，杨远婴译，生活·读书·新知三联书店，1999，第 230 页。

的是这一事实：同一场启蒙运动既发现了自由，也发现了这些高压政治的温和的、不涉及肉体的新技艺[①]。但是，与其说这个矛盾是真实的，倒不如说是表面的。正如杰斐逊、潘恩和普里斯特利所意识到的，一旦监督的技艺被公民用于他们的治理者（而不是相反），一旦政府自身恰恰变成了渐增观察的对象，监督就从控制技艺变成了使权威对公众负责的民主工具。这样，监督就极好地契合于启蒙运动的自由观、责任观和政治观。实际上，在现代自由-民主国家中，大众对于政府的监视可以成为抑制随意权力的基本技艺。显而易见，无论是对于自上而下的还是自下而上的控制，监督技艺都提供了一种节约其成本的方式。尽管这些技艺允许国家在未召集大型集会的情况下就对公民进行观察，但也允许公民把将政府曝光于公共注视的权力委托给少数熟练的人。通过参与和未参与的公众反应的压力，曝光在公众视野下的治理者被规训，并从而积极地使得他们的行动看起来与他们的公民-观众相一致。当他们失败了，或者公众发现对他们行为的公开陈述和可观察事实相矛盾时，他们的权威和权力就不可避免地被削弱了，这已经被很多现代民主政治领导人的命运所证实[②]。正如乔治·奥威尔（George Orwell）极为尖锐地说明了的[③]，在极权主义国家中，单方面的自上而下且不被看见的看见使得处在顶端的权力中心化。在自由-民主国家中，这种尝试主要旨在确保治理者对于外
117 行公众是可见的，确保“公共视觉”自始至终地存在；同时以公民的自由权和隐私权的名义，确保公民至少在一定程度上对政府是不可

---

① Michel Foucault, *Discipline and Punish*: *The Birth of the Prison*, trans. A. Sheridan (New York: Pantheon Books, 1977), p. 222.

② 例如，考虑一下在“水门事件”和“伊朗门事件”中，电视中播出的公开的国会调查的有力政治影响。在现代民主国家中，将公开陈述和政府行动被掩盖起来的特征之间的矛盾曝光出来已经成为使政治权威非法化并予以毁坏的重要手段之一。

③ George Orwell, *Nineteen Eighty-Four* (Harmondsworth: Penguin, 1954).

见的[①]。监督具有其作为使治理者负责的民主手段的力量，也对应地具有作为等级控制手段的缺陷。在美国，这样的力量和缺陷与其倾向于不把任何个体或机构(包括总统)当作一个有特权概览全社会、认为其他所有人的视角是局限的有关联。美国反对等级制的权威结构和对君主不可见原则的承诺。这表明，全面的视野并不能为享有特权的局外人所有，而基本上是所有参与者同等权威但也局限的视野的累加。以此为背景，就更容易理解在自由-民主制中，政治行动变成了一个正在进行的公共演出。而在这场演出中，政治演员和机构的冲突或合作都在公众的注视下。正如边沁所理解的那样，全景敞视建筑原则作为权力的来源的关键，并不在于监督的对象始终处于监督者的视觉中，而且这也是不现实的；而是在于，被观察者"应该觉得自己似乎处于监督之下"[②]。当被观察者对于何时处于监视之下无从知晓或预见时，上述条件就满足了。因此，即使是在他们没有被观察的时候，他们也必须觉得被曝光了。用边沁的话说，就是他们觉得自己"在一个尽管是人的注视但却始终正在观察的视野下生活和行动"[③]。

实验工具主义：一种民主政治剧场

普里斯特利指出，"人的能力尤为明显地表现于使手段适应目的。"[④]把公共行动工具化或技术化的决定考虑到了证明性视觉取向在

---

① 例如参见 *Freedom of Information Act and Amendments of 1974* (P. L. 93 - 502), Committee of Government Operations, U. S. House of Representatives Committee on the Judiciary, U. S. Senate (Washington, D. C.: U. S. Government Printing Office, 1975).

② Bentham, *Panopticon*, p. 24.

③ Bentham, *Panopticon*, postscript pt. 11 table.

④ *Priestley's Writings*, ed. Passmore, p. 319.

把政治行动定义为事实或感知对象中的作用，它呈现出新的意义。它们或许反映了政治演出者对自由-民主观众之要求的回应。这些观众要求通过把演出外在化和具体化为可见的、物质的因果关系而使其变得显而易见，要求其目的、结构和结果是明显的。普里斯特利主张，当
118 行动被工具化地定义时，人的能力反映于行动之中。从这个视角看，君主恰恰是通过隐藏其在壮丽雄伟的表面下的工具主义行动逻辑，才能掩盖他们对公共利益的无能为力抑或漠不关心。和这种对壮丽雄伟的使用相反，民主制对公共行动的基础和过程进行朴实的、事实的展示，这似乎是其政治观、权威观和责任观的核心。尽管把公共行动技术化常被用于强化它在实现既定目标时的功效，但只要把它们曝光为公开的、公众可检查的行动，其准确性可以独立于代理人更难以捉摸的、不可见的、内在的特征而被判断，这就已经满足了证明性视觉文化所规定的自由-民主责任制的基本要求。因此，演员如果以工具化-技术化的术语来铸造和捍卫自我行动，就至少能在某些方面把自我曝光于公众基于其行动外在的、可见的效果而对其能力的判断之下。对于定义或控制他们作为演出者的成败的指示的私人的、机构的或意识形态的权力，他们似乎从某种程度上放弃了。这样，作为公共演出的自由-民主政治行动的特征就包含政治作为系列“表演”的去神秘化，这里的“表演”具有双重意义——既是对决议的贯彻执行，又是向注视和判断中的公众展示技巧和能力。无论是执行功能性任务，还是展示专业技术，两者都加剧了行动和人的分离。这样的分离平行于可见的公共生活领域和不可见的主观生活领域的区分。

我已经论证了，工具主义是一种自由-民主政治行动形式，它将知识和权威的主张与特定行动的公共演出结合起来；而工具主义和实验-科学传统有着共同的重要特征。这些密切关系又再一次极具启发性地反映于约瑟夫·普里斯特利的立场和活动中，以及埃德蒙·伯

克对他和他试图把实验科学的精神和技术引入政治领域时的表述的批判。伯克抨击的焦点在于将唯物主义-机械论隐喻应用于政治领域的干预主义进路的操纵含义。他认为，为了“把（社会机构）纯化为真正民主的、易爆的、暴动的硝石”，政治实验主义者会像化学家一样“混合”、“调和”和“筛选”社会机构，仿佛它们是可转变的物质[①]。伯克警示了导致“有知识……比无知更糟糕”的“可怕发明”的“巨大邪恶”[②]。他担心实验哲学家们会“为了他们最微不足道的实验而牺牲整个人 119
类”[③]，担心“地理学家和几何学家……为了新的试验而想要新的领地”[④]，担心他们寻求用机械哲学原理取代“爱”、“风尚”、智慧和经验[⑤]，担心他们用“机械平衡”取代权力的道德基础[⑥]。对于像普里斯特利这样的政治实验主义者通过“锻冶”来着力创造“新的空想的和虚构的共和国”，伯克持担忧态度[⑦]。伯克和这些意见不同，他坚持认为在政治中要“拆除和建造的主体并非是砖石木材，而是有知觉的生物”；而“由于他们的处境……的突然改变”，就“可能沦于悲惨的境地”[⑧]。和其反对者的工具主义的政治实验主义不同，伯克坚持认为“在道德中不会有发现，在政府的基本原则中也不会有”[⑨]。他

---

① Burke, “A Letter to a Noble Lord,” in *The Works of E. Burke*, nol. V, p. 144.

② Burke, “A Letter to a Noble Lord,” in *The Works of E. Burke*, nol. V, p. 120.

③ Burke, “A Letter to a Noble Lord,” in *The Works of E. Burke*, nol. V, p. 141. 中译本见：柏克：《自由与传统：柏克政治论文选》，蒋庆，王瑞昌，王天成译，商务印书馆，2001，第 179 页，原译文“实验”处为“经验”。

④ Burke, “A Letter to a Noble Lord,” in *The Works of E. Burke*, nol. V, p. 143.

⑤ Burke, *Reflections*, p. 172. 中译本见：伯克：《法国革命论》，何兆武，许振洲，彭刚译，商务印书馆，1998，第 103 页。

⑥ Burke, “Regicide Peace,” p. 397.

⑦ Burke, “Letter to a Noble Lord,” pp. 140, 148.

⑧ Burke, *Reflections*, p. 281. 中译本见：伯克：《法国革命论》，何兆武，许振洲，彭刚译，商务印书馆，1998，第 219 页。

⑨ Burke, *Reflections*, p. 182. 中译本同上，第 115 页，原译文为“我们也不认为在道德方面有什么东西可以被发明出来。许多关于政府的伟大原则、许多关于自由的思想，在我们出生之前很久就已经为人所理解了。”

抨击“政府的缔造者”[①]而捍卫经验的基础性以及追随先例的必要。尽管伯克承认政治生活中的原因,但他怀疑历史是否能“提供充分的根据来构建一套可靠的理论,把那些决定着一个国家的命运的内在原因揭示出来”。这是因为,他发现这些原因都是“不确定的”和“难以寻觅和捕捉”的[②]。普里斯特利这样的激进革命者坚持认为,在构建联邦的过程中,原因的结果可以通过可见的“判决性”实验加以证明。与之不同,伯克相信“道德动机的实际效果并不总是直接的”,“每个国家中往往都有某些看不清楚的和几乎是潜伏的原因、许多乍看起来是无关重要的事情,却有可能是对它们的兴旺与逆境在根本上最具决定性的东西”[③]。因此,我们必须以极大的谨慎接触“国家的错误”,“就仿佛是满怀虔诚的畏惧和战栗的态度去接触父亲的创伤一样”[④]。

与伯克的反工具主义不同,普里斯特利坚持认为,虽然新政府的缔造并不令人满意,但人们“有必要对没有太多不便的新形式政府进行大量的实验;而尽管可能以一个不尽完美的形式开始,但他们最终采用了一个非常好的形式”[⑤]。尽管伯克坚持认为政治事务中的因果通常是潜伏的、看不清楚的,普里斯特利则坚持认为,在关于政府的竞争性理论中,美国革命和法国革命这些历史事件可以证明哪一个理论是有效的。普里斯特利用实验哲学的语言声称,“这些事件讲授了自
120 由、公民和宗教的教义,这比一千个关于此的协议还要清晰和有力。

① Burke, *Reflections*, p. 158. 译文同上引:88。

② Burke, “Regicide Peace,” p. 153. 中译本见:柏克:《自由与传统:柏克政治论文选》,蒋庆,王瑞昌,王天成译,商务印书馆,2001,第 75 页。

③ Burke, *Reflections*, p. 152. 中译本见:伯克:《法国革命论》,何兆武,许振洲,彭刚译,商务印书馆,1998,第 80 页,原译文“对它们的兴旺与逆境在根本上最具决定性的东西”处为“它们的兴旺与逆境在根本上所最需依赖的东西”。

④ Burke, *Reflections*, p. 194. 中译本同上,第 128 页。

⑤ *Priestley's Letters to E. Burke*, p. 4.

它们使用了一种全世界都能理解的语言。”[①]普里斯特利说，一旦自由被赋予了所有人，“社会将得益于他们所做的实验”，并采取“看起来有利于所有人的利益”的设计[②]。

很明显，普里斯特利对政治的修正取向预设了一个机械主义的国家概念。他讲道，“当一个国家不能被人民的普遍（或者说一般）愿望所保留的时候，它或许可以被那些想要破坏它的力量的**平衡**所保留。”[③]他承认政治实验主义存在局限。他坚持认为，尽管把法国宪法应用到英国是非常有益的，但这是不可行的；反之亦然[④]。但是，和实验哲学的原则相一致的是，他声称“在政府事务中，由于我们几乎不能论证一个**先在**，以至于似乎实验只能决定立法机构的这一权力能够扩张到什么程度；同样，似乎除非进行了足够多的实验，有智慧的政府官员都会尽可能少地依赖实验的帮助，更不会不经过最为谨慎的思考就加以干预。”[⑤]

对普里斯特利来说，实验并不只是对国家的干预行为加以证明并合理化的手段。作为一个使治理者对其行动负责的框架，政治实验主义的伦理更偏爱工具化行动。借此，就可以在没有雄伟壮丽的神秘化和影响感情的前提下，把行动者的功力和技巧（而不是他们的性格、道德或阶层）向公众表现出来并接受检验。他对伯克写道，“如果国家的

---

① *Priestley's Letters to E. Burke*, p. 1. 这里对“事件”的偏爱胜过“协议”，对应于实验哲学精神气质对“操作”的偏爱胜过“言语”。培根和斯普拉特主教的《皇家学会史》(1667)对后者进行了早期的表述。

② From Priestley's “Lectures on History and General Policy” (1826) in *Priestley's Writings*, ed. Passmore, p. 179.

③ From Priestley's “Lectures on History and General Policy” (1826) in *Priestley's Writings*, ed. Passmore, pp. 187 – 188.

④ From Priestley's “Lectures on History and General Policy” (1826) in *Priestley's Writings*, ed. Passmore, p. 192.

⑤ Joseph Priestley, “An Essay on the First Principles of Government” (2nd ed., 1771), in *Priestley's Writings*, ed. Passmore, p. 219.

骄傲必须得到满足，就让它在（运河、桥梁、宏伟的道路，公共建筑、图书馆、实验室）这些事物中得到满足，而不是在闲置的、壮丽的却在腐化和奴化国家的法院之中。”[①]正是由于作为科学家的普里斯特利所主导的社会图景是“归纳主义英雄出类拔萃”和“天真的外行”通过单纯的仔细观察而做出伟大发现[②]，因此他的政治实验主义倾向表现出一种反精英主义的进路。按照这种进路，每个人都“保留了其说、写并尤其是提议新的政府形式的天然权力”[③]。

西蒙·谢弗指出，普里斯特利认同一种“将对政治权威与宗教权
121 威的认同和对事实的认同联系起来”的认识论。“如果通过开明联系的网络，这些事实被向他人适当地建构和重现，那么腐化的权威和错误的信仰就会被美德推翻并取代。普里斯特利将自由的个体认同和有德行的政治联系起来，这反映了他自己对于公民的、人文主义的知识概念的拥护。”[④]

和杰斐逊、潘恩一样，普里斯特利的事业也说明了多样的 18 世纪实验科学和自由-民主政治的联系。在美国和其他现代自由-民主国家中，正是因为普里斯特利的政治实验主义所设想的这种政治行动观的扩散，工具主义的政治行动范式才成为规范。与之同时，对于需要在现代的民主公众面前获得公众支持和满足对责任的要求的政治演员来说，由于工具性成功（或失败）的证明根据的是广泛可得的事实和事件，而不是等级制权威的判断，这样的公共性就基本上使得他们经常被促动用工具化的行动方式来外化他们的行动，并使他们的能力根据那些可见的参照物得以“突出”。

---

① Priestley, “Letters to Burke,” in Priestley's Writings, ed. Passmore, p. 254.

② Simon Schaffer, “Priestley's Questions: An Historiographic Survey,” *History of Science* 22(1984), 151 - 157.

③ *Priestley's Writings*, ed. Passmore, p. 180.

④ Schaffer, “Priestley's Questions,” pp. 174 - 175.

工具主义首先是一种展示特定行动模式的“表演”，然后才是贯彻这种实质意义上的“表演”。如托克维尔所说，民主公民信任有形的和实在的，这就促使演员们以一种满足这些条件的方式去行动，哪怕这些行动实质上并不那么有效。无论剧场维度和实质维度是合是分，把行动“技术化”或“工具化”都是一种含蓄地声称行动服从于客观公共评估的策略。如果一个社会的科学技术标准不被排他性的精英所垄断，职业共同体是开放的并独立于政治权威，那么这种技术化的行动就和民主行动的修辞是兼容的。希拉里·普特南(Hilary Putnam)指出，“工具主义和多数主义特别受当代精神的青睐……当代精神偏爱的是可加以证明的成功”[①]。此时他可能已经意识到了上述这种介于公众在民主政体中的政治权威和将公共行动维系于可见的、技术的参照物的倾向两者之间的特殊关系。尽管在很多社会政治语境中，多数
主义和工具主义都可以联合起来赋予“可加以证明的成功”以有说服 122
力的权力，但只有在民主政体中，它们才被整合进了统治性意识形态和惯例。在“公共”行动先天不为公众所见的独裁政权中，政府可以更为容易地对公民隐藏他们的失败，或者是避免公民将这些失败转译成有力的非法化政治过程。

如前所述，工具主义作为一种将行动曝光于共有的视觉领域中的表演的策略，也可以变为技术上空洞但政治上实质的合法化仪式。对于演员呈现出的甚至更多的是观众知觉到的东西来说，它们有可能和被确证的行动及其结果之间的因果联系并不一致[②]。只要这些表述和

---

① Hilary Putnam, *Reason, Truth and History* (Cambridge: Cambridge University Press, 1981), p.179. 中译本见：普特南：《理性、真理与历史》，童世骏，李光程译，上海译文出版社，1997，第 191 页。

② 关于科学上和外行对因果性和责任所赋予的属性的矛盾及其结果的现代说明，参见 R.A. Howard, J.E. Mathesn, and D.W. North, “The Decision to Seed the Hurricanes,” *Science* 176 (June 1972), 1191 - 1202.

知觉在政治上的仪式性功效不依赖于实质工具主义(substantive instrumentalism),“仪式工具主义”(ritual instrumentalism)就仍然可以控制政治信任或责备在竞争性演员中的实际分配。因此,仪式工具主义可能是比实质工具主义花费更小的政治资源。它满足了证明性视觉对责任加以检验这一要求的外在形式,但并没有满足其功能性逻辑。只要仪式工具主义和实质工具主义可以分离,对于政治演员偏好作为合法化仪式的工具化行动、而倾向于忽视其作为加强理性和技术效果的实质性(和代价及要求更高的)措施来说,这或许就是最为重要而持存的理由。

尽管在一场戏剧表演中,对工具主义演员之表象的生产无需接受实质功效的严厉检验,但是他们仍然被公众的这一期望所限制:只要他们宣称或表现出按照科学-技术立场而行动,他们的能力或无能就被期望能够至少反映在他们行动的特定特征之中。如果演员能够预测特定情境下的表演在哪些方面会导致公众的信任或不信任,如果他们还能找到充分控制这些特征的措施,那么面对用工具化-功能化术语来表述他们的行动会将他们暴露于来自独立并有时还是专业的观察者有可能是破坏性的批评,他们就可以大大降低这一风险。但是,并不存在这样的知识基础以使演员进行他所渴望的控制。一旦演员在公共的知觉领域行
123 动或是出现,关于消费者对供选择的刺激物(产品或行动)的反响的充分确定性的社会-科学知识能有效地为演员排除公众反响的不确定性。但就像商业宣传一样,政治宣传也没有这样的知识根据[①]。因此,自相矛盾的是,对于行动要受科学技术考虑的引导这一要求来说,无论它是否得到保证,都使演员容易受到外部公众的批评。

---

① 例如参见 Michael Schudson, *Advertising: The Uneasy Persuasion* (New York: Basic Books, 1986), esp. pp. 44 - 89. 当然,知晓和预见消费者对于不同刺激物的反应的困难也破坏了边沁对于决策中心化结构的功利主义说明。

把政治行动形而上学地建构为感觉和可观察事实的世界中的事件，这大大推动了将政治具体化为现世活动。这一动力体现于马基雅维利、霍布斯、洛克、孔多塞、杰斐逊和边沁等早期的现代政治社会思想家。这些思想家的主要动机之一是反对政教融合，这在他们看来是政治冲突和不稳定的一个主要来源。正如我们能在埃米尔·迪尔凯姆(Emile Durkheim)和马克斯·韦伯等思想家的事业中所发现的那样，在19世纪晚期，对于宗教取向和理解在政治中的作用以及把社会神秘化、精神化为一个统一体的文化趋势的反动有力地推动了社会科学的兴起。

霍布斯抵制这些趋势在此之前的表现。他非常直接地指出，"看不见的权力"的权威削弱了公民对君主权力的服从[①]。在霍布斯那里，唯物主义的政治观被用来巩固君主统治的权力和保证秩序。对洛克来说，把政治限定为"外在物"类似于一种定义政治的策略的一部分——按照这种定义，宗教领域是日益被限定在私人领域内的，而政治则是宗教领域之外的活动[②]。对于大卫·休谟(David Hume)和亚当·斯密等苏格兰思想家来讲，政治科学是抑制迷信和热情之不良影响的手段[③]。正如新的化学家迫使炼金术士将其主张诉诸公共检验，现代的自由-民主政治理论家们吸收了唯物主义和工具主义的政治行动观，以使政治权威依赖于向公众的观察和判断开放的行动。

如前所述，把政治形而上学地建构为是由像物质一样可观察的公共事实所组成的，这也利用了把知识置于感觉之中的西方经验科学传

---

① David Johnston, *The Rhetoric of Leviathan* (Princeton, N. J.: Princeton University Press, 1986).

② J. Locke, *Letter Concerning Toleration* (Indianapolis: Bobbs-Merrill, 1955), pp. 17,18,19,56-59.中译本见：洛克：《论宗教宽容》，吴云贵译，商务印书馆，1982，第5页。

③ 例如参见 James Farr, "Political Science and the Enlightenment of Enthusiasm," *American Political Science Review* 82 (March 1988),51-69.

统。对有关“实在”的经验的、并因而先天就是或然的知识的承诺进一
124 步表明，没有什么政治事实概念是确定的并足以决定性地终止所有争论。因此，尽管经验-唯物主义认识论和通过把政治置于社会的感觉经验中而实现的政治民主化是一致的，但或然性的政治知识概念使得把任何特定的政治观念和政治概念绝对化都不再可能。约翰·斯图亚特·密尔认为，这种经验的政治观把政治学和开放对话中的物理学、伦理学分为一类，而不是像数学那样“所有的论据都在一方。……没有反驳，也没有对反驳的答复”[①]。

经验的、或然的知识观使得自由-民主理论认为，政治实在总是出现于大量分散的个体证明的集合，并且这些证据从未凝固为一个确定的所予。这种把实在当做是一种公共建构的定义就不会轻易被少数特权者自上地强加，也不能被他们用来规避公众的曝光和批评。这种开放的、经验的实在观和自主的行动理论更为匹配，也和这样一种责任观更为匹配——根据这种责任观，中立的事实世界里的随意行动要承担失败被看到的风险。就像早期自由意识形态中的“市场”概念一样，现代自由-民主意识形态中的“实在”概念既不能由享有特权的代理人蓄意生成，也不能只是盲目的必然性的结果。在自由-民主意识形态的语境中，实在已经像市场一样，从自由和因果性、唯意志论和必然性、主体性和情境的特殊平衡中获得了权威。市场作为秩序和规训的自由原则，其重点一直都在于，只要没有垄断而行动者们影响市场运行结果的权力大致均等，那么我们就可以至少相对地把市场当做是一个在道德和政治上“中立地”在行动者中分配机会和限制（或者说奖惩）的机制。从某些方面来看，公共事务语境中的实在就是市场的社

① John Stuart Mill, *On Liberty*, in *The Utilitarians* (Garden City: Anchor Books, 1973), p.51. 中译本见：密尔：《论自由》，许宝骙译，商务印书馆，1959，第 41 - 42 页。

会认识论原则在政治领域中的延伸。正如市场被认为是大量的自由行动自发集合的产物，实在也被认为是通过独立的个体证据的集合而得以确立的。因此，实在可以是对政治话语和行动动态的、开放的、超乎党派的核查。 125

针对政治的实验-经验取向和自由-民主价值观的融合也是基于这样一个假设：科学家所讲的“实在”和外行在其日常经验中所熟悉的“实在”是一样的。这一假设支持了忽视两种“公共知识”之间的先天割裂：一种是科学地确立下来的知识，它是可重复的、系统的、依赖于理论论证的、非私人的；而另一种则是常识，即公众共有的观点。西方传统相信，科学的世界和日常经验的世界在基础上是连贯的。历史地来看，科学家充当知识分子、智者、道德家、技术人员、教师和顾问的权威正产生于此。

在现代西方政体中，电视作为一种政治沟通的视觉媒介具有特别的作用。这种作用必须在更为宽泛的文化语境中才能理解。这一语境倾向于把现世的可观察事实领域中的政治具体化，并将证明性视觉取向的文化代码扩散于社会。基本上就是由于证明性视觉代码在政治领域中拥有统治性的权威，在公民将他们的统治者合法化或非法化的功能中，看见和见证才居于核心地位；而在决定政治领导人命运的时候，能被公共接受的对他们的诚信和能力的视觉指示才变得如此重要。从根本上来说，极权主义政治之所以区别于民主政治，就在于证明性视觉文化的规范和惯例的不在场或是羸弱。在西方的自由-民主国家中，正因为证明性视觉规范赋予了看见这一行动或是经验可以确证关于实在的主张的权力，在电视荧屏中看到的东西才能影响到对于竞争性代理人的信任分配。即使当看见的和在政治中所说所做的只具有疏远的、间接的甚至微不足道的联系时，这种现象也仍然存在甚至时常发生。尽管在很多现代社会中，电视在社会中的分布亦即视觉技术的蔓延已经使视觉的政治沟通和大众政治沟通融为一体，但无论在自由-民主国家还是在非自由-民主国家中，某种文化的特定规范会限定对政治事件和政治代理人的见证行为的地位、意义和标准，并很大程度上决定了这些行为的政治影响。

126 因此，对于像证明性视觉文化这样的主导视觉代码的规范来说，其特点和地位的变化必然会有重要的政治结果。至少在美国，民主政治的观众相信证明性视觉文化所假设的“见多识广的”视觉。而20世纪的最后几十年，这一信念受到攻击。这是因为，主观主义和相对主义的知觉观的影响与日俱增，支持在更大范围内重新引入赞颂性视觉取向的原教旨主义的宗教理解再次流行起来，并且出现了重建不可见的、空想的比可见的、“在事实层面可证明的”更为基础的地位的趋势。正如我们将要看到的，可见之物的地位受到了宗教的、精神的和意识形态的抨击，而认识论上的相对主义在20世纪末的知识界中尤为蔓延，它削弱了现代西方知识分子面对这种抨击时捍卫证明性视觉规范的信心。在日益发展的反思性视觉文化的语境中，科学的世界观和宗教的世界观被平等地当做虽有差异但同是被建构出来的；而证明性视觉的对象也并不比赞颂性视觉更独立于对经验的构造和解释，这样就很难再坚决地要求演讲者和演员表现出“对事实的尊重”或是经受经验确证和工具性功效的考验。

这一发展的重要一方面就是这种认知的蔓延：照片并不是中立机器的产物；它们并不单纯地反映所予的对象，而更像是文化上的人工物；它们反映了大量被植入相机的选择性策略和在特定时间、地点使用它的决定。我们已经意识到，照片并不是单纯描画对象，也反映出生成它们的相机——或者更为准确地说，是生成它们的文化。

视觉取向从证明性的变为反思性的，就像从赞颂性的到证明性的一样，包含了一个重要并可能是革命性的转换，即观察者和被观察者

的关系及以此为基础的政治说服、政治权威和政治责任的概念的转
换。我已经暗示过，关于证明性视觉取向一旦揭露了君主权威看似正
经之后的东西时的力量，在汉斯·克里斯蒂安·安徒生的童话《皇帝
的新装》和托马斯·潘恩、约瑟夫·普里斯特利等民主提倡者那里有
相似之处。如果我们不是要说明从赞颂性的到证明性的，而是证明性
的到反思性的视觉代码来重写安徒生故事的结尾，那么男孩真正所发 127
现的便不是国王是赤裸的，而是正是他自己的视觉为国王穿上或脱下
了衣物。人们将对象去神秘化并不是通过曝光其真正的特征，而是意
识到旁观者的视觉在建构或解构对象的过程中的作用。这样的认知
也表明，个体意识到了私人的、主观的视觉经验难以转换成能够被公
共地获得的证据。这种困难只是把对经验的个体诠释确立为对客观
所予事实的中立描述难题在某些方面的一个具体事例。

我稍后会回到从证明性视觉取向到反思性的转换。这一转换直接提出了这个问题：对于基于以个体为基本价值的秩序观来说，自由-民主对其的承诺是否能够维持？在一个由怀疑的、反思性的观察者构成的社会中，什么样的自由-民主政治行动、政治权威和政治责任的概念能够继续存在？[①] 这样的社会还能发展和保留公共领域吗？随着先前曾被公认的公共行动的认知基础和规范基础的破碎，这些基础作为地方性文化人工物的历史性和有限性已被曝光。在这样的政治语境中，科学技术的地位如何？如果人们意识到，看到的世界戴着“面具”，亦即特定的“时代之眼”的“眼纹”、特定的知识，再抑或是在视觉（或相机）面对作为一个场景的世界，对它的看见、生成和诠释都遵循特定模式的文化“程序”，那么科学知识在这样一个政治世界中有着怎样的作用？

---

① 当然，这并不意味着忽视了致力于通过电视节目传教的这类轻信的、不怀疑的观察者们重要的在场。

第 5 章

128 机器的审美修辞及其作为政治隐喻的作用

自然神学的基督教教义构想出不可见的上帝，使人们通过可见的自然或可见的神圣工程师[1]作品认识上帝、赞美上帝；而现代自由-民主思想借助于视觉，使人们通过国家的行动认识不可见的政治权力，解释政治权力的运作。正如在杰斐逊、普利斯特利、潘恩和托克维尔等思想家的作品中所提及的，现代自由-民主思想已完全接受下述理念，即国家是可证的、可见的取向上的客体，且政治行动者可以通过自身的行动向公众证实自身的意图与技能。这一点也曾在埃德蒙·伯克的阐释中说明过。

我在上一章提出，在现代民主政治的视觉文化中，政治行动的工具化作为一种实现行动合法化的精美策略应运而生。工具化使民众普遍认同如下观念：行动应当充分地展现其特性、原因、结果与目标之间的可见的明显关联，并通过外部具体的检验确定行动是否充分展示

---

① William Paley, *Natural Theology*, *or*, *Evidences and Attributes of the Deity Collected from the Appearances of Nature*,(London: J. Foulder 1809).

了这一关联。由此，工具化完全巩固了公众在判定政府行动、控制政府代理人负责可信等方面所具有的地位。

在现代自由-民主传统中，人们应当领会的一点是：机器的出现是一个关键的政治隐喻，且与上述的发展密不可分。按照机械论来设想国家及其行动，同时将政治行动者比作称职或不称职的技工，不仅为政治行动“外部化”于可见的政治空间中提供了一个框架，而且也提供了一个框架，来将行使政治权力的想象描绘成一项既可公开观察、又可以合理预估的活动。

在下面两章中，我将采用多种方式，剖析行动的工具性概念以及 129
在此基础上必然要谈到的机械论意义上的国家形象。在美国，这些形象在机器审美化和机器道德化特定模式的支持下，借助可证、可见的取向定位，都已经在政治领域中得以巩固和强化。美国和英国在政治中对工具主义的态度明显有别：美国对工具主义采取文化认同的态度，比如对形式和功能间的契合表达了美学与道德上的认可；而英国对工具主义的态度却是矛盾摇摆和敌视对抗的。我将把这两种迥异的态度并列在一起比较。

1851 年，在伦敦水晶宫举行了万国工业博览会。这次博览会不仅对科学进步观念和工具化价值予以颂扬，而且同时大大推动了相应观念与价值的发展。可以说，万国工业博览会在将技术并蓄于文化的国家演变中，是一次最富有意义的展览[①]。纽约州派出本杰明 · P · 约翰逊参加博览会，并指定他在美国的展览欢迎会上作报告。约翰逊注意到，美国的展品给许多英国参观者带来的感觉是，既不够光彩夺目，也谈不上优雅体面，而且往往乏于装饰。在开始的三个星期里，展览会只对

① 参见 John A. Kouwenhoven, *The Arts in Modern American Civilization*, New York: Norton Library, 1967, p. 16.

“有钱阶级”开放。这些人对美国展品没什么反响，对法国、奥地利和英格兰等欧洲国家的展品，却充满着喜爱之情。欧洲国家展出的是“品味精致、丝绸质地、点缀钻石珠宝的昂贵物品”，而美国所展出的“大部分是工具和机械部门中具有实用特点”的物品。据约翰逊的记载，美国没有一样物品“能与展会中大部分专门为体现人类自尊而设计的、豪华绚丽的展品相媲美”，那些“有钱阶级……仓促走过”美国展台，“置若罔闻”①。然而，约翰逊并未因此心灰意冷，他写道：“事情就是这样，作为一个美国人，我对此却心感欢喜。在我看来，当具有上述欧洲展品特性的物品，在我们的国家里得到它们在旧世界中曾有过的卓越地位，并超过了实用之物和必备之品的时候，那就将是我们国家可堪悲哀之时。”②

这些初期的反响已经折射出，美国和欧洲在对待机械论和实用性的文化与政治取向方面，存在着重大的差异。把这两种不同的取向摆在一起，就能清楚看出两者态度上的差异。正是这种态度上的差异引发了美英自 19 世纪中期以来日益明显的不同：当直面作为一种政治隐喻的“机器”时，当直面行动的工具性模式在政治领域内得以有效利用时，美国人的反应是接受，而英国人则犹豫不决，甚至抵抗反对。当人们仔细研究典型的美国人和英国人对一系列重要文化问题的反应
130 时，英美之间的主要差别就显而易见了。能够将有用之物视作美丽之物吗？借助外在形式作为内在功能的表达方式会使机器或行动更易于为人接受吗？由于机器与精神价值或道德价值明显有别，那么，机器就代表着唯物主义价值观吗？抑或机器本身也伴生有精神性和道德性的意义呢？

---

① B.P. Johnson, *Great Exhibition of the Industry of All Nations*, 1851, a report (Albany: C. Van Benthuysen, public printer, 1852), pp. 14 - 15.

② B.P. Johnson, *Great Exhibition of the Industry of All Nations*, 1851, a report (Albany: C. Van Benthuysen, public printer, 1852).

美国社会中弥漫着共和-民主价值观，难以借助欧洲封建制度和传统政治秩序的历史遗产达致调和。在英国存在着等级阶层制度（hierarchical class system）和强大的贵族文化遗产。这两者为英国社会回应上述问题提供了完全不同的背景。在将科学与技术吸收并蓄于文化方面，在尝试发展工具主义、将工具主义确立为公共行动的范式方面，美国和英国的社会政治模式确实是两个有代表性的例证。

在1851年的世界博览会上，欧洲人显示出一种倾向性，即借用艺术和工艺，或将有用之物和必备之品遮遮掩掩，或对两者进行理想化的处理。当然，在这一点上，水晶宫本身是个重要的例外。然而，美国人则倾向于认为，华美绚烂、装饰繁多不过是贵族感受力（aristocratic sensibilities）影响下的产物，反而转移了人们的注意力。在这一点上，美国人更乐于让有用之物和必备之品的外在表达保持完全的忠实。比如，维多利亚女王时代的人们往往给机器穿上传统的服装，掩饰机器所具有的实际用途，通过这种方法让上层阶级更乐于接受机器。在美国，传统欧洲感受力的上述偏爱，越来越受到美国本土化偏好的挑战。美国本土化感受力表现出将简单纯粹、朴实无华、功能实用之物加以审美标准化的倾向①。英格兰通过驯化和装饰机器外表，使机器内在的实用性和必备性得以完善，给人以高尚和超脱之感；而越来越多的美国人把机器看做一件功能实用的装置，并赞成把机器所具有的全部原理和特性完全展示出来。虽然许多评论人士批评美国人的物品缺乏装饰、相貌平平，显示出这个新生国家的品味粗俗、文化缺失，

---

① B. P. Johnson, *Great Exhibition of the Industry of All Nations*, 1851, a report (Albany: C. Van Benthuysen, public printer, 1852), pp. 14 - 15，同时参见 Kouwenhoven, *Arts in Modern American Civilization*, p. 17；还可以参见 Cecelia Tichi, *Shifting Gears: Technology, Literature, and Culture in Modern America* (Chapel Hill: University of North Carolina Press, 1987).

但是，对美国品味表示赞赏的评论者也大有人在。他们认为美国产品的“实用简朴性”是与民主价值紧密相关的，还以大批低价供应的用品为例，赞赏美国用品不仅可满足“全体民众的”需求，而且适合“全体民众的”财力[①]。

对维多利亚时代的人而言，各种精巧而昂贵的装饰表明，技术能够借助艺术得以调和与驯化；而对同一时代的美国人而言，这些装饰所传递的却是奢华，不过是在迎合少数特权者的品味和财力[②]。对此，拉尔夫·沃尔多·爱默生(Ralph Waldo Emerson)有独到的见解，他指出：“外部的装饰是畸形，任何真正与事物目标相适应的增长，才能
131 同时提升事物的美感。”[③]1893年，在美国芝加哥举办了世界博览会。然而，正是此次博览会建筑物的外观表明，美国仍然存在着对驯化型欧洲品味的审美坚持。经过装饰，博览会的钢架建筑给人“大理石质地、如同传统纪念碑的错觉”[④]。建筑设计师的感觉力明确地反映出，诸如路易斯·苏利文(Louis Sullivan)等人坚持的“形式服从功用”等原生的民主价值，尚未在美国得到完全的支持，尚不足以挑战驯化型传统的审美。“美丽之物与实用之物”的关系与其说是相互冲突，倒不如说是保持着和谐[⑤]。与此同时，曾经在水晶宫展览会上展示出的平实朴素、未经驯化的风格，却已经在美国的工业设计领域日益突显出来。这两种风格在美国一直保持着竞争并存的状态，直到20世纪30年代，接受“完全功用化的形式”(clean functional form)和“朴素纯粹

---

① Kouwenhoven, *Arts in Modern American Civilization*, p. 17.

② Kouwenhoven, *Arts in Modern American Civilization*, p. 90.

③ Ralph Waldo Emerson, *The Conduct of Life* (1860)，出处同上，p. 94.

④ Alan Trachtenberg, *The Incorporation of America: Culture and Society in the Gilded Age* (New York: Hill and Wang, 1982), p. 215.

⑤ Alan Trachtenberg, *The Incorporation of America: Culture and Society in the Gilded Age* (New York: Hill and Wang, 1982), p. 226. 同时参见 John Szarkowski, *The Idea of Louis Sullivan* (Minneapolis: University of Minnesota Press, 1965).

的设计”型(unadorned engineering)的美学价值观才逐渐显示出更大的声势:当面对“美国的风格与美国品味一样,都是未经驯化和物质主义的”指责时,在美国式质朴的正面价值观下滋养的自信感,才调和了美国在这一问题上一贯的防御被动之势①。

约翰·库温豪森(John Kouwenhoven)指出,诸如托马斯·E·汤末志(Thomas E. Tallmudge)等人,曾经在 20 世纪 20 年代围绕美丽之物必为有用之物展开过争论,越来越多地表现出否定美国本土感受力、接受欧洲驯化特性的倾向②。

当然,在一定程度上,追求装饰润色及不朽的审美观与“完全功用化的形式”审美观之间的差异,与我曾经提出的赞美型文化与可证可见型文化之间的差别是一致的。“驯化型传统”(cultivated tradition)认同理想化、精炼和高尚的美学价值观,通过美化和装饰实在的物品实现与荣耀赞美冲动之间的调和。然而,功用型美学价值观的发展趋势,以及对爱默生关于任何“外部的装饰(如同)畸形”观点的赞同,是与认同可证可见的取向保持一致的,即认同在视觉上明显、在事实上有效的价值观念。在美国工业设计领域,在实验型科学和工程学的子文化中成长起来的可证可见原则发挥着特殊的影响力,所以,人们大可不必诧异于“形式服从功用”的原则在工业设计中能够有特别显眼的表现。

尽管面对着“驯化型品味”的重重挑战,工具性、功用性的审美标准还是逐步形成了自觉的发展意识,并且被视为美国社会政治与众不 132
同的特性。在现代英国,亨利·科尔(Henry Cole)和他圈子里的人都是维多利亚时代有代表性的人物,在对美学与工业之间关系的看法上具有一定的影响力。他们并不拒绝效用,而是秉承装饰性设计的原

① Kuwoenhoven, *Arts in Modern American Civilization*, pp. 76, 197 - 214.

② Kuwoenhoven, *Arts in Modern American Civilization*, pp. 203 - 204.

则，直言不讳地批评、反对过度装饰。尽管如此，科尔等人明确赞同适度装饰是“驯化”机器的一种途径。而且，他们坚信：建筑物应当装饰点缀，应当对公众进行教育，以使公众具备艺术鉴赏力①。

然而，人们不难发现，在美国，功用与审美之间、科学与艺术之间，更多了一份自然而然，更少一些拘谨的聚合。在英格兰，对于实践中的有用之物和美丽之物，各自的标准和范围都有更明确的界限②。在美国，当对物品采取主观性-审美性取向和非人格化-工具性(impersonal-instrumental)取向时，表现出的是一种连续不断的感觉；这反映出美国并不畏惧于吸收各种科学技术标准的独特态度。美国的独特态度得以确立的依据在于：美国不仅促进着客体对主体、公共领域对私人领域的侵占，而且也是这种侵占的代表。正是在行动的语境中，上述感觉使人们更乐于相信人事代理与技术性必然原理之间是可能融合相适的。

库温豪森恰当地称之为美国特质(American predisposition)。他认为，美国特质是简单纯粹、朴实无华、功能实用的现实主义。同时，在美国特质的支撑下，美国的工业设计得以表现出一种“民主性、技术性的本土化”风格③。若与经过驯化的欧洲传统加以比较，美国特质更偏爱于明显的功用性，而非技艺精湛的手艺人的独一无二、人格化且艺术型的表达方式。库温豪森指出，设计中的本土化风格不仅反映出美国对自然独有的亲近之情，而且，也反映了日常生活中普通平凡之物占有一定文化地位的、美国的独有之势。但是，在这样的背景下，形式服从功能的观念也并不意味着有用之物和必备之品就可以使美丽

① Nikolaus Pevsner, *Pioneers of Modern Design from William Morris to Walter Gropius* (Harmondsworth: Penguin, 1975).

② 举例参见 Keith Thomas, *Man and the Natural World: A History of the Modern Sensibility* (New York: Pantheon Books, 1983), pp. 254 - 300.

③ Kouwenhoven, *Arts in Modern American Civilization*, p. 13.

优雅之物黯然失色。在美国,可证可见型的文化不仅未曾削弱对自然的亲近之情,反而改变了自然在文化中的意义[1]。近代美国的自然概念,通过强调去神秘化、强调展示行动与神圣工程师设计间的合理秩 133
序,从而实现了与早些时候赞美型宗教取向中自然观侧重点之间的调和。由此,通过上述解读,功能性组织的秩序和形式对功用的适配得以在美国享有更高层次、更为重要的裁决影响力。例如,路易斯・苏利文就是库温豪森所界定的"民主性技术的本土化风格"的代表,他认为:"建筑物的原理……就是借助于创造者的作品平实地体现出来。"[2]

当然,有用之物与自然之物在审美、精神和道德上的上述调和,是与机械论相矛盾的。机械论认为机器是人造物的典型化身,在审美性、精神性和道德性方面都与纯粹的自然之间表现为彼此对立[3]。但是,在美国广泛地存在着调和工业化与自然的尝试。而且,这些尝试的力量十分强大,力图为机器和技术注入道德性、精神性的含义,使之成为进步的标志,成为彰显人类非凡之处的符号。比如,布鲁克林大桥的工程师约翰・奥古斯都・罗布林(John Augustus-Roebling)认为,美国人在工程技艺方面的成就展现了美国人理解自然的能力,这些成就是"我们的头脑和宇宙中伟大的头脑相一致的铁证"[4]。

---

① "将人与自然一分为二的伟大二元论,在欧洲人的观念中留下了深深的伤疤。但是,在 1820 年或 1830 年之前的美国,这一二元论还未成为一个重要的因素,因此,美国人的想象力中也没有什么伤疤需要愈合。"James Enged, The Creative Imagination: Enlightenment to Romanticism (Cambridge, Mass.: Harvard University Press, 1981), p. 190.

② Kouwenhoven, *Arts in Modern American Civilization*, p. 83.

③ 举例参见 M. Fisher, "The Iconology of Industrialism, 1830 - 1860," *American Quarterly* 13 (Fall 1961), 347 - 364.

④ Alan Trachtenberg, *Brooklyn Bridge: Fact and Symbol* (Chicago: University of Chicago Press, 1979), p. 60.

科学技术兼具沉思与创造的优点，逐渐成为个人美德的重要象征。这一美德不仅要求个人做一名宇宙秩序的旁观者、崇拜者，而且同时可以成为勇敢的事物制作者、创造者①。蒸汽机是 19 世纪技术发展进程中最著名的篇章，似乎既是智力的图符，也是自然的崇拜对象②。在自由、神圣和自然秩序的价值观看来，技术作为人类智力依据自然奥秘进行调整而得的产物，可以被整合而成为美国的一部分。注意，艾米丽·狄更生(Emily Dickinson)在 1862 年所作的诗歌中，赋予火车头以诗歌形象，就是一个例子：

我喜欢看它一跃千里的样子，
看它轻抚山谷，
在池边顿足小憩；
然后，绕过层层叠叠的山峦，
汹涌前行。
我喜欢看它在路边的木屋中，
傲然俯视众生，
穿过形状各异的险峰，
一石激起千层碎浪；
又在络绎不绝的低诉中，
悄然匍匐；
在大自然的骇人嗥叫声中，
像野兽一样嘶鸣，
冲下山坡，

① Perry Miller, *The Life of Mind in America* (New York: Harcourt, Braceand World, 1965), pp. 277, 278, 290.

② Perry Miller, *The Life of Mind in America* (New York: Harcourt, Braceand World, 1965), p. 293.

追逐自我。 134
然后，如天上星辰般守时，
在它自己永恒之门前，
温柔而驯服地
静止[①]。

在英格兰，威廉姆·布莱克将“英格兰绿色怡人的土地”与“黑色魔鬼工厂”并置[②]。在英格兰，19 世纪 30 至 40 年代，曼彻斯特等城市已经变得令人厌恶，成为与机械化相关的、生活堕落和肮脏污秽的标志。在英格兰，人们在更多的情况下将技术看作自然异化的一个产物、一个动因、一个标志，更乐意将机器描述成如同田园诗景观般理想化的组织秩序的一种威胁、一个入侵者。当然，这样的组织秩序是体现在等级制社会结构中的[③]。

英国面对机器所产生的矛盾犹豫，特别是将机器视为毫无道德原则力量的象征符号，在查尔斯·狄更斯(Charles Dickens)的著作中得以淋漓尽致地表达。例如，在 1892 年《董贝父子》(*Dombey and Son*)一书中，狄更斯就将火车与破坏性力量相联系[④]。关于工业机器的文化，美国的答案截然不同。马萨诸塞州的洛维尔就是明证，恰好可以作为曼彻斯特的反例。人们认为，美国的洛维尔镇不仅证实了技术和

---

① Thomas H. Johnson, ed., *Final Harvest*: *Emily Dickinson's Poems* (Boston: Little, Brown, 1962), p. 149. Reprinted by permission of the publishers and the Trustees of Amherst College from *The Poems of Emily Dickinson*, Thomas H. Johnson, ed., Cambridge, Mass.: Belknap Press of Harvard University Press, Copyright 1951, © 1955, 1979, 1983 by the President and Fellows of Harvard College.

② 参见 Preface to "Milton," *Blake*: *Complete Writings*, ed. G. Keynes (London: Oxford University Press, 1972), p. 481.

③ Raymond Williams, *The Country and the City* (New York: Oxford University Press, 1973).

④ 参见 Herbert L. Sussman, *Victorians and the Machine*: *The Literary Response to Technology* (Cambridge, Mass.: Harvard University Press, 1968), pp. 56 - 57; Tichi, Shifting Gears, pp. 117 - 132.

工业化实现人性化的可能性，而且证实了技术和工业化实现与社会审美标准同化的可能性[①]。此外，在美国有代表性地一点是，科学和技术还传递出机器与田园相融合的可能性[②]，传递出工厂与共和主义价值观、与自然之爱相啮合的可能性。然而，在英格兰，机器所引发的却是更尖锐、更具争议性的文化性-政治性选择问题：在成为田园和成为工厂这两种矛盾的身份间，英格兰该何去何从？在何种文化占统治地位的政策上，是该归由乡村士绅，还是交给科学家、工程师和实业家[③]？如果说美国为了抛弃往昔的权威，修改自然概念为我所用，而且，将再现与自然和谐共处黄金时代的古老田园梦，与历史的观念、进步的观念混合于一体[④]；那么，在很大程度上，英国的自然概念是被传统所唤醒，以阻碍与过去的决裂，以容纳变化和创新。

在 19 世纪的最后几十年里，美国在社会和自然间的均势中将机器和田园相结合的趋势，在诸多方面都有所体现，特别体现在文学和绘画中所遵循的“中间景观”(middle landscape)价值观。“中间景观”
135 是两种激进观念的妥协。第一种观念推崇完全未经人力加工损坏的原始性自然；另一种同样激进，只推崇完全被人类改造的自然[⑤]。托马斯·卡莱尔(Thomas Carlyle)、约翰·拉斯金都是英国有影响力的发言人。他们看到的是自然和技术文明化之间的冲突。然而，美国人却认为这两者更易于结合为一体。美国人认为，技术不仅在一定程度上

---

① John F. Kasson, *Civilizing the Machine: Technology and Republican Values in America*, 1776 - 1900 (Harmondsworth: Penguin, 1976), pp.55 - 106.

② Leo Marx, *The Machine in the Garden: Technology and the Pastoral Ideal in America* (New York: Oxford University Press, 1967).

③ Martin J. Wiener, *English Culture and the Decline of the Industrial Spirit*, 1850 - 1880 (Cambridge: Cambridge University Press, 1981).

④ Miller, *The Life of Mind in America*, p. 304; L. Marx, "American Literary Culture and the Fatalistic View of Technology," *Alternative Futures* 3 (Spring 1980),52.

⑤ Marx, *The Machine in the Garden*, p.115.

体现了自然的基本法则，而且同时是一种人类驯服野蛮，实现文明化和社会化的力量。在这样的文化背景中，自动机械原理的发现可以说是如何驯服原始自然、如何治理自然为人类服务的课程的配价(valence)。在爱默生和惠特曼生活的美国，人们认为机器与田园牧师般的生活是和谐一致的[①]。自然和人造机器通过彼此间的交互校验，实现了互换互给。一方面，自然可以限制人类想要成为制作者或创造者的野心，另一方面，机器也可以对时而疯狂、难以控制的自然力量施以驯化。

在这一点上，马萨诸塞州洛维尔的尝试是一个明例。社会学家批评洛维尔的纺织作坊，认为作坊是一种资本家剥削的组织形式。资本家的剥削是消极负面的，带有工作时间过长等特性，有辱名誉。而就在社会学家批评的同时，一个巡回立法委员会的委员们，在洛维尔工厂工人工作的房间里，看到窗沿上摆放着天竺葵和玫瑰之类的植物。委员们认为这个例子颇有教益，并由此证实：工业和自然是可以和谐共处的[②]。

对约翰·罗布林而言，吊桥是宏观世界秩序的微观反映。阿尔贝蒂、帕拉迪奥等早期文艺复兴时期的人文主义建筑师认为：他们的艺术和科学是神圣设计中的几何-数学原则在人类创造的仿制世界中的延展[③]，而罗布林则用人文主义的概念来界定技术。他在1864年写道，作品是精神在物质中的表达式，“创造中没有本质上的对立……(或者)在实施创造者设计的过程中没有绝对化的对

① Ralph Waldo Emerson, *Complete Works*, vol. 1 (Boston: Contemporary Edition, 1964), pp. 361 - 395; and Marx, *The Machine in the Garden*, pp. 226 - 228.

② Kasson, *Civilizing the Machine*, p. 99.

③ R. Wittkower, *Architectural Principles in the Age of Humanism* (New York: W. W. Norton, 1971).

立。"[1]作为一个将"罪恶"等同于"(本人)行动违反法律"的人[2],罗布林认为,技术不仅看起来代表着人本主义同自然之间彼此融会的状态,而且还代表着智力和物质可以在互相尊重、边界清晰的社会制度中进行的交易。

在维多利亚时代的英格兰,机器往往使人联想到:当人类作为物质世界的探索者时,有一种更具威胁力、可能更难以控制的冲动力在起作用。而且,维多利亚人不愿意接受机器,认为机器不适于作为崇
136 高事物的写照。例如,机器不适于反映宇宙结构的原理,也不适于反映人类智力和神圣设计间的融合。英国人在美国最有可能做出的发现,就是美国人能够在完全技术工艺性的机器中找到美。"在这个世界上,再也找不到像美国一样如此热爱机械装置的国家了。"奥斯卡·王尔德(Oscar Wilde)对英国观众如是说:"我一直想要相信,力量直线与美丽曲线可以合一。当我看到美国的机械装置时,这个愿望实现了。"[3]面对美国的技术,更典型的英国式回应就是贬低美国工业技术及其美学理论,称之为中产阶级物质主义的典范,批评它经不起优雅精致的驯化型品味的检验。面对美丽之物和有用之物间的距离在美国真正得以弥合,英国人的回应也是与欧洲式的矛盾犹豫心理完全相符的。在维多利亚时代的英格兰,中产阶级价值观是令人厌恶的,而机器却常常被消极地视为这一价值观的符标。狄更斯常为商业与工业生产的精神而担心和忧虑。对这样的人而言,汽艇并不能代表人类行动具有神圣性。恰恰相反,汽艇所暗含的意义是"焦躁不安的披头士",这一形象不仅负载着达尔文主义的物竞天择之意,也带有中产阶

---

① Trachtenberg, *Brooklyn Bridge*, p. 60.

② Trachtenberg, *Brooklyn Bridge*, p. 92.

③ Oscar Wilde, *Impressions of America*, ed. Stuart Mason (Sunderland, 1906), cited in Kouwenhoven, *Arts in Modern American Civilization*, p. 173.

级激进主义的内涵[①]。对于将"英国风格"等同于理想化乡村、等同于组织秩序理念的人而言，美国作为"茫茫荒野中的工厂"[②]，是一种与英国完全相反的选择，是一个动荡不安的范例。在亨利·科尔爵士等维多利亚人看来，设计的艺术不仅是一种限制机器走向粗俗化、物质主义和缺乏节制发展趋势的途径，而且是检验机器是否具有这种发展趋势的手段。科尔爵士等人认为，"贫困阶级(poorer classes)"缺乏自我约束力，不具备上层阶级的驯化型品味。他担心贫困阶级的品味在机械装置的影响下变得更加粗俗残忍。因而，维多利亚人试图支持发展驯化型工业设计，以"实现既美丽且富有装饰，同时又足够低廉的价格"[③]，使工人所受的提升和限制都保持在相应的程度内[④]。正如工人阶级和中产阶级中的下层一样，好像机器在自我归类时即自动归入低层次的物质性文化领域内，而精致的艺术往往是上层阶级投资支持的，因而在社会中总是与上层阶级的文化联系在一起，多少都带有一些上层阶级的品好[⑤]。当然，上述种种态度和做法，也同样得到了美国"维多利亚人"的支持拥护。这其中包括既迂腐又如同福音传道般的态度、提升下层阶级的使命观、反复灌输型的训诫，以及对平凡人占主导地位的阻挠。他们认为自己在保护着高级文化和精英标准，防范着

---

① Sussman, *Victorians and the Machine* (Cambridge, Mass.: Harvard University Press, 1968), pp. 41 - 75. See also Wiener, *English Culture and the Decline of the Industrial Spirit*, pp. 88 - 89.

② 关于美国工业化的形象，参见 M. Fisher, *Workshops in the Wilderness*, 1830 - 1860 (New York: Oxford University Press, 1967); and Raymond Williams, *The Country and the City*.

③ *Fifty Years of Public Work of Sir Henry Cole, K. C. B., Accounted for in His Deeds, Speeches and Writings*, vol. Ⅱ (London: George Bell and Sons, 1884), pp. 178 - 179.

④ *Fifty Years of Public Work of Sir Henry Cole, K. C. B., Accounted for in His Deeds, Speeches and Writings*, vol. Ⅱ (London: George Bell and Sons, 1884), p. 368.

⑤ Neil Harris, *The Artist in American Society* (Chicago: University of Chicago Press, 1982), pp. 183, 311 - 315.

群众品味和平民论者的民主主义可能带来的侵蚀。

从这一方面来看，在设计上遵循教养派传统和遵循本地化传统间
137 的冲突，只是“高级”与“低级”文化之间冲突的一次周期性爆发，也不过是在美国实现“文化民主化”的各种路径间矛盾的周期性爆发之一。因此，维多利亚品味和本地化品位之间的紧张关系，也是美国对权威进行界定与再界定的连续进程中的一个文化维度①。对此，我本应介绍得更细致入微。在 19 世纪下半叶到 20 世纪上半叶的百年里，“精英”文化和“大众”文化之间的类似紧张状况也在美国的文学、艺术和教育领域中，明显地表现出来②。即便如此，美国的下层阶级文化和上层阶级文化间的上述差别，并不似英国及其他欧洲民主制国家中那般根深蒂固，而且两者间的矛盾相斥更多地表现为社会性和政治性的。所以，在美国，科学是有用之物的代表，艺术是美丽之物的代表，两者更自然而然地表现为同一个普遍性实践的两个互补方面。由于美国人认为科学和技术是触及宇宙不变之法的方式，因此，科学技术在美国更容易与视艺术为自然仿制品的艺术观之间达成一致。自然仿制品的艺术观是受“尊重自然，视自然为上帝创造之证据”③的观点启发形成的。这就是詹姆斯·杰克森·贾夫斯(James Jackson Jarves)的观点，他在 1864 年的《艺术-观念》一书中指出，现代景观是上帝“感觉

① Daniel Walker Howe, ed., “Victorian Culture in America,” *American Quarterly Special Issue*, 27 (December 1975); J. S. Larson, *The Rise of Professionalism* (Berkeley: University of California Press, 1977), pp. 80 - 135; Thomas L. Haskell, *The Emergence of Professional Social Science—The American Social Science Association and the Nineteenth Crisis of Authority* (Urbana: University of Illinois Press, 1977).

② 参见 V.L. Parrington, *Main Currents in American Thought*, vol. Ⅲ (New York: Harvest, 1930); Rush Welter, *Popular Education and Democratic Thought in America* (New York: Columbia University Press, 1962); and “Mass Culture and Mass Media,” *Daedalus* 89 (Spring 1960).

③ Barbara Novak, *American Painting of the Nineteenth Century: Realism, Idealism and the American Experience* (New York: Praeger, 1969), p. 9; and Harris, *The Artist in American Society*, p. 173.

中的影像，是借助科学进行调查或者借助艺术的表现所完成的天启，由此，人类的心灵得以提升，更为接近上帝。”①

然而，将科学和艺术协调统一于对外部世界的一般性探索中，而非将两者区分为下层阶级文化和上层阶级文化，这一观点与赞赏手工技术、视之为个人独特的艺术“签名”的主张是难以相容的。后一种主张是“手工技术的驯化派传统”中的主要内容，其所持的艺术概念对于民主制的感受力而言，则显得过于个人化和精英化了。与其说机器是个人的独特作品，倒不如说机器的感觉只会使恰当依据自然、依据全人类进行调整的人得以启示。宇宙设计的秘密使机器与民主价值观更具有文化意义上的相容性。

在美国政治和文化背景下，民主价值对重要真理采取开放包容、而非排斥独占的态度，推动了艺术、科学乃至宗教观念的发展。在1851年伦敦举办的万国工业博览会上，美国的展品完全符合上述价值观，展示出了“民众自身的进取、活力、技艺和匠心”②。技术在机器设计的本地化传统中得以显示出来的能力，同时符合审美标准和实用的要求，使技术在美国成为一种自由王国和必然王国的复合物，同时，技 138
术也成为一种协调着参与和剥离的活动，即一方是人类创造性地参与物理世界，而另一方是剥离人类对自然的默许，使自然不再限制人类的意志。机械装置一方面展现出适应宇宙结构所施加的外部约束的进程，另一方面，则展现出将这一适应进程解释为美学和谐的能力。这种能力在具有自由意志的人类事业的王国中，找到了功能和形式间清晰的聚合的表达方式。

---

① J. J. Jarves, *The Art-Idea* (1864), ed. B. Rowland, Jr. (Cambridge, Mass.: Belknap Press of Harvard University Press, 1960), p. 86, cited in Novak, *American Painting of the Nineteenth Century*, p. 23.

② Johnson, *Great Exhibition*, p. 13.

然而，精致的艺术作为一种与想象力和感觉相关的文化性事业，并不受重要事实或实践需要的约束，看起来总是与上层阶级的价值观相迎合的。功能之物和有用之物的审美标准，不仅更像是与中产阶级价值观迎合的，而且使物质世界中的知识在训练想象力和感觉的过程中得以合理化。由此，在美国，技术的审美标准化倾向，与承载自由与约束二元论的自由-民主主义保持了一致。这表明，物质性文化是可以与经过功用原理训练过的感觉之间兼容并存的，所以，功用不仅能够具有一种审美性的维度，而且由此具有一种精神性的维度。功用之物和工具性物品的审美就转化为一种语言，一种对与自由和约束相关的共和主义用语加以艺术化的语言，即自由意志和对合理合法事物的尊崇。托马斯·尤班克(Thomas Ewbank)是一位在1819年移居美国的英国人，他赞扬发明者是“真实世界的艺术家”，称赞蒸汽机是“比伊利亚特更宏大的史诗”①。托马斯的语言清楚地表达了技术与共和主义者感受力在美国通过审美融合所形成的价值观。

如果认为工业时代的物品能够反映出全部民众的精妙匠心，而非仅仅反映少数几位拥有特权的工匠大师的精巧，那么，在一般经验领域中，美国人可谓是同时在工具制造和功用之物的审美标准方面名列前茅。“匠心独具”作为形式对功用的适配，看起来像是一种对自然规律的普遍性反应，非但不会贬低人性，反而必使人性得以提升。人们应为其精妙匠心得到赞美，因为人不仅作为只能适应自然规律的生物而存在，而且可以成为具有自主自治能力的创造者。所以，美丽之物和有用之物间的反应式就得出了两个结果：一是艺术的民主化，二是

① Thomas Ewbank, “Artists of the Ideal and the Real, or, Poets and Inventors—Revival of an Old Mode of Carving,” *Scientific American* 4 (December 23, 1848); Kasson, *Civilizing the Machine*, p. 149.

技术和工业产品的审美标准化（并且由此也实现了高贵化）[1]。英国的主要发言人将艺术视为提升和检验文化机械化所带来的负面效应的 139
方法，关注文化机械化对下层阶级性情、礼仪和感官主义方面的影响。而就是在这一点上，他们的美国同仁却正是在工业化和技术进步进程中，越来越快速地发现了机器自身所固有的艺术品质。对美国人而言，科学和技术经常担当起人类和自然之间对话的媒介；而对诸如卡莱尔、拉斯金和威廉姆·莫尔斯（William Morris）这些维多利亚时代的英国人而言，科学和技术更多意味着一股道德败坏的势力、一种损害内在尊贵灵性的威胁、一股毁灭文化平衡的潜能。

在前拉斐尔派的审美观中，维多利亚人对于“人造之物”的矛盾心理得到了非常有益的表达。在卡莱尔和拉斯金两人观念的双重影响下，包括但丁·加布里埃尔·罗塞蒂（Dante Gabriel Rossetti）、霍尔曼·亨特（Holman Hunt）和约翰·米莱（John Millais）在内的英国艺术家的团体，都以反对工具主义自然观的思想为己任，主张具有神赋天启的可见记录型的自然观[2]。17 至 18 世纪的观念认为，圣经之类的“自然之书”是上帝所著，弥漫着超验的意义，前拉斐尔派对此也有同样的认识。而且，在关于自然的问题上，前拉斐尔派将现实主义与圣礼取向（sacramental orientations）相结合。他们认为艺术家和科学家一样，都有宗教与道德使命，即不仅自身承担起代表着传达神圣旨意的使命，而且还要制造出更多能够彰显和传达神圣旨意的可见的资料。这种拨开可见性自然、以免受人性扭曲的尝试，目的在于使神的语言显迹，因此，“模仿与天启”[3]的融合必然将机器看作一个闯入者、

---

[1] 参见 Alexis de Tocqueville，*Democracy in America*，vol. Ⅱ，ed. Phillips Bradley (New York：Vintage Books，1945)，pp. 42 – 47.

[2] Herbert L. Sussman，*Fact into Figure*：*Technology in Carlyle*，*Ruskin and the Pre Raphaelite Brotherhood* (Columbus：Ohio State University，1977).

[3] Herbert L. Sussman，*Fact into Figure*：*Technology in Carlyle*，*Ruskin and the Pre Raphaelite Brotherhood* (Columbus：Ohio State University，1977)，p. 8.

一种威胁，影响可见性自然完成其充当宗教和道德资料的使命。在这种世界观的影响下，参与和剥离之间的平衡最终只能通过人类和神的代理人之间的宗教性交汇方可达成，而非通过人类与自然之间的交汇实现。

前拉斐尔派单纯从形式上所代表的这种感受力，反映了将可见性自然运用于宗教修辞和道德性劝诫修辞中的取向。在英国，正是这种感受力的抑制作用，使机械化与宗教、与道德性价值间难以实现和谐统一。在19世纪的美国，英国式的抑制与美国竞争的趋势相比就显得很脆弱，特别是清教徒，不仅在上帝的作品和话语中探索深奥的宗教和道德含义，而且在男人和女人的作品中展开探索。美国倾向不仅在民主制对人类创造力和灵性的赞美中得以增强，而且，与那种将机器及其文化整合到更深层次的美国文明中的观点，恰好保持了相一致。正如爱默生在他的日志中所写到的："机械装置和超验主义吻合得很好。"①

140 尽管经常受到竞争性取向和价值观的挑战，形式上的功能在审美标准方面的本地化也同时暗示着如下情形：无论是教条式地要求物品的外观能传达"有用的知识"，还是邀请公众参观机器运转、理解产品的功用如何形成，在美国都已经合法化了。驯化型传统交给艺术的任务有两项：一是与有用之物保持距离；二是不要将注意力放在必备之物身上。然而，本地化传统则为艺术与有用之物的坦诚相见，提供了强大的民主理念，从而在道德观上支持了艺术直面有用之物。正是这种使艺术真诚直面功用的道德观，不仅将明确的效用与合法行动的修辞学整合为一体，而且也将明确的效用与合法行动的戏剧性演出整合为一体。正是在这一点上，人们能够发现以下这两个方面的关联性富

---

① Kasson, *Civilizing the Machine*, p. 117.

有极为丰富的内涵：一方面是两种文化对机器的独特认知，另一方面是两种文化在使用机器作为政治隐喻时的差异。在英格兰，尽管贵族统治本身已经真正地衰落了，但是，贵族政治中遗留下来的贵族传统却仍非常根深蒂固地存在着，并且支撑着如下一些理念，诸如：政治是可堪信赖行动者的管辖领域，政治行动者应该是具有独特才能的个人，他们的行动无须为博得公众的赞成而保持完全的透明或者清楚易懂。英国人很少会期盼英国的政治领导人和公务人员解释其做出决策或采取行动的依据是什么，而美国的政治领导人和公务人员却常常面对着民众的此类预期。英国的政治文化仍然深深地沉浸在君主价值观遗留的影响中，故而允许其政治领导人在更多的情况下采取保密方式。这一方式实则是一种特权①。与美国相比，在英格兰，人们更乐于接受阶级、个性、人格和其他类似涉及“归属性”的特征作为指示物，用以考查个人的可靠性，反映个人是否真正具有行动中所需的能力②。

上述态度在英国持续地发挥着影响力，不仅影响了英国行政事务组织的定位，而且影响了英国公共行动的模式。1968年，英国行政事务组织的富尔顿委员会(Fulton Commission on the Organization of the British Civil Service)曾提出建议，赋予科学家和管理人在行政事务中发挥更大的作用。然而，与之前提升科学及科学专家在英国行政事务中作用的尝试一样，富尔顿报告并未使形势发生显著的变化。12年之后，《自然》杂志仍然抱怨，行政事务机构中的新成员是在“牛津剑桥大学”接受培训的，几乎没有人会关注他们能否胜任新工作。《自然》杂志注意到，行政事务仍然偏重于使用“缺乏特定专业技能的……

---

① Edward Shils, *The Torment of Secrecy* (Glencoe, Ⅲ.: Free Press, 1956).

② On engineering as a visual display of intelligence and competence in America, see Daniel Calhoun, *The Intelligence of a People* (Princeton: Princeton University Press, 1973).

有天赋的多面手”，而且，“几乎所有的”多面手“都对自己完全不懂公共服务领域的专业知识而感到自豪。”[①]

141 当然，上述情形尽管受到《自然》杂志和其他人的批评，但也得到英国另一派观点的赞誉，即提倡政府运行实现科学与技术现代化的观点，并在英国得到了广泛的认可。根据这一派的观点，提升专家在公共事务中的作用对于好政府而言是毫无助益的。迈克尔·奥克肖特(Michael Oakeshott)是一位英国保守派的政治哲学家。当奥克肖特抨击英国在处理公共事务方面引进管理-科学(managerial-scientific)方法的种种尝试时，他重复了伯克派(Burkian)的观点，认为这些尝试都反映出美国的消极影响。奥克肖特不仅批判美国处理公共事务的方法，称之为“美国的、技术型的问题解决法”，而且，他也对美国信守“技术的最高统治权”及由此激发的“唯理性主义者在社会重构中的冒险活动”，大加批评[②]。关于公共服务是一种需要某种技艺和能力的活动，而且相关技艺和能力可通过技术训练获取的观念，在奥克肖特看来不仅毫无根据，而且十分危险。这种观念过高地评价了知识，而且过分地低估了“经验”、“见识”、“性格”及道德、文化教育，所有这些往往都是在“优良的家庭”中逐渐学会的，而非来自技术学校。根据奥克肖特的观点，这种关于公共服务的观念，是在为“完全没有经验的人”进入公共事务领域而颁发特许证[③]。上述这些关于公共事务环境中的能力技艺与技术训练间关联性的批评，是与美国普遍认可的观点完全不同的。尽管美国人并非对能力技艺与技术训练间的关联性漠不关心，但是，他们认为“经验”和“品行性格”太难以捉摸，而且过分依赖于

---

① *Nature* 286 (August 7,1980),545.

② Michael Oakeshott, *Rationalism in Politics* (London: Methuen, 1981), pp.23,29, 31-36.

③ Michael Oakeshott, *Rationalism in Politics* (London: Methuen, 1981).

阶级，并不适合用以判断公共行动者是否可信。

在一个阶级分层制度难以产生社会信任或政治信任的国家里，公共行动者的权威往往更多地来自于行动者公开透明地进行行动，来自于行动的形式与自身功用相适的表现形式，而非来自于行动的形式与行动者的阶级或人格之间的适配度。在美国，政治行动者要博得信任并不取决于他们是谁，而主要取决于他们看起来想要做什么，取决于他们对方式和结果间可见的适配性方面的认识是否自愿遵守技术性-功用性规律，是否自愿尊重事实王国。英国贵族气派的感受力将政治行动者的自由和自治与行动依据及行动动机的不可见性联系在一起。人们一般认为，控制和规范公共行动不仅仅是保持关注、畅通信息和持续保护公众，然而，更重要的是政治领导人具有值得信赖的性格和克制力。美国人对政治权力怀有更深的疑虑，而且更久地耽于对权力私人化、专权武断、自私自利危险的忧虑中[①]，因此，美国人将问责的形式制度化并不断加以完善。这一制度鼓励公共领域中的行动者在行动中使用自由裁量权时“去政治化”，即主动将私人顾虑因素置于公共目标和“中立性”之后的次要位置上（或者表现得像是置于次要位置 142
上），充分服从科学性的标准。在这样一种文化中，不论是政治行动的工具化，还是使公共决策及其程序遵循功用性价值观的科学性-技术性逻辑，都可以与民主责任制的认识论基础和道德观基础达成一致。与英国相比，美国不仅更倾向于混淆自然之物和人造之物间的界限，而且更乐于接受技术，甚至把技术作为普通经验的组成要素。这些都证明，政治中的工具模式与民主模式之间保持着密切的联系。典型的

---

① 关于权力和党派利益领域中的政治所具有的消极美国式形象的研究，参见 For a study of negative American images of politics as the domain of power and partisan interests, see Sterling Young, *The Washingtonian Community*, 1800 - 1828 (New York: Columbia University Press, 1966).

贵族政治文化中将必然王国与自由王国、下层阶级生活和上层阶级生活一分为二。美国不仅较少受到这种对分法的限制，而且得到了技术审美标准化的推动，因此，与技术价值观在驯化型的阶层社会中所承受的污名相比，美国政治行动的技术化却无需承受类似的负担。所以，要尽可能使美国人免于必然领域扩张以致自由领域受损的危险，或是免于宿命的物质性力量“拘捕”自主行动幻想的危险，就只能采取技术性行动、将政治委身于公众领域。如果是在英国，政治领域是作为一个特殊的行动领域受到保护的，而且遵循着贵族政治的价值观，如狭隘的自治权、性格、意志和独特性。然而，美国政治领域中对上述价值观含义的质疑，推动技术化和工具化成为一种检验方法，不仅能用来甄别政治行动中的过度个性化（overpersonalization），而且可以用来查验如下一些因素所可能产生的后果：即过于重视独立性、自治权、意志和独特性及以之为政治行动者的美德。同时，美国政治领域中的质疑还促进了使用科学和技术的趋势，用以从功用性的角度实现权力运行的去人格化（depersonalize），确保政治行动者的责任。此外，在关于机器是物质需求和必然王国的延伸、是对自由王国的威胁的观点上，美国人通常并不认同。这是与欧洲特质不同的。在美国，道德观和精神性追求已经帮助科学技术与政治行动中的唯意志概念整合为一体。美国人不仅视机器为人类的服务员，而且视之为驾驭自然奥秘、驯服狂野自然力的方法，也视之为“人们勤巧匠心”的一种表达方式。因此，作为一个富有创造性的人类行动的领域，政治领域中的技术化就在表象上与政治的人本主义特征保持了一致。

在美国，诸如托马斯·尤班克和拉尔夫·沃尔多·爱默生等人，
143 提出并发展了关于机器的诗学视角，确认了机器作为一种政治行动的隐喻，把人类的创造性与尊重不可抗自然规律融合在一起。至少到20世纪后半叶，人们认同机器自身就是一种文明化的力量，且这样的观

念已经深深地扎根于美国的社会领域和自然世界;同时,人们不再认为技术是一种侵犯和消除人性的力量,也不认为技术力量会腐蚀人类的自由,即对技术的恐惧表现出更进一步的弱化。美国人的上述姿态是和美国的特性一致的。美国特性主张同时看人的内心和外表、同时看私密的个人和公民,而且应把它们归入现实的同一个层面上看待,而非分别归入两个不相干的层面中①。这样的姿态不支持如下关于技术的观点:即在技术所应归入的领域中,与其说行动源自于需求和必然,还不如说行动源自于自由代理人的价值观和道德选择。相反,这样的姿态所赞同的是,即使必须要否定自治权、个性或可靠性,人的内在本质仍然可能找到公开的表达方式。欧洲人往往认为,只有肤浅且没有自治权的政治行动者才应保持一定的透明度;然而,透明度在美国的政治文化中却往往与美德密切相关,不仅能够确保独立的行动者们协调行动、彼此牵制、各负其责,而且使美国政治免受专制等级制度的折辱。此外,透明度还是美国政府行政官员执行行动的一个特性。这也与美国人倾向于对公职人员施以特别严格绩效标准的趋势保持着一致②。

在美国,本地化的设计审美标准,代表了对功用与结构具体化的可见外观的信任,与此相类似,民主政治支撑了工具性行动的方式。依据这一方式,动机、抉择和结果间不仅得以遵循明确的因果关系,而且能在普通经验范围内可见、可感知。因此,只有完全遵循条理来行使个人自由裁量权的行动者,只有乐于求助于公共知识而非个人经验以实现自身行动合法化的行动者,只有依靠自己在行动中得以证实的能力来博得信任、而非依靠更难以捉摸的性格或道德人格等美德来博

① 参见第8章。

② Judith Shklar, *Ordinary Vices* (Cambridge, Mass.: Belknap Press of Harvard University Press, 1984), p.242.

得信任的行动者，看起来才更为“诚实”、更为“真挚”，才称得上是更可
144 堪信任的行动者。正如机器设计的本地化审美标准使形式在表象上受到功用的限制一样，在工具性政治行动中表现出行动受到环境的客观压力的限制。在每一种情况中，理性和知识看起来都对恣意使用自由施加了边界，从而塑造自由，成就自由。正如我之前所提出的，借助于行动者采取行动的“客观”工具、借助于行动能够被公开感知的那些方面来对行动者做出判断的趋势，暗含着一种对行动的偏见，即认为行动应公开完成技术性的工作。这一偏见反映出美国强大的政治性诱因在起作用，其目的在于调和个人冲突和党派利益相关的政治斗争，即亨利·亚当斯（Henry Adams）所称的客观力量的政治斗争[①]。同时，这一偏见也支持政治领导者们将工具性范式扩展到非常广阔的行动范围内，比如公共卫生、通信、能源、交通、经济政策和城市管理等领域。在这些领域中，科学和技术已经在表象上为政治行动的“客观化”打好了基础，而后者正是技术性公共行动的形式。正是行动的技术化，使行动者的一举一动具备了客观层面上的可见性和责任感，在这一观念基础上已经形成了对工具性问责制的信任，即相信问责制在技术性能方面完全能够胜任，可以取代道德训诫，或者说至少可以成为道德训诫的补充。

在19世纪晚期，机械性训诫能够取代道德训诫的观点，在美国工程师中取得了典型的普及发展。正如一位历史学家指出的，“为回应少数人对一部伦理法典的需求，工程师们提出了这样一个观点：既然不可改变的上帝之法和自然每时每刻都在检查着工程师的行动，那么，工程师完全不可能做出任何无法察觉的渎职行动。与此同时还出

① Henry Adams, *The Education of Henry Adams*: *An Autobiography* (London: Constable & Co., 1918), pp. 421 - 422.

现了如下的理念：传统的专业人员尽管要遵守设计精巧的伦理准则，但他们比当前的工程师拥有更多的机会，来欺蒙愚骗个别顾客和全体公众。”[①]此处与传统专业人员的比较使人回想起伽利略反抗教会时的抗辩。伽利略坚信，科学家立场的特性就是不可随意支配：“关于天堂之事业已证实的结论是不能更改的，同理，关于是否符合法律的判定也是如此。”[②]这场由工程师挑起的争论，其本质不仅在于客观事实能够检查工程师，就像伦理准则检查着法官一样；而且在于，即使是对于未受过正规教育的人而言，工程师的行动举止也同样是可见的。正如一位工程师所提到的：“一个微不足道的新手也能清楚地辨认出一段糟糕的路基、机械装置中的次品，或者一座危险的大桥。”[③]塞西莉亚·逖琦(Cecilia Tichi)注意到，“工程师对贪污堕落的抗腐性”是 20 世纪早期美国文学界的一个主题。作为清正廉直的象征，工程师常常以高 145
尚的斗士形象出现，以反抗政治、商业、金融中的反面人物，反抗更普遍意义上的公司资本主义的阴暗面[④]。蒙特·克拉弗特(Monte Clavert)注意到，如果请普通的美国人进行自我评价的话，他们必然要说的一点就是自己“曾是一个机械工人，由此，他就有资格对工程设计及其正确性加以评判了”[⑤]。机器和技艺已经与行动具体化的可能性建立起了联系，因此，也就与从外部对行动进行观测和控制的可能性建立了关联性。此外，依靠着社会政治性环境，行动具体化借助着技术化而实现了标准化，由此，各种行动都透明易见。这不仅有助于自

---

① Monte A. Clavert, *The Mechanical Engineer in America* (Baltimore: Johns Hopkins University Press, 1962), p. 265.

② Cited in A.C. Crombie, *Medieval and Early Modern Science*, vol. Ⅱ (Garden City: Doubleday, 1959), p. 203. See also Stillman Drake, *Discoveries and Opinions of Galileo* (Garden City: Doubleday, 1957).

③ Clavert, *The Mechanical Engineer in America*, p. 266.

④ Tichi, *Shifting Gears*, pp. 117 - 132.

⑤ Clavert, *The Mechanical Engineer in America*, p. 266.

主的行动者们实现无媒介合作，而且有助于推动相对少数的行动者向海量公众进行更多的自我展示[①]。

从行动公开可见的一面来辨识行动的功能，这一趋势也同时在政治行动中促生了戏剧性工具主义的夸张形态，即仅仅保留着技术性训诫的表象而完全抛弃了其实质[②]。戏剧演出般的工具主义是一种实现合法化的仪式，可能比实质性的工具主义更为普遍地存在着。技术性决策和行动中的政治性“审美”、道德性“卫生”，似乎总是偏离技术标准，仅仅充当旨在获取支持的修辞性资源，而非遵从技术准则、真正成为行动和功能的组成要素。保持方法与结果之间表象上的相适，可以用来充当在政治上发起动议、获取认可与合法化的途径。特别是在难以实现方法与结果间成本高昂的实质性相适的情况下，表象上的相适至少能够暂时掩饰实质上的不相适，从而藏身于公众视野之外。公共行动的科学与技术性标准是与诚实等任何规范相同的，在界定自身的同时也界定了违反规范的各种形式[③]；在公共行动的科学与技术性标准的适用中，同样列出了各类故意或无意歪曲事实的特殊情况。

尽管如此，当技术性工具主义与其真实的结构分离时，我们也不能忽略技术性工具主义所具有的政治性修辞价值。即使当工具性行动的隐喻和修辞脱离了工具主义实质性技术规律，以其为媒介塑造的政治与以宗教、道德、法律或伦理的隐喻和修辞为媒介塑造出的政治相比，也会具有显著的差异[④]。特别是自 19 世纪末期至 20 世纪 60 年

---

① 参见第 8 章和第 9 章。

② 参见第 3 章和第 4 章。

③ Lionel Trilling, *Sincerity and Authenticity* (Cambridge, Mass.: Harvard University Press, 1972).

④ 关于科学与政治行动的不同风格，参见 Yaron Ezrahi, “Political Style and Political Theory—Totalitarian Democracy Revisited,” comments on G. L. *Mosse paper in Totalitarian Democracy and After*, International Colloquium in memory of J. L. Talmon (Jerusalem: Magnes Press, 1984), pp. 177 - 182.

代的几十年里，科学、技术和政治的驯化性标准已部分地实现融合，强
化了行动合法化和保证行动者负责可靠的美国模式，以至于人们开始 146
根据可见的行动是否足以促进某一结果实现，来决定是维护行动或是予以批判。

丹尼尔·卡尔霍恩发现，美国存在着一股普遍趋势，不仅赞同机器是一种政治行动的隐喻，而且认同如下的理念，即行动具有一种结构或功能，且当这一结构或功能充当连结原因和结果的显著联系时就变得显而易见了。丹尼尔·卡尔霍恩将这一普遍趋势描述为“依据外观和表象进行思考”。当他提及 19 世纪晚期的美国时指出，“全部的文化”，“越来越多地把注意力投放在表面上，投放于外在的结构上，投放在以无言的形象为象征的事物上，投放于形式上可观察的产品上”[①]。此外，这种观念推动了工业设计中本土化审美的传播。工业设计中的本土化审美强调形式和功用间的关系，认同机器装置外观不仅能够，而且应当表现出机器装置内在结构的原理。当以上种种感受力处于政治行动的环境中时，十分有效地推动着人们越来越倾向于相信：表象外观可以清楚地表达内在实质，而且行动中可见的、可观察的方面就能够代表行动的内在“本质”。

卡尔霍恩提出，美国这种依据外观表象进行思考的趋势，可能会造成美国人优先考虑空间影像，而非先分析结果。当然，如果结合政治行动的环境，卡尔霍恩的观点也暗示：工具主义的表面外观与内容实质之间可能有差异，而且，机械性公共行动的戏剧演出效果与行动的特有本质之间也可能有差异。但是，事实是，真实的技术性标准往

---

① Calhoun, *The Intelligence of a People* (Princeton, N. J.: Princeton University Press, 1973), pp. 118, 334. 在这一关系上，还可以参见 Emile Durkheim, *Pragmatism and Sociology* (Cambridge: Cambridge University Press, 1983), pp. 3 - 4，作者在文中批评美国的实用主义未对事物的“外观”和“实质”进行充分的区分。

往不能充分约束仅在表象上具有技术性-机械性的行动，行动外在的工具媒介也可能与行动的科学技术标准之间存在实质性的偏差。这只能说明，机器作为自由-民主政治行动修辞中的一种基本隐喻，其效力的范围能够不断拓展，甚至超越科学技术实践所设置的界限。即使当行动的可见表象——作为行为的透明形式——是代表着行动真实功用的信念站不住脚时，人们仍然会维持如下看法：行动者的行动具有“工具性”，且他们的行动应曝光于公众的视线内。当然，由现代商业广告所开发出来的、以观看为联结真正现实的纽带的信念，在许多情况下都仅仅是一个神话。但是，即便如此，这一信念仍然是自由-民主行动和问责制的一个重要的组成部分。我一直尝试说明，工具主义在政治上是明显独立于其效能的。工具主义是自由-民主行动之戏剧演出的基础，而其效能则是保证政治行动发挥功效的基础①。尽管仅仅是技术行动的形式而非其内在本质作为公共行动的外在表象，工具
147 主义已成为实现自由-民主行动合法化的强大修辞性资源。在此基础上，人们就可以提出和探讨公共行动，将公共行动视为一种处于方法与结果之间的、外在的、客观的和可见的联系，并由此在不否定个人及其代理人责任的同时，将公共行动的特征归结为非人格化、合乎法律且节制受限的。

现代自由-民主制政府的记录表明：事实上，在大多数情况下，不仅技术的有效性都要屈从于政治效用，而且，公共行动的戏剧效果往往在自由-民主政体中是第一位的，行动的实质则处于派生地位②。这是因为，在行动中效力强大的技术——比如强大的武器或药物等——

---

① 参见第4章和第5章。

② 相关的示例是关于以形成公共信任为目的的政治和行动的基本原理的引证研究。由此，可证可见型文化的要素及其规范性预设都被用来帮助政治权威给人留下好印象。

会引发显著可见的结果。它们当然比效力较小的技术具有更强大的视觉说服力，由此，也就在政治权威的舞台演出效果方面具有更高的价值。这表明，行动的舞台效果并不必然独立于行动的本质之外。事实上，行动的舞台效果合理解释了为什么有些技术得到偏爱。这是因为它们明白地解决了难以处理的问题。有些时候，在自由-民主合法化的仪式上，工具主义的戏剧表现可能已经成为促进政治行动的本土化风格和技术风格兴起的更为重要的因素。其重要性甚至超过对知识实际功用的真实赏鉴。这种风格的政治行动的技术是公开的、间或出现的，而且是充分而合理的①。

政治作为一种持续性的、大规模的表演。在这一背景下，公共行动所呈现出的形象是一种受科学技术控制的、实现某种真实结果的手段。工具主义的戏剧演出不仅传达着自我曝光的表象，而且传达着乐于进入可见行动公共空间中的表象，传达着乐于在一个受“客观”事实限制的世界中变得透明可见、富有公共责任感的表象。由此，戏剧演出表明了科学技术在自由-民主合法化的仪式中所具有的政治用途。这其中也包括当实质性工具主义具有可见的效用时所具有的修辞性、戏剧性政治价值。

英国与美国的制度不同。英国制度的重点在于政治行动者的意志和自主权；而美国则把公共行动的演出效果建立在对透明行动者及其可见行动的信任上。英国商业行政机构的表现非常成功。他们在实践行动的物质世界中表现得最为显眼。但即使是他们，也已努力退入一个令人难以接近的空间中，以发展内在的、难以察觉的维度。此

---

① 这一事实使部分观察者提出，我所描述的关于自由-民主政治立法在戏剧演出方面的需求，已被审慎地当做一种政治行动者提升自身对知识倚重程度的动机。例如，参见 Donald T. Campbell，“Reforms and Experiments” in *Evaluating Action Programs*，ed. Carol H. Weiss (Boston：Allyn and Bacon，1972)，p. 197.

维度是贵族文化眼中上层阶级的尊严和自由得以存在的必要条件。
148 这一做法在英国是很有代表性的[1]。因此，与美国风格相比，英国风格或行动对机器这个隐喻的热情较淡，也不像美国风格一般偏爱工具主义，难以将工具主义视为显著因果王国中行动具体化的手段，或把工具主义看作在可见公开的空间中实现行动透明化的手段，更不会或将工具主义当成在唯意志主义与宿命主义之间、参与与剥离之间，自由与责任之间保持均衡的手段。

① Wiener, *English Culture and the Decline of the Industrial Spirit*, pp. 132 - 145.

第 6 章

机器与秩序意象

现代早期,西方对于机器的态度揭示了多元视角的复杂性。一方面,机器被看做是人造物的延伸、自然规律必然性的化身,是人类受无情的自然规律奴役的象征;另一方面,机器被看做表达了人类创造、驾驭事物的神圣能力,是人类梦想超越自然束缚的工具。根据第一个观点,机器作为自然与人类不同的写照,代表了必然的悲剧囚徒命运①。第二个观点则将机器与人类摆脱自然必然性束缚,最终飞向自由的力量联结在了一起。

---

① 约翰·帕斯指出人类在自然与科学中悲剧观点之间特殊亲密关系的早期文化表达。他援引了伊壁鸠鲁的主张"最好是遵从有关诸神的神话,而不是变成唯物论命运的奴隶。神话告诉我们,我们能够寄希望于崇拜来使诸神的心灵温和,然而命运则包含了一种不可调和的必然性。"他进一步引用怀特海的发现,古希腊对于冷酷,冷漠命运的视野"正是科学所着迷的视野。在古希腊悲剧中,命运变成了现代思想中自然的秩序。"参见 John Pass-more, Science and Its Critics (London: Duckworth, 1978), pp. 29 – 30. 对于代达罗斯与伊卡洛斯飞行故事的启蒙讨论以及自然与艺术问题的对立面,参见 Molly Myerowitz, Ovid's *Games of Love* (Detroit: Wayne State University Press, 1985), pp. 150 – 167.

钟表、飞行器、必然性与自由的象征

钟表可能是人类受宇宙体系的必然规律束缚这一悲剧观点最适当的象征。而飞行器则是人类梦想超越自然限制技术唯心主义的象征[1]。

14 世纪早期,西方的欧洲人不仅将极大的(astronomical)钟表放在教堂外面,而且放在里面。这与其说是指示时间,还不如说是上帝宇宙秩序井然的形象证明[2]。根据林恩·怀特(Lynn White)的观点,将机器看做宇宙秩序写照的一般观点,是 14 世纪时期融入节欲优点的形象表现。如果说截至 4 世纪,节欲被集中体现在,女人将水倒入
150 一杯酒中来稀释酒效力的图景中。那么 14 世纪意大利节欲的代表则采取了机械钟的形式[3]。节欲的必要元素——测量、平衡、调节,都由机器得到确认。以美德、宗教的认可来铸造新的机器产品[4]。机器作为平衡、自我调节的机械主义观念,被当作市场机械主义的隐喻,贯穿于整个工业革命[5]。作为机械主义,钟表变成了秩序、规则的象征。作

---

① 参见 Laurence Goldstein, *The Flying Machine and Modern Literature* (Houndsmill: Macmillan, 1986).

② Lynn White, "*The iconography of Temperantia and the Virtuousness of Technology*," *in Action and Conviction in Early Modern Europe*, eds. T. K. Rabb and J. Feigel (Princeton: Princeton University Press, 1969), p. 202.

③ Lynn White, "*The iconography of Temperantia and the Virtuousness of Technology*," *in Action and Conviction in Early Modern Europe*, eds. T. K. Rabb and J. Feigel (Princeton: Princeton University Press, 1969), pp. 207 - 209。

④ Lynn White, "*The iconography of Temperantia and the Virtuousness of Technology*," *in Action and Conviction in Early Modern Europe*, eds. T. K. Rabb and J. Feigel (Princeton: Princeton University Press, 1969), pp. 211 - 219。

⑤ Otto Mayr, *The Origin of Feedback Control* (Cambridge, Mass.: MIT Press, 1970), and his Authority, *Liberty and Automatic Machinery in Early Modern Europe* (Baltimore: Johns Hopkins University Press, 1986).

为计时器,它在西方文化中,逐渐演变出如下功能:通过死亡来提示人类的现世限制,是生命最终限制的标志。

飞行器与时钟共存,作为人类限制的表现形式、秩序平衡原则的化身,表达了技术唯心主义所带来的风险以及回报。这是超越自然赠予而获得自由梦想所带来的风险与回报[1]。航空故事包括马姆斯伯里·基尔默(Malmesbury Kilmer)的悲剧飞行、挑战者号的爆炸,奥托·李林塔尔(Otto Lilienthal)、怀特兄弟(Wright brothers)以及随后的人在首创飞行中对实现莱昂纳多·达·芬奇(Leonardo da Viner)飞行器观点的最后成功。这些既包括挑战极限的悲剧经验,也包括最后飞升的成功喜悦。当然,悲剧的程度在伊卡洛斯决定飞向太阳而融化了他蜡质翅膀的神话中得到强有力地表达。这个神话鉴证了乌托邦工程所遭受的上天惩罚。在自然限制面前,人类忘记谦卑,放纵傲慢,对事实知识认识混乱,将会对真实一无所知。轻率招致灾难。

综合来看,钟表作为必然规律的写照,飞行器作为从必然性向自由解脱的幻想,代表了西方对于科学技术的两种极端态度,在理性适应自然限制的目标与趋向无限自由的理想之间摇摆。这两种观点有时会辩证地聚在一起,就像弗兰西斯·培根所宣称的:只有当人类是自然的仆人,人类才有可能是自然的主人[2]。

作为自由-民主运动的元素,西方传统中这种二元观点的复杂性、丰富性,被保留在机器的政治隐喻内。在现代科学政治思想中,科学作为艺术品的观点,既包含权力政治的必要性,也包含政治作为一种社会向善论的事业。权力政治命令将增长权力逻辑的效能,并将其有效地付诸行动。而社会向善论事业,则审慎地试图巩固政治秩序的完

---

① Goldstein, *The Flying Machine and Modern Literature*.

② Francis Bacon, "*Novum Organum*," *The Works of Francis Bacon*, vol. Ⅰ, eds. R. L. Ellis, J. Spedding, and D. D. Heath (London, 1857 - 1874), p. i.

善程度。有时科学技术为了使现存秩序合理化，有时科学技术则是为
151 了引导现存秩序彻底重建。

西方自由-民主政治传统的核心特征是，它同时吸收了如上两种极端，因此就没有了什么对立面[①]。自由-民主政治典型地由不变的、不可分的张力组成，这种张力存在于自由与约束、唯意志论与决定论、飞行器与钟表精神之间。自由-民主意识形态倾向既没有在霍布斯的人造的、强制高压的国度中被认可，也没有在休谟关于政治重建的保守怀疑主义中得到认可；没有在孟德斯鸠、孔多塞、潘恩、普里斯特利的思想中得到认可，也没有在边沁的理性世界改良论政治、卢梭的进步批判主义、康德(Kant)趋向自由的进步运动思想中得到认可。它并没有在约翰・杜威的实验政治、梅纳尔・凯恩斯的理性管理经济、弗里德里希・哈耶克对审慎变化的不信任中得到体现。它既不依赖于怀疑论、社会向善论之间不变的摇摆活动、一致性命令中不可分的冲突，也不依附于必然性、创造、形成、重造自由的梦想。自由-民主政治倾向在永恒地试图改变之中得以体现，这种改变在为自由留下空间的同时，并不丢失对约束的尊重或是对必然性的遵从。

正是技术作为自由、必然性原则之间平衡的观点，以及飞行器、钟表二元性的体现，赋予自由-民主趋向于机器作为政治隐喻方向的特征，同时将他们与另外一种方向区分开，例如那些发展了纳粹文化的意大利和德国文化思想家。对于反动的德国现代主义者[②]来说，技术

---

① 可以追踪关于限制力以及中世纪基督教神学的愿望之间的矛盾心理。威廉・库特尼(William Courtenay)写道，"西方基督教神学被怀疑是依赖于上帝唯一的愿望的力量，以及其他任何未经检验的属性，中介……有可能西方的物理学基于他们基本经验，以滥用权力，塑造了更多他们关于上帝的面貌……权力缺失了责任，缺失了与已经接受的正义、真理标准相一致，就会清晰地招致罪恶与邪恶。"参见 William J. Courtenay, *Covenant and Causality in Medieval Thought*, vol. Ⅰ (London: Variorum Reprints, 1984), p.64.

② Jeffrey Herf, *Reactionary Modernism: Technology, Culture and Politics in Weimar and the Third Reich* (Cambridge: Cambridge University Press, 1984).

是胜利的象征。胜利是指愿望超越必然性,精神超越肉体,创造性超越被动的一致性。启发F.T.马里内蒂(F.T. Marinetti)或恩斯特· 152
琼格(Ernst Junger)想象的飞行器,并不是一个平衡自由与必然性、愿望与外在束缚的机器[1]。相反,它是摆脱所有束缚的理想、没有钟表的飞行器理想的体现。意大利与德国的先知们拒绝自由-民主观点。民主观点认为机器是智力训练的产物,需要科学顺从额外的限制与规律,并且将它吸收进自由的艺术范围之中。恩斯特·琼格为技术所吸引,是因为他相信技术有助于"美化政治"[2]。未来主义者与德国法西斯主义者都将艺术工程师莱昂纳多·达·芬奇浪漫化、传奇化,并将其奉为始祖[3]。他们盛赞莱昂纳多对于战争机器工程的贡献以及将战争理想化为一种情景,在其中艺术与技术可以作为自由愿望、高贵精神,合并到人类活动之中。杰弗里·赫夫(Jeffrey Herf)写道"反动的现代主义者"将技术从文明领域提出,将其成功地合并到象征主义以及文化语言之中。前者以理性、智力、国际主义、唯物主义、财政为特征,后者以团体、血统、愿望、自我、形式、生产力、种族为特征。"[4]

从这一传统的意识形态看,经济计量这样的陌生语言、客观限制的理性思考,破坏了技术的精神表达,这种精神表达内在于物质。许多德国人认定美国风格的技术唯物主义没有灵魂,并带有允许经济抑制文化、精神的倾向[5]。

技术与科学的合并即技术的审美化。人们可能反对它带有艺术

---

① Jeffrey Herf, *Reactionary Modernism*: *Technology*, *Culture and Politics in Weimar and the Third Reich* (Cambridge: Cambridge University Press, 1984), pp. 71,85; Goldstein, *The Flying Machine*, pp. 8,22,33,36,37,40,132; R. W. Flint, ed., Marinetti: Selected Writings (New York: farrar, Straus & Giroux, 1972).

② Herf, *Reactionary Modernism*, p. 71.

③ Herf, *Reactionary Modernism*, p. 173; Goldstein, *The Flying Machine*, pp. 14 – 40.

④ Herf, *Reactionary Modernism*, p. 16.

⑤ Herf, *Reactionary Modernism*, pp. 42,163,174.

精神。正因为美学没有内在限制,其作为行动的准则对于自由-民主来说才是不可接受的。我们确实发现19世纪中期,美国人,例如托马斯·尤班克和约翰·金博尔(John Kimball),相对于艺术而言更倾向于技术。他们认为在某种程度上,精致艺术只是处理因蒙蔽或腐化而引起的审美完善的问题,技术则需要顺从上帝的物理定律[①]。美国对于技术的倾向反映了飞行器与钟表、自由与限制二元的平衡。特别是从19世纪末期,美化机器的趋势已经设定了美国与欧陆间不同的意义特点。首先,我们应当看到,美化机器的目的并不是要将技术由物质文明领域转向文化语言领域。美国工程师的显赫之处并不在于其作为灵魂的诗人,借用尤班克的话来说,而是作为"现实的艺术家。"

自由-民主倾向采用了机器的政治隐喻,这体现出自由与必然之间的平衡,体现出自由与决定论之间的主次被否认。自由-民主政治机器隐喻的作用在于,其作为一种政治秩序原则支持自由,而非无政
153 府状态。同时其作用还在于寻找合法的规律以及客观世界的约束。其目的是将政治行动去人格化,使之具有公共行动的效能。这种公共行动的效能向公众暴露它的代理机构,使之接受技术的效能检验。自由-民主政治运动的倾向是"自由工具主义",这种自由工具主义对于自由、法制有着双重的承诺。一旦遵循它,将会使得自由行动受到约束、获得效率并承担责任。自主工具主义的精神表现在政治唯心主义与分散的、周期性地经验限制之间;革命的梦想、保守的审慎之间;表现在福利国建思想或"伟大社会"与针对傲慢的改革批判之间的相互影响。塞缪尔·亨廷顿(Samuel Huntington)在美国政治中发现了这个辩证运动。他指出了美国政治历史的永恒变化,以及这种政治历史

---

① J. F. Kasson, *Civilizing the Machine: Technology and Republican Values in America*, 1776 - 1900 (Harmondsworth: Penguin, 1976), pp. 152 - 153.

在类似于进步运动的兴起时那样的“宗教激情”时期、悲观主义时期，以及类似于大萧条时期的严酷实际[①]。他指出，美国政治在“许诺与幻灭、重构与复古”[②]之间不断地摆动。科学也一样被轮流地征募，来证明技术唯心主义。这种技术唯心主义关注从火车头到飞行器的物体，并且警示人类违反自然的傲慢[③]。

然而，平衡技术乐观主义与工具保守主义的能力、平衡唯心主义与实在论的能力，不均衡地分布在自由-民主国家之中。在不同的欧洲社会，历史上确立的阶级区分以及“高”“低”文化的复杂阶层，已经开始将行动自由社会性地孤立起来，并且迫使它们离开梦想，遵循必然性。这意味着那些可以在低阶级中自由行动的贵族被孤立起来。这些低阶级的人被指责为受到自然必然性的奴役，特别是受到工业社会语境中机械规训的奴役。在阶级社会中，这样的区分在自由与必然性的综合之上强加了必然性的约束。这样，作为政治运动的一般形式，自由工具主义就兴起了。阶级社会已经开始抑制平衡的自由，抑制社会底层个体思想行动的延伸，并且赞同系统地平衡那些自由的人与只能顺从的人。

当然，美国出现了机器与工作的去人性化在文化和社会方面的结 154
合。工人受无情的机械必然性奴役。实际上，厄普顿·辛克莱(Upton Sinclair)的《丛林》(*Jungle*)(1906)、芝加哥机械化的屠宰场、莫里斯·罗森菲尔德(Morris Rosenfeld)20 世纪早期关于血汗工厂的诗歌、齐格飞·迪翁(Siegfried Giedion)《机械化指令》(1955)的发现，或者是美国大卫·诺贝尔(David Nobel)的《设计的美国》(*America by design*)

① Samuel P. Huntington, *American Politics—The Promise of Disharmony* (Cambridge, Mass.: Belknap Press of Harvard University Press, 1981).

② Samuel P. Huntington, *American Politics—The Promise of Disharmony* (Cambridge, Mass.: Belknap Press of Harvard University Press, 1981), p. 11。

③ 在美国战胜与保护自然的主题间相互影响，参见 Joseph L. Sax, *Mountains without Handrails* (Ann Arbor: University of Michigan Press, 1980).

(1977)都是此类记载。当然,实在必然性与自由之间的社会划分是在美国奴隶制的遗产中滋养出来的。相对于主流趋势,特别是自 19 世纪晚期以来,对于将机器与开明的民主政治文化相结合而言,这些方向依旧是次要的①。与这一传统相关,不同的公民阶层社会性地区分了自由与必然性。在技术、政治的主流文化中,这为自由形式与必然性的联合、飞行器与时钟的联合创造了更多的优越条件。在同一个体代理机构中,脑与手的同时使用,在文化、意识形态方面促进了科学技术融入更加民主的行动理论。就像一个美国评论家写道,“民主与技术革命的结合,创造了所有的工人以及所有的贵族。”②

科学技术文化与自由-民主政治文化的融合,伴随着所有的连续性与矛盾性,它确实找到了其在美国现代政治中最有力的表达。我接下来的目标是考察众多连接技术意象与现代美国自由-民主政治的战略,特别是从 19 世纪末到 20 世纪中叶的情况,并且,将它们与十分不同的欧洲模式相区分,特别是与政治运动自由-民主观念相联系的英国模式相区分。

美国、英国民主中的自我调节隐喻以及集权控制

通过功能、形式之间的工业化设计,以及审美化、本土化风格的加

① Upton Sinclair, *The Jungle* (1906) (New York: New American Library, 1980); I. Howe and S. Green berg, eds., *A Treasury of Yiddish Poetry* (New York: Holt, Rinehart and Winston, 1969), p. 78; Siegfried Giedion, *Mechanization Takes Command* (New York: Oxford University Press, 1955); David F. Noble, *America by Design* (New York: Oxford University Press, 1977).

② Lynn White, *Machina ex Deo: Essays in the Dynamism of Western Culture* (Cambridge, Mass.: MIT Press, 1968), esp. p. 79. 当詹姆斯麦迪逊提到美国作为文明世界“自由的车”时,对于美国自由工具主义的民主精神而言,有可能没有比他更为有力的表达了。引自 Adrienne Koch, *Power, Morals and the Founding Fathers: Essays in the Interpretation of the American Enlightenment* (Ithaca, N.Y.: Great Seal Books, Cornell University Press, 1961), p. 128.

强，作为政治隐喻的机器，对于参与者或至少是观众来说，是一种可以适用于所有文明的政治民主观念，并且，在美国逐渐被支持。对比美 155
国，欧洲大陆的机器隐喻更加代表性地具有独裁、分层控制的特征。对于年轻的腓特烈二世（Frederick Ⅱ）来说，机器隐喻并未使政府原则向民众透明。恰恰相反，机器隐喻表达了晦涩知识的诉求。他写道"就像看一个机器是否有效能，这并不能从机器的外观上来证明，而是要开动它，同时，检验它的弹簧、轮子。""同样，有能力的政治家通过理解永恒的宫廷（courts）原则来彰显其自身，他是君王的政治工具、处理未来事件的资源。……他卓越的思想预见未来。"[1]在为独裁做修辞服务过程中，机器隐喻通常被工程师的观点所启用，代表性地将其起源强加于独立发展的秩序运动思想之上。对于约翰・海因里希・戈特利布・冯・尤斯蒂（Johann Heinrich Gottlieb von Justi）来说，"一个构建优良的国度必须非常像一架机器，在其中，所有的轮子和齿轮都以极高的精度彼此吻合。同时统治者必须像工程师，第一动力弹簧或是灵魂，……让所有事物都处于运动之中。"[2]

现代政党组织的兴起和"政党机器"的出现，逐渐成为美国盲目的或是独裁的政治结构的标志[3]。早期英裔美国人更加典型地吸收机器的政治隐喻。这意味着利用自我调节的原则，来达到独立部分与动态平衡之间的和谐[4]。在提出机器作为政府自由-民主政治隐喻的同时，

---

① Mayr, Authority, *Liberty and Automatic Machinery*, p. 108.

② Mayr, Authority, *Liberty and Automatic Machinery*, p. 111.

③ 机器隐喻的消极独裁主义使用表明，例如从前芝加哥市长理查德・戴利从前的"政党机器"，清晰地表明了在欧洲对机器隐喻的非自由主义的密切关系。在他对于法国大革命的反响中，例如，艾蒙德・伯克对执行长官的讨论，将执行长官比作是"没有任何协商判断力的机器"（P. 317）。机器隐喻作为社会独裁或是社会结构已经很可能歪曲了自由-民主。芝加哥"政党机器，"参见 Edward C. Banfield, *Political Influence* (New York: Free Press, 1961), pp. 237 - 238.

④ Mayr, Authority, *Liberty and Automatic Machinery*, pp. 139 - 163.

在英裔美国政治话语中，机器隐喻逐渐发挥着重要作用。在自由传统中，机器作为政治隐喻，早期亚当·斯密的市场机械主义思想当然是个有影响力的案例。为了将它与自由概念相连接，这个思想随后以根源性的隐喻装备到了自由政治理论中。将自我调节、个人主义、秩序整合到一致的理论之中。正是很大程度上通过这种词汇上的优势，在早期的讨论中，自由意志才能够与自由、秩序兼容并且妥协，以此达到平衡化、合理化。

机器作为政治意识形态的隐喻，在英格兰和美国被以不同的途径

156 所承袭。由于社会固有的阶级文化区分以及深厚的贵族价值遗产，在英国，机械隐喻抑制民主政治价值。机械的秩序意象在美国受欢迎，像其他东西一样，它在一种去历史化的政治词汇途径中受到欢迎。机械隐喻在英国被历史的、宗谱的以及权力的根本原理所拒绝。不同于政治隐喻的有机体，机器表明一种将部分整合进整体的方法。这种方法更多地由美国反对分层的平等主义所构成，而不是英国的自由-民主政治。

费城商人坦奇·考克斯(Tench Coxe)最先将机器表述为分散的、遵守纪律的集体行动。他是亚历山大·汉密尔顿在美国财政部的助手。在1787年有关经济生产的演讲上，考克斯明确提出，“所有轮子将会以动态的方式出现，能够增强我们伟大机体的活力，并将它引入到国家内在力量的行动中。”[①]利奥·马克斯(Leo Marx)认为，在考克斯的思想中，“蒸汽动力的发展和宪法会议事业都是宏大事业的一部分。”[②]当以“支票与余额”的体系[③]审查美国宪法时，费城

---

① Leo Marx, *The Machine in the Garden: Technology and the Pastoral Ideal in America* (New York: Oxford University Press, 1967), pp. 159 - 160.

② Leo Marx, *The Machine in the Garden: Technology and the Pastoral Ideal in America* (New York: Oxford University Press, 1967), pp. 164 - 165.

③ Kassan, *Civilizing the Machine*, pp. 32 - 33; and Marx, *The Machine in the Garden*, p. 165.

的本杰明·拉什(Benjamin Rush)使用了类似的语言。大约一百多年后的1883年,在布鲁克林大桥上举办的一个公开典礼上,当亚伯拉罕·翰特威(Abram Hewitt)指出桥与自由、"有组织智慧"综合体的政治组织原则之间的直接联系时,他回应了坦奇·考克斯的观点。

> 桥的结构看上去像一团石头、金属。但事实上它充满着运动,在它之中甚至没有一个颗粒是瞬间静止的。它是随着温度的变化、天体的运动而变化的不稳定元素的聚合体。问题是在这些不稳定元素之外,产生极度的稳定……如果有组织的智力引导我们的政治体制,它将会抑制人类希望、恐惧、兴趣和情感的自由活动,将会为它们的发展制定规则。这与更高级的自由、美德和制度经验相一致①。

翰特威的修辞表明了对建构政治体系之机械论隐喻的持久使用。
自我调节的思想与遵守团体活动会聚在这个政治体系中。在这个机 157
械论体系内,整个假定的依赖关系建立在修辞学的提出、个人主义承诺、和谐、真理的集合体之上。这种集合是有组织的智慧和力学规律的结果,而不是随意的力量或偶然的结果。这样,作为集合体的一部分,似乎是从客观规律中自然而然地发展出来,并没有权威分层的假定。工程、技术、机器以及科学已经在一个更加民主共和的观点中达成共鸣,而非作为团体活动的一部分来巩固独裁模式。翰威特发表评论的数年之后,詹姆斯·拉塞尔·洛厄尔(James Russell Lowell)将宪法比作"自动运转的机器"。法官奥利弗·温德尔·霍姆斯(Oliver Wendell Holmes)写道"宪法的条款必须被小心地执行。一切行动必

---

① 引自A. Trachtenberg, *Brooklyn Bridge*: *Fact and Symbol* (Chicago: University of Chicago Press, 1979), p.123.

须得到整个机制之关节点的允许。”[1]由于缺乏欧洲原始传统以及形成社会组织意象之宗谱的束缚，美国人已经逐渐乐于接受机械的意象。通过“职业的作用”以及“理性的程序”来联系人类。在此意义上，一个美国历史学家发现，技术的统一已经是自内战以来美国社会历史最重要的趋势[2]。技术相互依赖以及交织的观念，建立在机器类似于非个人、功利主义、功能性的连锁关系基础之上[3]。这种关系被认为建立在知识之上，而非建立在信念、道德或是个人的信任之上。

尽管在美国对于机器文化的批判，已经包含了类似于纳撒尼尔·霍桑(Nathaniel Hawthorne)、赫尔曼·麦尔维尔(Herman Melville)等主要作家的批判，但与欧洲的托马斯·卡莱尔以及约翰·拉斯金相比，他们的批判并不够激烈、全面[4]。约翰·海厄姆(John Higham)表明，“美国人对机器的喜爱，伴随着对工业规训的快乐屈从。这并不能简单地以经济诱因，或是指向美国社会流行的唯物论观点所解释”[5]，对机器的接纳包含广泛且不同的范畴。在19世纪的美国，一代又一代的知识分子批判奢侈、占有欲，以之为民族最致命的魔鬼。然而，“即使是对唯物主义的批判，在其控诉中也很少牵连到技术。”[6]海厄姆
158 指出：美国人在特定的传统身份——塔尔科特·帕森斯称之为归因特

① 引自 Michael Kammen, *A Machine That Would Go of Itself* (New York: Alfred A. Knopf, 1986), pp. 18, 125. On countertendencies to view the constitution or the polity in terms of the organic metaphor, see ibid., pp. 18–23, 189.

② John Higham, “Hanging Together: Divergent Unities in American History,” *The Journal of American History* 61 (June 1974), p. 19.

③ John Higham, “Hanging Together: Divergent Unities in American History,” *The Journal of American History* 61 (June 1974), p. 19.

④ John Higham, “Hanging Together: Divergent Unities in American History,” *The Journal of American History* 61 (June 1974), p. 19.

⑤ 关于欧洲对于美国接受机器的混乱忧虑，参见同上，还可参见 Hugo Meier, “Technology and Democracy, 1800–1860,” *Mississippi Valley History Review* 43 (1957), 631.

⑥ Higham, “*Hanging Together*,” pp. 19–20.

性——之外进行身份认同之时，去除了其他社会中机器文化所固有的因素。这其中，意识形态发挥了作用。“在美国，技术的集合可以在不惧怕个人损失的意识形态庇护下进行。”①以全国的铁路、电报网络为象征，美国社会不断显著的“技术联合”也表明了工程职业的兴起。临近 19 世纪末 20 世纪初，美国工程师作为积极分子，在效率保护运动的传播中发挥了重要的作用②。

然而，在英格兰“部分间信任”的思想首先以等级分层联合体(unity)隐喻的形式被构想。在美国对机器隐喻独立性的信任，似乎已经用来支持部分间平等的概念③，以及构想机械的形式。因此平等概念与美国秩序分权而非集权的观念相一致。社会聚合的机械观念也与美国个人主义相一致④。这暗示了一种规则，这种规则检验主观性、相对主义以及不破坏相对自由和各部分自治的专制。当发现存在混淆部分观点与聚合或团体观点的危险之时，似乎“机械联合体”的概念提供了保持各部分统一的途径。此外，将新国家的自由、经济的独立，对工业、人口的独创性捆绑到一起的观点，增强了民主共和价值与美国技术发展的融合。这些观念表明，技术进步如何能够使得美国意识最深层的政治愿望变得和谐起来⑤。

---

① Higham, “*Hanging Together*,” pp. 19 - 20.

② Monte A. Clavert, *The Mechanical Engineer in America*, (Baltimore: Johns Hopkins University Press, 1962), p. 226; Higham, “*Hanging Together*,” p. 21; Samuel P. Hays, *Conservation and the Gospel of Efficiency*, 1890 - 1920 (Cambridge, Mass.: Harvard University Press, 1959); Samuel Haber, *Efficiency and Uplift: Scientific Management in the Progressive Era*, 1890 - 1920 (Chicago: University of Chicago Press, 1969); Cecilia Tichi, Shifting Gears: *Technology, Literature, and Culture in Modern America* (Chapel Hill: University of North Carolina Press, 1987), pp. 97 - 170.

③ Patrick S. Atiyah and Robert S. Summers, *Form and Substance in Anglo-American Law* (Oxford: Clarendon Press, 1987).

④ 见第 8 章。

⑤ 见 Kasson, *Civilizing the Machine*; and Marx, *The Machine in the Garden*.

然而在美国，作为社会规训的隐喻，“技术联合体”表明，社会集合是与平等价值观、非集权价值观、其他全国中产阶级共有的价值观相
159 一致的。在英国社会阶级意识中，行为机械隐喻通常是由中产阶级支持的。中产阶级划分阶级劳动，特别是更多地表达社会下层的利益导向。而在美国，机械规训、技术团体被泛化为整个社会的标准。19 世纪的英格兰，传播技术价值的提倡者必须发展出在严格的地阶级文化中防卫机器之不同的基本措施。从这种综合企图的优势来看，英国中产阶级提倡科学技术的使用，以此来弥补它所承担的下层唯物主义目光短浅、放纵的错误，并改变上层对于具体实践经验冷漠的态度①。在美国，科学技术被认为一起对自由与必然性负责。它有可能与人类社会一般问题：唯意志论与决定论的自我矛盾相斗争。在英格兰，自由、约束并不最终分布于不同的阶级。因为关联到下层阶级，英格兰机器隐喻表明，不仅仅是部分间的和谐，同时也有上层所强加的控制与规训。卡尔·马克思将其看作是“工厂的哲学家”②的安德鲁·尤尔，称赞生产机械化是规训工人的途径。这些工人被英国中、上阶级看做缺乏自我规训，且很难让人满意③。

在经济、社会、政治情境中，机器部署原则与典型的自由基本原理相一致。尤尔指出在这种情况下，机器规训对人为控制的替代功能，不仅

---

① Brian Simon, ed., *The Radical Tradition in Education in Britain* (London: Lawrence and Wishart, 1972). 也可见 Simon's *Studies in the History of Education: Education and the Labour Movement*, 1870 – 1920 (London: Lawrence and Wishart, 1965); *Steven Shapin and Barry Barnes*, "*Science, Nature and Control: Interpreting Mechanics Institutes*," *Social Studies of Science* 7 (1977), 31 – 74.

② Karl Marx, Capital, Vol. Ⅰ (1867), ed. F. Engels (*New York*: *International Publisher*, 1967), p. 299.

③ Andrew Ure, *The Philosophy of Manufacture* (1835; London: F. Cass, 1967), p. 423. For Spence, scientific education and scientific disciplines constituted the means of checking "disastrous medding" by both the masses and the state. J. Tyndall et al., eds., *The Culture Demanded by Modern Life* (Akron: Werner Company, 1862), pp. 303, 306.

仅是有序的而且是可敬的。他写道，将工人从“手工艺的随意”中解放出来，同时作为自动机制的下属（subordinates）来均衡主人与工人[①]。马克思认为根据尤尔的观点，这种极端的机器在生产过程中去个性化，消除作为目的性的代理者，对于从牲畜的辛劳中解放人类是有帮助的[②]。

在英国社会阶级意识中，机器并不表明创造力及所有行动者相关活动要素之间的大致平衡，相反，表明了那些想要统一的人与那些具有自由创造能力的人之间的阶级区分。用科学技术教育工人，使之与机械规训相一致。为此而设计的教育项目，典型地提出了“刚性的、事实的、可靠的、持久的”知识。然而，为上层阶级所准备的教育项目，则更加具有科学知识的临时性、假想性的特点[③]。维多利亚时代适度自由的思想家，比如实用知识传播协会、机械学院的成员，经常提倡为社 160
会广泛接受的、作为中产阶级适应性和创造性之间平衡的教育[④]。

将知识作为一种手段内化，并使其自愿依附于额外的必要约束，以作为唯意志论、决定论行动组成部分。这一思想以及中产阶级重构工人阶级和上层阶级科学技术教育方案的做法，在很大程度上是与二元的自由主义观点相一致的。对于工人阶级而言，适应合理化的思想暗示了增强行动的唯意志论组成部分，这样就增强了工人的尊严[⑤]。对于上层阶级而言，它会使得人们对行动的唯意志论更加尊重，增强了贵族傲慢的唯意志论倾向以及对事实面前实在论、谦卑态度的欣

---

① Ure, *The Philosophy of Manufacture*, p.8.

② Ure, *The Philosophy of Manufacture*, p. 370. 卡尔·马克思的反对观点参见其 *Grundrisse* (Harmondsworth: Penguin, 1981), p.705.

③ Shapin and Names, “*Science, Nature and Control*,” pp.49 - 50.

④ Steven Shapin and Barry Barnes, “*Head and Hand*,” Oxford Review of Education, special issue on the history of education (n. d.), 17.

⑤ 年轻人接受教育得到支持，这样他们就能避免在没有思想的劳动中退化，通过对自然规律变得熟悉起来，将“链接上帝的链条握在手中”，David Layton, *Science for the People* (London: George Allen, 1973), p.87.

赏。通过肯定工人阶级走向理论理解行动的可能性，坚持与效力、充分自由、上层阶级行动模式等相关因素的经验性地、功利性地思考，中产阶级就能社会性地高效概括其自身行动。中产阶级思想家倾向于批评未经改革的工人阶级行动方式，认为这种行动方式是愚蠢、盲目的唯物主义，而未经改革的上层阶级行动方式则过于抽象、无聊、虚幻①。科学技术提供了英国中产阶级批判不同阶级行动范式，产生新规训形式的灵活的文化资源。通过强调科学语言作为受自然事物可理解秩序需求所引导的、可负责并规范使用的语言②，自由的代理者就能批判上层教育思想家，甚至将诗歌、修辞学、语言学、数学描述为“发现语言规律”，“对数据、公理等无可置疑地接受”的例子③。通过对比，物理学被认为是恰当的平衡代言者。这种平衡存在于适应性与创造性，决定论与唯意志论之间。之所以如此，部分的原因是因为它的基础是观察与智慧④。威廉·霍奇森(William Hodgson)注意到了这种自由的本质，他开始认为“正是语词秩序拥有双重的情境——安排与指令，所以根据一个确定另外一个是很自然的事，相信安排、体系只存
161 在于命令、法律之中。”⑤这个有关“秩序”和“命令”之间相联系的思想，

---

① 参见 Richard P. Altick, *The English Common Reader* (Chicago: University of Chicago Press, 1957), pp. 133,198.

② Tyndall et al., *The Culture Demanded by Modern Life*, p. 5.

③ Tyndall et al., *The Culture Demanded by Modern Life*, p. 11.

④ 约翰·廷德尔教授(1862)写道，例如，科学教育是有价值的恰恰是因为它他结合了归纳与演绎的推理方法训练，这种将科学歪曲为自由与遵循外在束缚的必然性的二元论自由主义，在他的推荐信中有所表述，他的推荐信宣称科学教育“诚实的接受能力”以及谦逊地接受自然像我们揭示的东西，以及“洞察自然的秘密”，“物质就是规律。”廷德尔认为，科学有可能平衡物质文化与高意识世界的关联，两者都可提升和教育人类屈服并忠于自然(同上，pp. 72-79,85)。对于威廉·惠威尔来说，经验的维度使得科学优于法律，科学作为一种教育思想的手段，使人“摆脱幻觉”。他认为正是因为科学强调“归纳推理，”它构成了教育“精神划界”的适当方式。见其演讲“On the Scientific History of Education”同上，pp. 258.

⑤ Tyndall et al., *The Culture Demanded by Modern Life*, p. 258.

大概是科学综合欧洲规训、权力自由概念最重要的基础。在美国语境中，命令的语句已经不能作为美学命令以及工具活动伦理而被认可。这种工具活动伦理的代理者可能是所有的公民，它通过盲从事实来平衡他们的创造性。然而从长远角度来看，恰恰因为传统的阶级划分，科学技术与中产阶级的联合，已经对英国政体中科学技术文化的传播负有社会责任。在一个中产阶级甚至是工人阶级将贵族政治活动模式内化的社会，权威隐喻、抑制形式、政治活动平衡污染了科学技术。这种贵族政治活动模式鼓励物质需求，培养反物质文化，尝试持有谦逊的态度和物质满足感。这与额外的必然性约束相一致。即使是在向上转移的下层阶级和中产阶级之中，道德和特点（character）保留了领导阶层的主要优点，而不是机械规训与竞争。不管存在什么样的重要变化，英格兰政治已经保留了很多其之前的特点。这种特点是贵族独立性、唯意志论、明智以及文化见识美德的践行。伯特兰·罗素爵士发现"绅士的概念是由贵族创造的"，"为的是维持中产阶级的秩序。"①通过影响工人阶级政治活动家的政治标准，可以实现长足发展。在英国"必然性"与"贵族"之间的冲突中②，机器逐渐由"必然性"来证明，而不是由后者——"贵族"——来体现。从长远角度来看，像安德鲁·尤我、塞缪尔·斯迈尔斯（Samuel Smiles）这些人，他们将道德目的归纳为人类战胜自然的工业化。这大多不能击败行动、规训中自由-民主的贵族化标准③。这样，中产阶级、"上层"工人阶级的贵族价值就得到传播。在一定程度上，几乎将英格兰对机器的矛盾心理国有化。

---

① Martin J. Wiener, *English Culture and the Decline of the Indus-trial Spit it*. 1850－1880 (Cambridge: Cambridge University Press, 1981), p. 13.

② Martin J. Wiener, *English Culture and the Decline of the Indus-trial Spit it*. 1850－1880 (Cambridge: Cambridge University Press, 1981), p. 31.

③ Martin J. Wiener, *English Culture and the Decline of the Indus-trial Spit it*. 1850－1880 (Cambridge: Cambridge University Press, 1981), p. 130.

162 不同派别对于机器、工具主义价值观的回应，随着时间的推移变成了更为一般的英国人的态度，例如，托马斯・卡莱尔、约翰・拉金斯、查尔斯・狄更斯以及威廉・莫里斯观点，也包括对杰里米・边沁、韦伯夫妇(Webers)等持批判态度的人的观点。在英国阶级体系中，贵族价值观的传播意味着对于实用、永无止境获取物质的追求，以及对于“不安的萌芽”①、竞争、机械效率、贵族化工业设计的轻视。从贵族文化视角来看，即使在其不受欢迎的版本中，所有的问题都与太过珍惜额外的东西相关。这样的观点重申了卡莱尔的抱怨。卡莱尔抱怨：由于从机械原则中发展出了“外在”(outward)压力，“内在”(inward)被认为是无果的，因此而被抛弃②。卡莱尔认为政治经济、功利主义思想的影响将会助长“将快乐建立在外在条件之上”的思想。关注于他所认为的去精神文化趋势，卡莱尔明确指出“统计学家、经济学者以及商人”影响的增长，并且相应地降低了“传教士和教师”的影响。他承认道德、宗教或精神尺度必须被平衡。这种平衡通过尊重外在证据和审查迷信及狂热所带来的危险，得以实现③。他意识到物质、认识论中可见的“事实”以及宽容教育的价值。他还关注到，内在、外在事物之间的平衡已经倾斜到其他方向。他写道，“很明显，人类已经无形地丢失了信仰、希望以及工作。换句话说：这不是一个宗教的时代。”④在批评机械文化、工具主义价值观传播进政治领域的同时，卡莱尔斥责他的同龄人崇拜“肉体政治”，却忽视了“灵

① Martin J. Wiener, *English Culture and the Decline of the Indus-trial Spit it*. 1850 - 1880 (Cambridge: Cambridge University Press, 1981), p. 39.

② T. Carlyle, “*Signs of the Times*” (1829)，在其批判且混杂的短文中，*vol*. 11 (*London*: *Chapman and Hall*, 1905). 恰恰因为政治应受限于“外在事物”并且为个体自我留下内在领域的概念，至少自约翰洛克以来自由传统已经进步，同时科学与技术已经逐渐被支持。

③ T. Carlyle, “*Signs of the Times*” (1829), p. 73.

④ T. Carlyle, “*Signs of the Times*” (1829), p. 74.

魂政治”[①]。一些批判针对工人阶级和中产阶级将文化、政治物质化所
带来的影响。大多数这样的潜在批判首先力求保留贵族的高度个人
主义的突出多样性，并支持行动的超级特性这一信念。行动的超级特
性受到内在道德判断、基于经验的审慎考虑、公共服务的道德规范、超
越行动的智能训练等等的引导。而智能训练可能受冲动、兴趣、外部
情况以及对技术技巧的愚蠢应用的引导。像他的同龄人一样，卡莱尔
将机器的发明者，例如詹姆斯·瓦特(James Watt)，视作英雄[②]。在批
判他所认为的机器、机械文化的可耻效应时，卡莱尔将那些稀少的机器
发明人富有创造性的行为与他们对自由活动的欣赏结合在一起。对机 163
器文化有影响力的批评，例如约翰·拉金斯的批评，通过攻击极端的机
器美学而对机器文化持有进一步拒绝的立场。拉金斯提倡一种超越“机
械论”和“有组织”的隐喻，提倡回归前工业化田园社会[③]。对于拉金斯
来说，就像对于卡莱尔和狄更斯一样，及其代表决定论，因此也就代表
奴役他人的力量，而有机体的属性则代表活力、自由和丰富的内在
生活[④]。

---

① T. Carlyle, “*Signs of the Times*” (1829)，在其批判且混杂的短文中，*vol*. 11 (*London*: *Chapman and Hall*, 1905).恰恰因为政治应受限于“外在事物”并且为个体自我留下内在领域的概念，至少自约翰洛克以来自由传统已经进步，同时科学与技术已经逐渐被支持。

② Herbert L. Sussman, *Victorians and the Machine*: *Literary Responses to Technology* (Cambridge, Mass.: Harvard University Press, 1968), pp. 27,132.

③ Herbert L. Sussman, *Victorians and the Machine*: *Literary Responses to Technology* (Cambridge, Mass.: Harvard University Press, 1968), pp. 33,76-103.

④ Herbert L. Sussman, *Victorians and the Machine*: *Literary Responses to Technology* (Cambridge, Mass.: Harvard University Press, 1968), pp. 88-94. 也可见 Raymond Williams, *The Country and the City* (New York: Oxford University Press, 1975). 19世纪英国机器批判主义与机器文化被威廉·莫里斯很好地阐明，他融合了保守派与工业与机器文化的社会批判主义。莫里斯将巨大的价值归为创造能力与盛赞手工艺与超越机器艺术的优越性。萨斯曼，维多利亚时代与机器，pp. 104-134；威廉姆斯，国家与城市，pp. 268-274.反对机器训练，在其中，他看到了壮观的顺从与顺从“人”，莫里斯认可民间艺术作为普及“创造活动”规范的一种方式，即允许行动者在他们的产品中履行且表达他们自身。莫里斯代表了贯穿艺术与手工业工作中，延伸(转下页)

英国文化倾向于明确划分必然与自由的范围，并认为它们分别属于工人阶级生活和体力劳动以及上流社会和政治领域。受这种文化影响，在英格兰，民主政治是一个将低等阶级社会化，将之融进贵族阶级的自由行动观念之中的过程。与英国相比，美国出现了另一种类型的民主，更能够与一般的科学传播、行动的技术形式共存。在一个科学技术逐渐与自由相独立以及“人们的独创性”相一致的社会中，专业化行动自然是一个更能增长主动性的媒介。有远见的公民们更相信，控制一般兵工厂的技巧，对于控制环境、良好的公民以及政府行动，是有效的。

在英国，技术化的公共行动可能被视为反映了低阶级的唯物论价值观，并被视为低等阶级受外部决定的非随意行动，为此，出现针对科学技术社会地位的争论。这一争论带有对“唯物主义的”劳动阶级或中产阶级的特点的评价，并反对贵族的“高等文化”之特点。它包含科学与传统教育之间的碰撞，从上层阶级观点出发，这种冲突是需求、必然性、满足感、道德规训、内在自由、公民责任之间的冲突。这一情景
164 与美国不同。在美国，人们从普通公民的水平出发，根据自由与竞争之间的一般关系来考察科学技术的社会地位。

在 19 世纪中期的美国，国家支持公众教育普遍观念的发展。这揭示了知识传播服务于客观的、公民参与的民主政治思想。在这种情境中，科学技术教育并不被认为是向低等阶级传播规范要求和服从意识的手段，也不是教导恣意妄为、不尊重“事实”的上等阶级以勤奋和严肃的手段，而是被看作增强个体进行有效自主行动的手段。这种个体的人数越来越多。纵贯 20 世纪，美国自由思想家坚持提倡科学教

(接上页)贵族思想的观点，这种贵族思想为以“唯意志论”“个性化”“嬉闹”以及对美的欣赏而行动，以及在劳动领域融入创造力。因此，他的延伸代表了英国社会在一些情况下，贵族价值观向低等阶级传播民主化观点。在莫里斯复杂与矛盾的思想中，也可参见 Peter Stansky, *Redesigning the World: William Morris, the* 1880*'s and the Arts and Crafts* (Princeton, N.J.: Princeton University Press, 1985).

育是取代权力和自然宿命论限制的理性方式[①]。在英格兰，社会上层关注于扩展选举权可能产生的影响，特别是关注于允许“无知”、“愚昧”者参选而带来的政治进程风险。社会上层坚持鼓励科学技术教育，以此来保证政治的稳定[②]。通过对比，美国人已经趋向于将教育的作用视为把主权转让给民众必不可少的工具[③]。

“实在”既是约束，也是自由理性行动的假定。这激励了科学技术唯心主义观点。这种科学技术唯心主义观点是人类与自然对话普遍可行的手段，是参与集体行动的均衡。而在英格兰，科学技术则出现了问题，这种问题存在于不同阶级之间。美国潜在思想与政治功能的一个重要组成部分，以人类共同风险的形式，被定义成了社会政治问题。这种共同风险表现为人类征服自然，实现人类普遍愿望。知识的传播作为共和制度的必要条件，稳固贵族领导要求的必要条件，受到以下这些人的保护，例如托马斯·杰斐逊，迪威特·克林顿(DeWitt

---

① Arthur Bestor, *The Restoration of Learning* (New York: Alfred A. Knopf, 1955), pp. 34 - 35.

② Rush Welter, ed., *American Writings on Popular Education: The Nineteenth Century* (*Indianapolis: Bobbs-Merrill*, 1971), pp. xx, xxxi, lix.

③ Rush Welter, ed., *American Writings on Popular Education: The Nineteenth Century* (*Indianapolis: Bobbs-Merrill*, 1971), pp. lvi-lvii. 因为科学与技术的教育已经更显著地在美国被证明，这是通过增强市民的积极参与而不是去训练或是控制低等阶级可能的破坏性。美国的胜利者，就像他们英国的同伴那样，关注由大量未受教育以及可能的唯物主义市民所引起的潜在的混乱，在面对那些呼吁发展文化教育与高标准民族性的有力保护的“美国”优点时，变得黯然失色。这些国家优点包括智力、激进主义、明确、对严峻美学的优惠、自力更生以及文化的民主参与以及政治生活。那些持有优秀人才领导观念的美国人，是基于对于人们潜在能力的悲观主义态度的，他们是一小部分也是很长一段时间内少数的失败者(ibid., p. lix)。这样，在英格兰，作为低等阶级进入大打折扣的贵族社会化民主的社会文化特征，并不鼓励科学与技术的传播，在美国通过竞争的权力的社会传播的民主化途径，政治参与的自我约束，见多识广的判断以及有效的自愿行动已经鼓励了技术知识与政治价值的整合。然而在英格兰，科学与技术的标准已经集中于阶级分层结构中自由与训练的问题之上，以及在“低”与“高”文化，推动的原因或是决定论与唯意志论之间的可能的社会分散原因之间的张力之上，在美国科学与技术已经逐渐为在逐渐分层更加民主的社会中的自由与训练提供了资源。

Clinton)以及爱德华·埃弗雷特(Edward Everett)。因为“智力”、科学、艺术创造力的潜能被诸如贺拉斯·曼(Horace Mann)这样有影响力的美国教育家当作一种手段在男女间普遍传播。这种手段教化人们科学并不一定是通向“文明”、控制任意性,以达到促进普遍潜能实
165 现的途径[①]。科学技术教育在英格兰没能成为一般文化的要素。在美国,科学技术教育借助于进步运动、实用主义者,作为民主教育的一部分完全参与政治过程而得到提高。正如塞缪尔·亨廷顿所言,美国道德主义者确信:“政府将永远不会真正的有效”[②]。通过工具主义的道德说教和审美化努力将两者结合起来,是美国政治文化的中心主题。

对比维多利亚时代的机器美学、机器道德批判主义,美国机器的审美化、对技术进步历史任务的道德制裁,在某些方面起到了促进科学技术的战略作用。这些方面表现在应对自由与限制所带来的危害以及产生有权威的、负责任的切守规范的公共行动。在公共事务语境中,科学知识的双重维度使得工具主义即代表了非道德力量,也就是自然的而非社会或政治的约束,也代表了人类的道德能力,从而,将有效的自由行动和人类目的延伸至以前被看作专属于无情的自然必然性和偶然机遇的领域。其中,科学知识的双重维度是指,科学知识作为自然必然性的写照,以及作为人类突破外在限制自由行动的拓展工具。作为自由之心的规范和约束的表达,人类自由行动的合法要素、科学和技术为美国提供了行动范式。这一范式比自由-民主价值观念更受欢迎。

美国国内经常出现周期性的批评。这些批评指责英格兰未能在其私人和公共部门充分实现现代化,有时,也会赞赏美国的成就与力量。尽管如此,美国依旧会遭到当代英国人的批评,就像它批评其维

---

① Bestor, *The Restoration of Learning*, pp. 91 – 92, Merle Cum, *The Social Ideas of American Educators* (Totowa, N.J.: Littlefield, Adams & Co., 1959), pp. 101 – 138.

② Huntington, *American Politics*.

多利亚前辈一样。美国被斥责为机器文化和未经检验的下层阶级唯物主义的恶果。这些批评保留了早期的倾向，这种倾向使得不列颠上层阶级以一种轻蔑的眼光注视1851年英国世博会美国机器清晰朴素的展览①。从这一观点来看，美国的激进主义、“难以满足”的竞争、消费主义与英国贵族轻松、自满、随意的行动方式，完全不同。后者被内化为其他阶级的理想②。作为“荒野中的车间”，美国代表了现代的方向和前景。这既是欧洲人所迷恋的，也是他们所蔑视的。欧洲人的矛盾 166
心理表现出他们通往自然的不同取向。在英格兰，对实用的需求、对美的需求之间的张力得到巩固。这种张力在不同阶级社会差距之间、接近社会物质基础的职业之间、接近精神文化尺度的职业之间，得到巩固。美国美化实用性，在功能、形式联合体中寻找美的企图，这种做法经常被质疑③。19世纪英国对自然教化的回应、通过人类努力而得到的提升，不断增强着敬仰自然的趋势④。这种趋势认为人为干涉是无知的。

既接受英国社会的科学技术现代化之必然，又同时将这种极端过程批判为“美国化”。这种矛盾心理在20世纪得以幸存。延展科学技术价值观，以及延展科学技术在更广阔社会、政治领域内的主要隐喻。这个过程正是诸如托马斯·卡莱尔、T·S·艾略特(T.S. Eliot)等作家，通过复兴对“无形”内在范围的欣赏所希望得到的。这种无形内在范围受到宗教世界观的极大支持，同时受到像约翰·拉金斯、威廉·莫尔斯等思想家的支持，这些思想家追求复兴前工业化时期的手工艺文化和艺术力量。

---

① 参见第5章。

② Wiener, *English Culture and the Decline of the Industrial Spirit* pp.88－90.

③ Wiener, *English Culture and the Decline of the Industrial Spirit*, p.282。

④ Wiener, *English Culture and the Decline of the Industrial Spirit*, P287 On attitudes toward nature in English society, ice also Keith Thomas, *Man and the Natural World: A History of the Modern Sensibility* (New York: Pantheon Books, 1983), esp. pp.242－303 Raymond Williams, *The Country and the City* (New York: Oxford University Press, 1975).

第 7 章

社会科学和自由-民主的行动问题

社会科学声称要提出关于社会的客观的、科学的知识。在现代国家中，这就必然使它成为了科学的认知规范和文化策略在意识形态和政治层面上最为重要的表现。意识形态和社会科学尽管定位和目标各异，却都试图对人类行为和社会现象给出权威性的解释。两者的关系已经成为很多讨论和论战的主题[①]。例如，下列问题就得到了大量的关注：伦理问题和政治问题能否还原为科学技术问题？科学能否在

---

① 例如参见 Max Weber, *Max Weber on the Methodology of the Social Sciences*, trans, and intro. E. Shils and H. A. Finch (New York: Free Press, 1949); Seymour Martin Lipset, ed., *Politics and the Social Sciences* (New York: Oxford University Press, 1969); Gunnar Myrdal, *The Political Element in the Development of Economic Theory*, trans. Paul Streeten (New York: Simon and Schuster, 1969); H. Stuart Hughes, *Consciousness and Society: The Reorientation of European Social Thought*, 1890 - 1930 (New York: Vintage Press, 1958); Alvin W. Gouldner, *The Coming Crisis of Western Sociology* (New York: Avon Books, 1970); Charles Frankel, ed., *Controversies and Decisions: The Social Sciences* (New York: Russell Sage Foundation, 1976); Claim I. Waxman, *The End of Ideology Debate* (New York: Funk & Wagnalls, 1968); A. L. Caplan, ed., *The Sociobiology Debate* (New York: Harper & Row, 1978).

政治和意识形态上中立？科学的意识形态是否存在？不过我接下来的讨论关注的是另一问题：在现代自由-民主意识形态中，尤其是在确定关于个体和社会的关系、社会行动的本质、事实和价值在政治生活中的地位等问题的政治话语的关键术语中，社会科学是如何逐渐发挥重要作用的？我将试图在考察社会科学在美国民主制中潜在的政治和意识形态功能之时解决这一问题。也就是说，我将考察社会科学是如何充当了意识形态和政治资源，以使美国的自由-民主行动观被建构得更为强调个体之基本行动单元的地位，并尝试融合唯意志论进路和实验进路来研究政治。

作为自由-民主意识形态资源的社会科学

我们关注社会科学在自由-民主意识形态中的作用，但不能就此忽视的是，从绝对君主制到现代极权主义专政，非民主的意识形态和兴趣与社会研究有着深厚的历史渊源。毕竟，让-巴普蒂斯特·
柯尔贝尔(Jean-Baptiste Colbert)早在 1667 年就下令系统地收集关 168
于法国社会的事实并予以出版。18—19 世纪，法国政府继续充当了法国社会研究的主要发起人和推动者，尤其是在与军事需求、税收和公共健康问题相关的社会研究中。为了帮助和引导统治者的行动，约翰·格朗特(John Graunt)、威廉·配第(William Petty)、亨利·康林(Henry Conring)等 17 世纪早期的欧洲社会科学家都设计了测量并收集了数据。配第的“政治算术”试图从宫廷的视角来建构一副能够启示君主行动的“国王的国家”的图景。他把治理视为要求苛刻的技艺和知识，并吸收了培根的观点，声称“从事政治活动若不清楚其各个部分的对应、组织和比例关系，那就和老太婆与经验主义者的办法一样荒唐了”[①]。正如西奥多·波特(Theodore Porter)所指出的，从君主的视角看待社会和发展关于人口的知识建立在这一假设上：社会成员“是可以而且应该随意操纵的对象”[②]。在大致同一时期的德国，亨利·康林也在寻求推动关于“公共生活的事实”的知识，以帮助国家行政机构解决社会和政治实体的问题。对康林来说，作为基本行动单元的国家需要社会知识来指导其操作[③]。值得注意的是，配第和康林都曾受过医务训练，因此容易以工具性术语把知识理解为那些对社会有概览认识的人可以借此治疗社会疾病的手段。本着这一进路的精神，现代国家的官僚机构已经设计出人口普查等工具，以提升它们在社会中的行为能力。

纵然社会研究有非民主的用途，但社会科学也为增进自由-民主政治的价值观和惯例提供了一些最为有力的意识形态资源。科学知识与政治在现代国家中相互融合，而在此过程中最为有趣的一面或许就是，吸收社会科学以加强官僚控制的尝试往往同时增强了科学技术标准在公众评价和批评政府操作时的作用和权威。正如我们接下来
169 将更为详细地看到的，在现代民主国家中，行政权力的效率和能力越来越可能受到权威的公共批评，这和它越来越倾向于以工具性、技术性术语来定义自我行动有关。因此，尽管社会科学(以及自然科学)经常被专家用来引导和合理化治理者的行动，但事实上也提供了一个权

---

① William Petty, “The Political Anatomy of Ireland” (1691) in *Economic Writings* 1 (1899), 129. 中译本见：配第：《爱尔兰的政治解剖》，周锦如译，商务印书馆，1964，第5页，原译文“从事政治活动若不清楚其”处为“要搞政治工作而不了解国家”。另见 Theodore M. Porter, *The Rise of Statistical Thinking*, 1820 - 1900 (Princeton, N. J.: Princeton University Press, 1986), p. 19 里有启发性的讨论。

② Porter, *The Rise of Statistical Thinking*, p. 19.

③ Paul F. Lazarsfeld, “Notes on the History of Quantification in Sociology—Trends, Sources and Problems,” *Isis* 52(1961), 270 - 289, 290, 331. 关于法国社会经验研究先锋勒普莱(Leplay)所持的另一种精英主义的工具主义社会知识观，尤为参见 pp. 311 - 332。

威的基础，使得被治理者可以批判性地看待治理者的行动。

社会科学看待人类行为、社会和政治的视角也作用于其他的自由-民主价值观。它们促成了政治过程的去神秘化或是“祛魅”；它们暗自清除了——或者说与之展开竞争——目的论和等级制的社会观；它们认为对社会行为和政治行为更为面对当下的并通常是机械论的事实解释在规范上优于人格化的和历史性叙事；它们把社会的抽象图景证明为一个自我调节的机制，因此就为批评国家行动可能破坏自然平衡提供了一个有力的、在科学上权威的理论基础。和我所关注的最为相关的是，自由-民主意识形态需要调和对人类行动的唯意志论解释和因果论解释，而针对政治行动的某些社会科学取向为此提供了重要的支持。正是因为这样一种综合，自由-民主的行动理论才能够既承诺作为行动主体的自主个体，又承诺行动应被充分观察以使行动者负责的规则。社会科学通过把行动铸造为自主而又符合因果关系、不可见而又可见、有意义而又是事实性的东西，就强有力地支持了自由-民主意识形态区分但同时又维持着私人主体性和公共行动的整体性、自我与社会的整体性。对人类行为的社会科学解释似乎维持了主体在可选择的行动路线中做出选择的可能性，而同时又不拒斥把行为合理地理解为一个可知的因果链条系统。

我们由上述讨论就可以看出，经济学、统计学、社会学、心理学和政治科学等社会科学的术语被社会采用为什么能被当做一个重要的意识形态而发展。如果说在非民主政治的语境中，社会科学主要被用于把中心化的官僚政治控制合理化，那么在像美国这样的自由-民主社会中，它们就被用来把政治行动和责任的结构去中心化。社会科学 170
通过含蓄地在公共事务的语境中促进一种乐观的认识论，就此推动了把政治活动纳入到证明性视觉之中，并把政治活动规定为已经用于物理世界的指示性语言的正当应用对象。由于试图把社会实在建构成一个可以被见证的对象，并且能用和应用到物理自然的术语相类似的术语来讨论，这就使公众独立地参与政治成为可能，而这种政治参与是以参考对被证实的“客观的社会事实”的共同经验以对政治代理人的所说所做进行评价和判断的权威为基础的。在现代自由-民主国家中，这一发展和现代新闻业作为公共政治话语的传播媒介的出现有关。它有助于“公众”或“民意”崛起成为一种政治力量，并且这种政治力量反映了在演员及其观众之间更为民主的权力分配。

有这样一种信念或是神话，认为人至少能在一定程度上像物理对象一样是透明的，而行动也可以像物理中的物体运动一样是可观察的。正如边沁的全景敞视建筑原则所显示的那样，这一信念也支持对臣民的等级制监视①。不过，自由-民主的语境假设关于事实世界的公共的、科学的观念是存在的，这也被用来“外化”和曝光政府机构和政府官员。对于杰弗森、潘恩、普里斯特利以及随后的安德鲁·杰克逊(Andrew Jackson)总统、西奥多·罗斯福总统这些与民主的政府系统相关联的自由-民主思想家来说，它并没有假设一个高高在上而享有特权的视角(这一视角通常和这一规律概念相联系：规律就是君主的一整套命令)，而是假设了对“公共事实”的普遍-公共注视突出的有效性和权威性。这一立场在美国共和制初期受到了强烈的反对。反对既来自于反联邦主义者，也来自于伯克、卡莱尔以及新近加入的欧克肖特(Oakeshott)、哈耶克等欧洲批评者。他们坚持认为，政治并不位于可见的公共知觉领域中，而是在不可见的、内在的社会文化空间中。我已经指出，卡莱尔担忧过于重视“身体政治”而忽视“灵魂政治”的倾

① 有一种理论认为，真实的自我是不可接近的，私人和社会人之间存在矛盾。在法国，这有助于削弱等级制权威控制个体的权力。关于卢梭与自我的透明性主张的抗争，参见 Jean Starobinski, *J. J. Rousseau: Transparency and Obstruction* (Chicago: University of Chicago Press, 1988).

向。对于在政治中趋于重视能力胜过更难以捉摸的判断力,欧克肖特也有过与前者类似的抱怨[①]。

如果在解释人类行为时试图把心理原因(或精神原因)和物质原
因整合起来,就能使社会科学产生有助于将政治公共的、可见的方面 171
和其隐藏的方面连接起来的权威性策略。尽管社会科学家赋予行动的"内在"成分和"外在"成分的相对比重往往各不相同,但其中诸多佼佼者都共有一种二元论的视角。这种二元论视角在意识形态上的影响就在于给自由-民主的政治行动概念添加了智识声望。社会科学综合了唯意志论的和因果论的行动观,这有助于支撑自由-民主对自主代理人之核心地位的强调,而同时又保留了他们的行动是在可观察的因果领域中的客观事件的观念。社会科学为自由-民主的意识形态提供了一个权威性策略,以使其将公共的视觉领域中的自主行动客观化或外在化,而又把对这些可观察行为事件的因果性社会解释和有内在意图的选择连接在一起。在这里,倾向、习惯或选择的外在化为使社会政治行为从属于事实描述与判断的合乎规范的指示性语言提供了基础[②];而与之同时,在一个有意图的选择的世界中,外在可观察行为的"内在化"弱化了这些因果解释的强制性的和决定性的含义。此外,由于此二元论假设自主选择和因果解释之间有着在逻辑上和科学上

---

① Michael Oakeshott, *Rationalism in Politics and Other Essays* (London: Methuen, 1967), pp. 1 - 36. 当然,将真实的人和社会人区分开来并不必然是保守的政治意识形态的特征。正如我在第 8 章所展示的,原子论个人主义的特征之一就在于同时支持集体行动的保守模式和自由模式。例如,拉尔夫·达仁道夫(Ralf Dahrendorf)尝试将"社会是个体的伪装外表"、社会人不过是"脱离了人而回到其主宰的影子"和自由-民主的秩序观融合起来。关于以上引文和书中其他并不保守的社会观与政治观,参见 Ralf Dahrendorf, *Homo Sociologicus* (London: Routledge & Kegan Paul, 1968), p. 26.

② 凯特勒(Adolphe Quetelet)试图把行为的不可见的内在一面和它在视觉上明显的一面连接起来。对这一努力的有启发性的评论参见 Lazarsfeld, "Notes on the History of Quantification in Society," 305 - 309.

可证明的联系，这就使接受对政治行动者行为的科学解释的相关性而同时也不拒斥普通外行使用利益、目标、动机和选择的术语来诉说政治行为成为可能。

对于决定行动的自主因素和非自主的因果性因素，迪尔凯姆、韦伯、齐美尔（George Simmel）、詹姆斯（William James）、杜威、帕森斯（Talcott Parsons）、默顿（Robert K. Merton）和希尔斯（Edward Shils）这些社会科学家赋予了两者不同的相对比重，这当然对于他们各自理论的意识形态意义有着重要的含义。如果从相关社会科学家所处的社会政治和意识形态氛围来考察这些差异，一定程度上就能反映出欧洲和美国针对行为的文化取向差异。例如可以比较：美国明显倾向于认为，社会实在次于或派生于个体实在；而欧洲则倾向于把社会这样的群体当作基本实在，把个体视作是次要的或派生的[①]。在美国的社会科学传统中，社会心理学、经济学和统计学研究社会行为的
172 进路具有显著的特点：它们对方法论的个人主义有着强烈的偏好，并与之对应地不信任宏大理论，同时还受到了美国实用主义哲学真理观、知识观和行动观的影响[②]。上述特点显得与这样一种立场更为一致：把个体行动者当作是基本的主体，而把社会当作是派生的或是由自主行动者的行动和互动所不断建构出的东西。这一特征明显不同于——尽管并不是完全不同——欧洲把社会当作一个总体的、包罗一切的、所予的并在很多方面是封闭的系统。从某种程度上来说，这些差异可能与很多欧洲社会的种族传统有关。同样可能与之相关的是，君主制观念认为存在一个享有特权的概览式的、从社会等级之巅进行

---

① 关于欧美对于自我和社会的观念差异，参见 Geoffrey Hawthorn, *Enlightenment and Despair*: *A History of Social Theory* (Cambridge: Cambridge University Press, 1987); and Steven Lukes, *Individualism* (Oxford: Basil Blackwell, 1989).

② 参见接下来的讨论。

观看的视角。君主继承了能看到其臣民的“上帝之眼”，这样就会对整个社会有一个享有特权的、包罗一切的图像。和美国社会强烈的反种族的移民精神相应，美国的平等主义极端地反对允许任何个体或团体声称对整个社会有一个享有特权的权威性视野。显而易见，这就促成了统一性较低的社会观和对把社会当作一个可以被整体地知觉的所予对象的怀疑。或许正是由于这些差异，实用主义这种美国本土哲学才能完全拒绝把社会当作证明性注视下的统一客体的理念，并转而提出一种更为易变的去中心化的社会观。按照这一观念，形形色色的个体在行动的语境中各不相同地遇到和经验社会。

在自由-民主语境下的不同社会和文化语境中，社会科学最为重要的影响或许就是这一理念：如果将唯意志论的行动理论限定到个体层面，而将对行为的因果解释限定到集体或集合层面，两者就是可调和的。阿道夫·凯特勒是 19 世纪早期比利时统计学家的先驱。他曾受过宇航员训练。他认为，接受自由意志和个体差异的同时仍然可以发现支配社会行为的统计规律或常规聚合[①]。鉴于现代科学思想接受不完全决定论或概率，单一地预测个体行为存在限制，并且有观念认 173
为这些限制与存在只在社会行为的集合层面才能反映出来的统计规律的主张并不冲突，凯特勒的看法得以加强。对于这种调和社会行为的科学解释和承诺人类是具有自由意志的自主主体的方案，英国物理学家约翰·赫歇尔(John Herschel)和苏格兰物理学家詹姆斯·麦克斯韦(James Maxwell)等其他领域的杰出科学家热情地予以接受[②]。也有德国经济统计学家阿道夫·瓦格纳(Adolph Wagner)这样的人坚持认为，对犯罪、自杀、婚姻和价格的统计中的周期性波动强有力地

① Porter, *The Rise of Statistical Thinking*, pp. 149 - 192.

② Porter, *The Rise of Statistical Thinking*, pp. 120, 196.

论证了一个与自由意志相对立的、定量的社会科学[①]。但尽管如此，统计学通常被当作一种并不必然地反对个体层面的自由意志或多样性之可能性的因果观。

正如西奥多·波特所指明的，凯特勒和亨利·巴克尔（Henry Buckle）这些欧洲统计学的杰出人物意识到，尽管统计学作为一门科学促进了知识的进步，但它被接受还受到了其对象是群体现象而不是个体现象这一事实的影响[②]。如果统计学能够为社会提供一个证明-科学观察和指称性-描述性话语的对象，而同时保留了个体的唯一性、多样性、不可预测性、难以捉摸性和一定程度上的不可见性，那么它就可以和这一时代正在延伸的自由-民主承诺共存。像经济学、社会学和政治科学中其他的定量社会科学传统一样，统计学似乎也为麦克斯韦所谓之"存在一种有序的自由"[③]的自由-民主主张提供了强有力的智识支撑。根据这一视角，秩序的根本原则是自由，而并不是霍布斯所想的惧怕，也不是君主或贵族的辩护者所声称的特权。

美国在欧洲的一些对应

要搞清楚美国用社会科学研究行动的进路和意识形态相关的特征，可以把它和在欧洲的主要对应进行比较，例如法国社会学家埃米尔·迪尔凯姆和德国社会学家马克斯·韦伯。迪尔凯姆和韦伯都承诺了塔尔科特·帕森斯所谓的唯意志论行动理论[④]，也都致力于对行为进行经验取向的科学研究和因果分析。尽管如此，迪尔凯姆在他的

---

① Porter, *The Rise of Statistical Thinking*, p. 169.

② Porter, *The Rise of Statistical Thinking*, p. 163.

③ Porter, *The Rise of Statistical Thinking*, p. 196.

④ 参见 Talcott Parsons, *The Structure of Social Action*, vols. Ⅰ, Ⅱ (New York: Free Press, 1937).

理论研究和更为定量的研究中反映出一种明显的“方法论的集体主义”倾向，即用集体、群体或社会力量的性质来解释社会现象[1]。与之 174
相反，马克斯·韦伯更倾向于“方法论的个人主义”，这一立场把社会现象解释为源于个体主体的行动和互动[2]。这两位现代社会学的奠基人并不完全遵循于他们的进路。迪尔凯姆有时会使用方法论的个人主义的语言，而韦伯也诉诸集体的实体和过程来解释社会、经济和政治现象。不过，他们在方法论视角上的差异还是足以导致他们各自的社会行动理论对意识形态的影响大为迥异。

按照迪尔凯姆的观点，“集体表征”即社会生活基本成分的符号化，它们尽管是通过个体复杂的互动而历史地形成的，事实上却是对“整个社会所处的各项条件”的回应[3]。这样，“集体表征”就反过来居于个体行动之中并对其加以形塑。尽管迪尔凯姆坚持认为社会学应该同时包含自由意志和决定论[4]，但相比个体主体，他实际上更为重视社会力量。他认为实在抵制“以人们的简单愿望而改变”[5]。社会实在独立于有意志的个体，这表明“个体的特性只是一种受社会因素的决定而经常变态的不定的素材”[6]。迪尔凯姆既强调了社会作为限制和

---

① 例如参见 Emile Durkheim, *The Elementary Forms of the Religious Life* (New York: Free Press, 1968); Emile Durkheim, Le Suicide: étude de sociologie (Paris: Alcan, 1951).

② Max Weber, *Economy and Society*, eds. Guenther Roth and Claus Wittich (New York: Bedminster Press, 1968); Weber, *Max Weber on the Methodology of the Social Sciences*.

③ Emile Durkheim, *The Rules of Sociological Method* (1885) (New York: Free Press, 1964), p.106. 中译本见：迪尔凯姆：《社会学方法的准则》，狄玉明译，商务印书馆，1995，第 121 页。

④ Emile Durkheim, *The Rules of Sociological Method* (1885) (New York: Free Press, 1964), p.141.

⑤ Emile Durkheim, *The Rules of Sociological Method* (1885) (New York: Free Press, 1964), p.28. 中译本见：迪尔凯姆：《社会学方法的准则》，狄玉明译，商务印书馆，1995，第 48 页。

⑥ Emile Durkheim, *The Rules of Sociological Method* (1885) (New York: Free Press, 1964), p.106.

形塑个体行为的实体的基础地位，也承诺了把自主个体当作社会行动者的自由观念。他是如何处理这两者之间明显的张力的？他是如何把社会学的决定论和唯意志论的行动理论这两者的要素结合在一起的？迪尔凯姆是尝试通过把个人主义自身作为社会的产物，来解决他的个人主义和方法论的集体主义之间的张力。正如爱德华·蒂尔雅凯安(Edward Tiryakian)指出的那样，在迪尔凯姆那里，对超自然存在的崇拜是如何在早期社会形成的，对个人主义的崇拜也就是如何成为一个集体的、社会的结果的①。进一步地，迪尔凯姆通过提倡对世界的理性-科学取向在规范上胜过神话取向，以缓和他的社会观和他赋予个体的价值两者之间的张力。事实上，在这一和奥古斯特·孔德(Auguste Comte)社会历史观相一致的方向上，迪尔凯姆看到了一种进步的历史趋势。根据迪尔凯姆的观点，科学和神话一样是集体表征
175 和群体符号建构。但科学的世界观不像神话，它强化了个体的自主性，并因此和作为集体表征的个人主义之崛起是兼容的。和神话思想把个体心灵合并成“一个单一的、集体的心灵”不同，科学提供了并不削弱个体心灵自身整体性的社会思想和交流。它实现这一结果的途径是用作为诸多零散心灵之对象的实在的统一性替代了神话思想中心灵的统一性。确保世界作为思考主体之外的外在对象的统一性使得科学“将各种心灵转变为非人格的真理”②，却没有削弱个体作为零散的心灵和思考主体的整体性。迪尔凯姆说，“科学带来的非人格真

---

① 参见 Edward Tiryakian, *Sociologism and Existentialism* (Englewood Cliffs, N.J.: Prentice-Hall, 1962), pp.54-60. 关于迪尔凯姆把个体当作是国家产物的理念，另见 Emile Durkheim, *Professional Ethics and Civic Morals*, trans. Cornelia Brookfield (London: Routledge & Kegan Paul, 1957), pp.55-64.

② Emile Durkheim, *Pragmatism and Sociology*, trans. J.C. Whitehouse, ed. J.B. Allcock (Cambridge: Cambridge University Press, 1983) (oral delivery 1913-14), esp. pp.86-98. 中译本见：涂尔干：《实用主义与社会学》，渠东译，上海人民出版社，2000，第 145 页。

理为每个人的个性留出了地盘。”①

迪尔凯姆以笛卡尔的心灵-实在二分法为基础，发展出了一种“心灵的自由主义”。据此，实在作为诸多思考和感觉主体的对象，其“刚性”、统一性和稳定性允许个体心灵的自由和多样性，同时又无需承担混乱或无序的风险。迪尔凯姆通过把客观实在的概念延伸到社会领域，试图不仅确保与个人主义兼容的实证社会科学是可能的，还在更为广泛的范围内为个人主义和组成社会的可共享经验的和谐打下基础。因此，对迪尔凯姆来说，确证了刚性的、事实性的社会实在，就保护了个人主义和社会秩序共同的基础：一个自主行为的领域和一个必然性的领域。因此，迪尔凯姆的方法论的集体主义，也就是赋予群体实在比个体实在更为基础的地位，限制了但也没有完全削弱其社会学的自由-民主影响。迪尔凯姆通过把看待社会行为的宗教或神话视角替换为科学视角，提出“以尊重的态度，而不以拜物教的态度来研究历史上形成的一切制度”②。当然，这种并不神秘化的尊重的组合与针对社会的自由取向极为协调。从根本上来说，迪尔凯姆的社会学对于自由-民主意识形态最为重要的一面就是他二元的行为观。在他那里，行为既有私人的维度又有公共的维度、既是可见的又是不可见的、既是外在的又是内在的。他写道，“行动意味着将自身外在化，超越自身。”按照迪尔凯姆的观点，人 176
不能同时“既完全内在于自身，又完全外在于自身”③。自主包括能够自

① Emile Durkheim, *Pragmatism and Sociology*, trans. J. C. Whitehouse, ed. J. B. Allcock (Cambridge: Cambridge University Press, 1983) (oral delivery 1913 - 14), esp, pp. 88 - 91; Emile Durkheim, *Sociology and Philosophy*, trans. D. F. Pocock (Glencoe: Free Press, 1953), pp. 96 - 97. 中译本见：涂尔干：《实用主义与社会学》，渠东译，上海人民出版社，2000，第 150 页。

② Durkheim, *The Rules of Sociological Method*, p. 143. 中译本见：迪尔凯姆：《社会学方法的准则》，狄玉明译，商务印书馆，1995，第 154 页。

③ Durkheim, *Pragmatism and Sociology*, p. 80. 中译本见：涂尔干：《实用主义与社会学》，渠东译，上海人民出版社，2000，第 133 页。

主地调和内在状态和外在必然性。这种对社会实在的适应不应该挑战个体的尊严与自主，因为社会并不是超然于我们或者外在于我们的，而是“存在于我们之中，……就是我们”①。对于个体来说，自主意味着“理解他不得不承受的必然性，并基于对各种事实的充分认识去接受它们”②。因此，科学作为一种认识这些必然性和区分事实与假象的手段，有助于这种理性地适应保留了个体的尊严与自主的实在。

迪尔凯姆的著作中贯穿着这两者之间的张力：一是把科学知识当作是依赖于社会组织特定形式的集体表征，二是把科学看作是确证社会事实的本质时的权威③。但是，他一直以来与这些张力所作的斗争恰恰使得他的著作呈现出与自由-民主意识形态的相关性：自由-民主意识形态希望通过理性地认识事实所强加的束缚来取代强制，它使用科学来调和个体自主性和限制与秩序的必然性。迪尔凯姆担忧极端的个人主义会认同一种正如实用主义那样会威胁到自主性与秩序之平衡的知识观。很大程度上正是因为此，迪尔凯姆坚持群体实在，并坚持认为社会科学拥有表征群体实在并使其被理性地理解为抑制自由主义所潜在的无政府主义的权威。

不过，迪尔凯姆的科学理性主义包含了对待公共行动的精英取向。他建议，在修正真理和事实的标准以及引导公共政策和国家行动时，像他自己这样的专业人员要有享有特权的特殊地位④。他的视角隐含着欧洲典型的既定权威的等级制注视——这种注视是自上地观

---

① Durkheim, *Sociology and Philosophy*, p.57. 中译本见：涂尔干：《社会学与哲学》，梁栋译，上海人民出版社，2002，第 61 页。

② Durkheim, *Professional Ethics and Civic Morals*, p.91. 中译本见：涂尔干：《职业伦理与公民道德》，渠东，付德根译，上海人民出版社，2001，第 96 页。

③ Timothy V. Kaufman-Osborn, “Modernity's Myth of Facts: Emile Durkheim and the Politics of Knowledge,” *Theory and Society* 17(1988), 121 - 147.

④ Durkheim, *Professional Ethics and Civic Morals*, pp. 98 - 109.

看社会，而不是公民作为一个自下地观看政府的公众的民主注视。也正因为此，迪尔凯姆颇具代表性地声称："国务活动家的责任……是担任医生的角色：以良好的医疗预防疾病的发生，但疾病一旦发生就设法医治。"①科学家帮助国务活动家维持好的社会的和政治的"医疗"。在这里，社会科学很大程度上是政府或官僚进行控制的资源、强加秩
序和规训的手段。按照迪尔凯姆的观点②，由于科学并不是一个私人 177
的而是非私人-普遍的理由，因此用知识渊博、深思熟虑的活动取代未经深思、不由自主的行动的过程就可以被当做民主化的过程：它扩充了自主行动的范围，而这意味着只要公民能被教育和引导得理性地行动，自由和自主便能由此得出。

作为一种对社会行动的基础去神秘化和去神话化的手段，迪尔凯姆的社会学和欧洲的自由主义及其启蒙传统的关键元素是兼容的。不过，他的精英改革模式、对于社会实在的基础地位的强调、派生的个人主义、社会概念和知识与真理观念使他看待社会行动的科学视角与美国的自由-民主意识形态格格不入。

美国的意识形态植根于欧洲的国家契约理论中，有着强烈的自然权利传统，强调个体是政体的创造者，认可把实验进路应用于政治，因而对韦伯的社会学更为友好③。韦伯社会学承诺了方法论的个人主义，这使得它在意识形态上与自由-民主的行动问题更为相关。相比迪尔凯姆的社会学，它解释世界和公共领域的方式相当多地保留了个体作为行动的根本源头的地位。韦伯指出，"就社会学目的而言，……

---

① Durkheim, *Professional Ethics and Civic Morals*, p. 75.（经核对，此处应为 Durkheim, *The Rules of Sociological Method*, p. 75.——译者注）中译本见：迪尔凯姆：《社会学方法的准则》，狄玉明译，商务印书馆，1995，第92页。

② Durkheim, *Sociology and Philosophy*, p. 65.

③ 关于韦伯社会学和美国自由-民主价值观的密切关系，参见 Edward Tiryakian, "Neither Marx nor Durkheim ... Perhaps Weber," *American Journal of Sociology* 81(1975), 1-33.

并没有像行动着的集体人格这类的东西”，国家只是“个人间社会互动的复合体”①。行动之所以是社会的，并不是因为它衍生于一个既定群体的性质，而是因为“行动者的主观意义关涉到他人的行为”②。因此，韦伯把行为外在的、可观察的一面和对行动在社会语境中的意义的解释性理解结合起来③。由于他一开始就把个体当作是社会行动的基本主体，这样他就必须展示，行动者赋予他们行动的主观意义是如何能在可信赖的观察的帮助下被“客观化”和理性重建的。韦伯试图实现这一目标的办法是把个体行动者视作有意图的主体，他们始终根据对于其行动相对于其目的的工具性的认识来选择行动。因此在韦伯的社会学中，不可见的、内在的主观意义世界是和使社会井然有序的可观察社会活动世界联系在一起的。

178 按照韦伯的观点，唯意志论和决定论、意图和原因、原则和结果之间的二元论先天就是割裂的，这就基本上迫使政治行动者生活在一个背负着重要而通常又无法解决的悖论的世界中④。为了应对这些悖论和对付所有情境下的刚性事实，政治行动者必须具有坚强的性格。从根本上是怀疑的视角来看，世界是混乱的和不确定的。社会科学通过为行动者提供可以将某些结构施加于世界的手段，有助于增强人类面对命运、影响私人生活和社会生活时的力量。韦伯把超凡魅力看作是一种创造性的力量，它能够抑制官僚结构令人窒息的不利影响。这表明，对于和无情的非人格力量与过程相对的个体主体性，他尝试赋予

---

① Weber, *Economy and Society*, vol. Ⅰ, p. 14. 中译本见：韦伯：《社会学的基本概念》，顾忠华译，广西师范大学出版社，2005，第17－18页，原译文“行动着的集体人格”处为“个人的集合体去‘行动’”。

② Weber, *Economy and Society*, vol. Ⅰ, p. 4.

③ Weber, *Economy and Society*, vol. Ⅰ, p. 15.

④ Max Weber, “Politics as a Vocation,” in *From Max Weber Essays in Sociology*, eds. H. H. Gerth and C. Wright Mills (New York: Oxford University Press, 1958) pp. 77－128.

其潜在的补偿功能。韦伯怀疑人类是否能够应对行动世界的不可知性和道德上的自相矛盾，而恰恰是因为他如此重视的个体是有意图的、始终受到非理性力量威胁的行动者，因此他的理性-工具性的人类行动体系，也就是深思熟虑后使手段适应于目的，在一个层面上就可以被解释为是一种他应对他自身这种怀疑主义的方式。当然，在另一个层面上，这个手段-目的体系是一个有力的社会科学理论视角，从这一视角我们可以搞清楚由规范要素和物质要素混合而成的行动。韦伯写道，"如当某人引用 2×2＝4 此命题或是以毕达哥拉斯定理作推论，……我们可以完全清楚理解其意义关联。同样的，当某人根据我们熟知的'经验事实'，以一定手段达到既定目标并产生一定行动结果，其行动便可以理性地理解。"①考虑到韦伯重视社会和历史过程中非理性因素的程度，那么他对其手段-目的体系的应用做出大量的限制就不奇怪了。尽管如此，他坚持认为，即使是在分析和理解作为"理性行动的概念式纯粹类型的'偏离'部分"的"非理性的、由情感决定的行动要素"时，手段-目的体系也是有用的②。

因此，在韦伯的解释中，行动的内在规范性和物质因果性在逻辑上是不可分割的。人们为了解释行动并将其判断为与已知的影响或促进特定目的之推进的因果运行有关的手段，就需要把目的归因于行动，并确立从规范上对行动加以调和的目标③。

韦伯在提出他看待行动的二元论视角时，非常明确地拒斥对历史

---

① Weber, *Economy and Society*, vol. 1, p. 5.（原书误将"2×2＝4"写为"2＋2＝4"，现根据韦伯原文订正。——译者注）中译本见：韦伯：《社会学的基本概念》，顾忠华译，广西师范大学出版社，2005，第 6 页，原译文"毕达哥拉斯定理"处为"勾股定理"。

② Weber, *Economy and Society*, vol. 1, p. 6.

③ 关于现代视角下理性地解释人类行为的重要缺陷，参见 Jon Elster, "The Nature and Scope of Rational Choice Explanation," *Science in Reflection*, The Israel Colloquium: Studies in History, Philosophy and Sociology of Science, vol. 3, ed. E. Ullmann-Margalit (Dordrecht: Kluwer, 1988), pp. 51－65.

179 “片面的唯心论的”和“片面的唯物论的”因果解释[①]。因此，他的进路是同时通过“精神”原因和“物质”原因来解释政治现象。他的社会学同时包含不完全决定的因果论和目的论，允许他所谓的“责任伦理”。“责任伦理”假设，关于预料到的行动之结果的知识可以被要求进入到主体的选择中[②]。换句话说，**假定了因果性，就为把行动者判断为在行动过程中负责的选择者奠定了基础；反过来，他们的价值观和目标又为把人类行为诉诸使用工具性术语的因果分析奠定了基础。**正是当行为并不是被视为随机现象抑或严格规律的表现，而是被视作自由的、有意图的主体和能被意识到的限制的互动之时，趋势和规则的重构才同时允许归因于行动语境中的因果性和责任。正是因为行为可以被解释为与选择、原因、结果和偶然性相一致的互动，行动才能被同时当作是自主的、被因果决定的、可观察的和有意图的，而主体的负责任也可以被维持。

从自由-民主意识形态的视角看，韦伯的社会学提供了一个强有力的公式，从而将对行为的遵循公共的逻辑和观察标准的解释中的可观察一面和不可观察一面连在一起。韦伯非常明确地把社会科学的意识形态意义赋予方法论的个人主义和对唯心主义的、有机论的和浪漫主义的行动观和社会观提出挑战的唯意志论行动理论。韦伯在去世前不久坦言：“如果我已经成为一名社会学家，那主要也是为了祛除仍然萦绕在我们周围的集体概念的幽灵。换句话说，社会学自身只能起步于一个或多个零散的个体的行动，并因此必须严格地采用个人主

---

① 参见 Max Weber, “Objectivity in Social Science and Social Policy,” in *Max Weber on the Methodology of the Social Sciences* 和 Max Weber, *The Protestant Ethic and the Spirit of Capitalism*, trans. T. Parsons, intro. A. Giddens (New York: Charles Scribner & Son, 1978), p. 183. 中译本见：韦伯：《新教伦理与资本主义精神》，康乐，简惠美译，广西师范大学出版社，2007，第 189 页。

② Weber, “Politics as a Vocation,” esp. pp. 118 - 128.

义方法。”[1]尽管推进有助于使“集体概念”失去信任的社会科学的愿望和迪尔凯姆用科学取向取代神话取向的希望并无冲突，但正如韦伯后半句所说，他是希望通过强调方法论的个人主义来弱化“集体概念”。相比之下，在迪尔凯姆那里，个人主义自身是一个派生的事实，而不是基本的事实；个人主义被以科学的视角看待社会所支撑和保护，而这 180
种视角可以把社会疏远为一个分离观察的统一对象。

迪尔凯姆和韦伯使用了不同的策略来对社会行动去神秘化。正如我已经指出的，尽管韦伯著作中的一些重要章节和方法论的个人主义并不严格一致，但他的社会理论是和自由-民主意识形态的重要预设一致的并对其提供了支持。这尤其表现在，在他看来，规范可以通过自主的个体主体所实施的社会行动而在社会实践中被制度化[2]。

对于韦伯行动理论的意识形态相关性来说，重要的是他并没有把政治当做是社会力量的自主运行而产生的现象[3]。他的工具性行动观和从意识形态上把政治领域证明为自由行动的领域是一致的。因此，毫不奇怪的是，爱德华·蒂尔雅凯安这样的观察者能够指出韦伯社会学和美国文化及意识形态的重要特征的极为契合之处，例如“工具性能动主义”、坚持行动的自主性、对不强调个体的联合而是强调个体之间互动的个人主义的承诺、把社会当作是始终正在出现而未完成并始终被建构的实体的观念[4]。韦伯对“集体实体”持唯名论的观念，而美

---

① 引自 W. Mommsen, “Max Weber's Political Sociology and His Philosophy of World History,” *International Social Science Journal* 17(1965), 25.

② 关于尤尔根·哈贝马斯(Jurgen Habermas)与之相关的讨论，参见其 *The Theory of Communicative Action*, vol. Ⅰ, trans. T. McCarthy (Boston: Beacon Press, 1981), pp. 243 - 271.

③ Dennis Wrong, “Max Weber and Contemporary Sociology,” in *Max Weber's Political Sociology*, eds. R. M. Glassman and V. Murvar (Westport, Conn.: Greenwood Press, 1984), p. 76.

④ Tiryakian, “Neither Marx nor Durkheim,” 1 - 33.

国的社会科学已经在强调唯意志论个人主义的行动观和不完全决定的社会实在观中呈现出一种完全超越韦伯的趋势。但由于他重视对主体意志的事实限制是他的社会学和德国浪漫主义历史观以及伦纳德·克里格(Leonard Krieger)所谓“德国的自由理念”最为冲突的地方,因此它当然和德国的自由主义教育尤为相关①。

美国社会理论中的个人主义与互动论

美国的社会思想家们发展出了他们自己的二元论来研究社会行动。这在一定程度上是受到欧洲思想家们的影响,同时也在一定程度是对更为本土的美国智识和文化传统的回应。在19世纪末将社会科学职业化的早期尝试的语境中,就可以发现美国对待行动、权威的意识形态和政治取向与个人主义的唯意志论行动观之间的密切关系。19世纪90年代到20世纪初,对于斯宾塞式和马克思主义式实证主义
181 的反动②、对形式主义的批判、对德国唯心主义的拒斥和对关于社会的

---

① Leonard Krieger, *The German Idea of Freedom* (Chicago: University of Chicago Press, 1972) and Ralf Dahrendorf, *Society and Democracy in Germany* (Garden City, N.Y.: Doubleday, 1969).韦伯试图用自主个体行动的术语来把社会行动概念化。当他的观点和威廉·冯·洪堡(Wilhelm Von Humboldt)、歌德(Goethe)、叔本华(Shopenhauer)、尼采(Nietzsche)和托马斯·曼(Thomas Mann)等德国思想家的著作中的自我-社会二分法放在一起时,这一尝试在当代自由-民主意识形态中的意义就变得尤其明显。参见 W. H. Bruford, *The German Tradition of Self-Cultivation: "Bildung" from Humboldt to Thomas Mann* (Cambridge: Cambridge University Press, 1975) and Thomas Mann, *Reflections of a Nonpolitical Man*, trans. and intro. Walter Morris (New York: Frederick Ungar Publishing Co., 1983).

② 参见 Morton G. White, *Social Thought in America: The Revolt against Formalism* (Boston: Beacon Press, 1952); Parsons, *The Structure of Social Action* and H. Stuart Hughes, *Consciousness and Society*.

封闭系统理论的日益不信任共同形塑了美国的智识氛围[①]。

美国的社会理论家们质疑欧陆个人主义割裂个体和社会、预设集体行动被自“外”地生成于无意识的机械论的或守法主义(形式主义)的工具。他们在这种基础性的挑战中呈现出一种独特的趋势,即趋于树立并不严格区分或对立个体与社会的“互动的个人主义”。托马斯·哈斯克尔(Thomas Haskell)在提及美国19世纪末到20世纪初的社会思想时,指出了19世纪美国的个人主义和自力更生的理念是如何日益受到对社会经验的不稳定性和个体能够相互依赖的程度的认可的影响的。他写道,“这是一个职业社会科学家在其中发挥了巨大作用的领域,因为很大程度上正是因为他们在解释上的超凡技术,人们才能学会理解他们的复杂情境;很大程度上也是通过他们的预测能力,人们才可以共同控制社会的未来并因此获得他们的少量自由的现实价值。”[②]正是这个认为自由是通过行动而实现的观念,引领着美国社会思想家和自由-民主思想家接受了将唯意志论和有科学根据的工具主义综合起来的可能性。美国社会科学学会(the American Social Science Association)是于19世纪末到20世纪初兴起的。这既明显地表现出一种巩固这一观点的智识倾向:社会行为是相互依赖的部分之间的互动;也明显地表现出把社会政治价值观愈加归因于作为权威建构公共行动之资源的科学[③]。在这种氛围中,科学知识可以被用来防止相互依赖堕落成个人或群体统治抑或是一群没有个性之人。受本土的文化取向和政治取向滋养,方法论的个人主义和经验的知识

① Thomas L. Haskell, *The Emergence of Professional Social Science*: *The American Social Science Association and the Nineteenth-Century Crisis of Authority* (Urbana: University of Illinois Press, 1977), p. 9; Hawthorn, *Enlightenment and Despair*, pp. 191 - 216.

② Haskell, *The Emergence of Professional Social Science*, p. 14.

③ Haskell, *The Emergence of Professional Social Science*, pp. 24 - 47.

观在美国社会科学中结合而成这样一种行动观，它充分开放地允许对自主主体性的强调，但也足够坚决地允许对行为的科学分析和与之对应的客观或中立解释。对相互依赖的强调蕴含了在平等的人之间民主的互惠互动观。它既拒斥把个体置于社会之外的极端独立，又拒斥使个体从属于社会的依赖①。

182 塔尔科特·帕森斯是迪尔凯姆的理念在美国的核心传达者。尽管他在自己的社会学著作中强调了“规范共识”、“结构整合”、“社会系统”的“功能”维度这些社会行动的集体方面，但他的理论取向反映出对韦伯的唯意志论行动理论遗产的强烈承诺。帕森斯关注作为社会行动要素的“人格”的作用和“价值”的地位，这就调和了他对集体的、系统的因素的重视②。不过，已经有很多优秀的美国社会科学家更加强调个体作为社会结构的制造者和创造者的地位，也更加强调互惠的、互动的行动观。帕森斯的“社会系统”概念已经被美国有影响的理论家所批判，这其中就有同时抛弃了心理学还原主义和社会学还原主义的罗伯特·K·默顿。默顿强调，个体是一个处于在社会中被组织起来的选项之中的选择者，这就使他有代表性地对欧洲社会学家倾向于寻求包罗一切的一般理论产生了怀疑③。有人提出，在美国对欧洲——尤其是欧陆——对社会现象的取向的回应中，默顿“把迪尔凯姆的观点翻转过来。默顿并没有使个体面对完全外在、向下的规范。

① 这些社会行动的范畴并不总是平等地应用于所有美国人身上。例如参见 Gunnar Myrdal, *An American Dilemma*: *The Negro Problem and Modern Democracy* (1944; New York; Harper and Row, 1969).

② S.N. Eisenstadt with M. Curelaru, *The Form of sociology*: *Paradigms and Crises* (New York: John Wiley and Sons, 1976), p.105; Parsons, *The Structure of Social Action*, vol. Ⅱ, p.18; T. Parsons, "Unity and Diversity in Modern Intellectual Disciplines," *Daedalus* 94(1965), 39-65.

③ L.A. Coser, "Merton's Uses of the European Sociological Tradition," in *The Idea of Social Structure*, ed. L.A. Coser (New York: Harcourt Brace Jovanovich, 1975), p.98.

也就是说，在默顿那里，个体必须在多种不可兼容的规范中找到他们自己的取向。”①

与之类似，我们也可以在罗伯特·帕克(Robert Parke)、彼得·布劳(Peter Blau)、阿尔文·古德纳(Alvin Gouldner)等很多其他社会学家那里，发现他们倾向于把个体当作自主选择者和行动者的视角来看待社会现象。这些倾向使得一些美国社会科学家尤其容易受到乔治·齐美尔的影响。齐美尔强调社会现象是过程而不是结构，赋予“互惠”、“冲突”、“交换”这些概念以核心地位，这让他在“古典”欧洲社会学家中显得格外显眼②。其他强调个体行动者比“社会系统”更为根本的美国社会科学家还有：关注社会冲突之作用的 C·赖特·米尔斯(C. Wright Mills)，以及诸如罗伯特·贝尔斯(Robert Bales)和乔治·霍曼斯(George Homans)这样强调个体目标和小群体之作用的社会心理学家。之后一代的社会科学家通过把行为看作个体利益和策略的功能，使方法论的个人主义更进了一步。这包括安东尼·唐斯 183
(Anthony Downs)、约翰·海萨尼(John Harsanyi)、托马斯·谢林(Thomas Schelling)和罗伯特·科尔曼(Robert Coleman)③。赫伯特·米德(George Hebert Mead)和尔文·戈夫曼(Erving Goffman)这些

---

① Rose Laub Coser, “The Complexity of Roles as a Seedbed of Individual Autonomy,” 见 L. A. Coser, “Merton’s Uses of the European Sociological Tradition,” in *The Idea of Social Structure*, ed. L.A. Coser (New York: Harcourt Brace Jovanovich, 1975), p.239.

② D.N. Levine, E.B. Carter, and E.M. Gorman, “Simmel’s Influence on American Sociology Ⅰ,” *American Journal of Sociology* 81 (January 1976), 813 - 845, and “Ⅱ,” *American Journal of Sociology* 81 (March 1976), 1112 - 32. 另见 Donald N. Levine, *Simmel and Parsons* (1952; New York: Arno Press NYT, 1980).

③ T.C. Schelling, *The Strategy of Conflict* (Cambridge: Harvard University Press, 1960); T.S. Coleman, *Power and the Structure of Society* (New York: W. W. Norton, 1974); A. Downs, *An Economic Theory of Democracy* (New York: Harper, 1957); J.C. Harsanyi, “A Simplified Bargaining Model for the n-Person Cooperative Game,” *International Economic Review* 4(1963), 194 - 220.

“符号互动论者”在研究个体在形塑社会情境之意义中的作用时，也假设了方法论的个人主义的视角。在另一位有影响的社会理论家爱德华·希尔斯的著作中，也可以发现他对方法论的个人主义的强烈承诺——他把个体当作是文化的承担者①。这些例子似乎都支持了R. C.欣克尔(R.C. Hinckle)和G.J.欣克尔(G.J. Hinckle)的这一意见：美国社会学明显而持存的特点是假设任何社会群体的结构都是“作为其零散成分的个体所汇集的结果，社会现象从根本上源自于这些正在知道、感觉和有意志的个体的动机。”②当然，如此强调个体是社会行动的最基本单元也是美国政治科学的特点③。美国的文化和政治视角强调社会制度的秩序是一种始终被协商的实在，这就为把个体的功效强调为行动者的社会的和意识形态的行动理论的发展提供了一个最为相宜的语境④。从某些方面来看，恰是韦伯试图在德国树立的针对政治、权威和行动的取向使得美国既接受了他的社会学，又容易发展出它自己的、甚至是更为激进的个人主义的唯意志论行动理论。

---

① S.N. Eisenstadt, *The Form of Sociology* (New York: J. Wiley, 1976), pp. 194－276.

② 引自 Haskell, *The Emergence of Professional Social Science*, p. 251.

③ 参见 David Truman, *The Government Process* (New York: Knopf, 1958); Robert A. Dahl, *Pluralist Democracy in the United States* (Chicago: Rand McNally & Co., 1967); H. Simon, "Political Research: The Decision Making Framework," in *Varieties of Political Theory*, ed. David Easton (Englewood Cliffs, N.J.: Prentice-Hall, 1966); Herbert A. Simon, "Human Nature in Politics: The Dialogue of Psychology with Political Science," *American Political Science Review* 79(1985), 293－304; Anthony Downs, *An Economic Theory of Democracy* (New York: Harper and Row, 1957)；关于一些历史性的论述，参见 Donald Moon, "The Logic of Political Inquiry," in *Handbook of Political Science*, vol. Ⅰ, eds. Fred I. Greenstein and Nelson W. Polsky (Reading, Mass.: Addison-Wesley, 1975), pp. 131－228.

④ 关于这一点，我在1985年和爱德华·蒂尔雅凯安进行了多场有益的对话。另见 Gabriel Almond and Sidney Verbal, *Civic Culture Political Attitudes and Democracy in Five Nations* (Princeton: Princeton University Press, 1963), pp. 168－207 中关于“公民能力”和公民对普遍性政策形成中的影响的讨论。

美国的社会学和政治科学强调深思熟虑的个体行动者在社会现象生成中的作用,并将对方法论的个人主义的承诺延伸到了如社会心理学和经济学这样的其他领域。这就使得美国的社会科学成为自由-民主意识形态和政治的一项基本资源①。美国社会科学含蓄地倾向于接受自由是社会政治建构的肯定性原则这一理念,接受自由生成了政治行为和建制稳定而有规律的模式并且与之相兼容这一观念。加之这一自由概念承诺了理性说服在自由-民主政治中的地位,它就表明社会政治秩序的结构可以被政治领域中提出的论证的力量所影响。自由-民主试图把政治空间建立在个体行动的客观性一面的基础上,而美国社会科学家解释社会现象的典型进路为其提供了强有力的支持。作为美 184
国意识形态和社会科学解释人类行动之基础的自由概念是连贯的,这使得美国的自由-民主政治尤其乐于把社会科学的工具主义接受为公共领域中描述、规定、辩护和判断行动的模式。社会科学已经促进了在美国的自由-民主行动的政治修辞之中对科学的工具主义的证明和采用。

美国实用主义中的主体性、行动和实在

或许从 19 世纪末开始,对于美国政治中的工具主义最重要的本土智识支持就来自于美国的实用主义。尽管查尔斯 · S · 皮尔士(Charles S. Peirce)、威廉 · 詹姆斯、约翰 · 杜威和赫伯特 · 米德的风格、智识目标与哲学观点有着重要的差别,但他们基本上都认为:实在并不是一个固定的所予,而是一个无尽的生成过程;个体是行动的基本主体;(尤其对于皮尔士和杜威来说,)"科学共和国"例证了,一个由

---

① Bernard Crick, *The American Science of Politics* (Berkeley: University of California Press, 1959).

独立调查和实验的个体所组成的社会如何生成了合乎规范的公共话语和行动。

因此,实用主义构成了美国本土的认识论和作为互动的行动伦理学的发展。实用主义把个人主义-唯心主义自由观的特征和经验认识论的要素融合在一起,认为对于世界的真理和实在的观念是在行动中遇到的东西、而不是思想和独立观察的对象。实用主义以互动而不是远距离注视或观察的角度来表述哲学上的知识和实在问题,这就使得把真理具体化和民主化的同时赋予了行动以人格和尊严。实用主义认为,真理产生于个体主体和经验之间大量的可能不可通约的特殊互动,而不是由逐渐确立了一个客观上既定的真理的系统观察所发现的东西。实用主义由此所支持的社会实在观和暗含在迪尔凯姆乃至韦
185 伯等人的欧洲社会理论中的社会实在观相比,前者的统一性更少、更为折衷并且在某种程度上更为民主。实用主义主张,个体主体在对社会事实的认知建构占据首位,这就承担了断言社会实在极端易变和破碎化的风险。没有了一个享有特权的看待实在的视角,即先前上帝或者君主看待社会的视角,没有了在客观上优越的知识主张,社会就失去了其作为客体时的统一性和刚性。实用主义把正确的实在观从独立观察者的语境转换到参与型个体行动者的语境,这样就使确定和定义社会事实的权威去中心化、多样化和地方化。进一步地,实用主义拒斥理性主义所坚持的心灵和实在的独立性,也拒斥对思想和行动的传统区分。对实用主义者来说,“真理”和“实在”是在行动者之间、行动者和“经验”之间的互动过程中被不断建构和再建构的。被经验的世界同时包括自然物和他人。按照这一观点,尽管实在往往也足以决定性地将某些限制强加于行动者的意志,但也是充分可塑的以适应自主主体的行动。正是这种对实在的可塑性和可锻性的强调驱使迪尔凯姆对威廉·詹姆斯加以批判。迪尔凯姆担心的是,假如认为真理要

与个体为了满足其需要而进行的斗争保持一致，就会为不受限制的主观主义开辟道路[1]。

实用主义持激进的个人主义、可塑的实在观并强调互动，这使得它与美国的智识特点和政治特点最为相投。詹姆斯和杜威与更为广泛的社会政治趋势相一致，他们对“复制”和“观众”的认识论的反对与参与性更强的认识论、行动伦理学都强调行动着的个体对于被行动的世界的重要性。按照詹姆斯的观点，实用主义把我们的心灵和实在之间的静态符合关系这种“绝对的空洞概念”变为“丰富多彩、积极活动的交往”[2]。詹姆斯反对把实在视为“一直就是现成的、完全的”，并捍卫了他所认为的人文主义的实用主义实在观，即视实在为“有抵抗性的，但又是可锻炼的”和“不断在创造的”[3]。他抨击传统的观众知识观，认为这和个体在建构世界中的创造性作用并不相符[4]，并批判赫伯特·斯宾塞的实证主义观点“在它所给予生活的全景中，如此致命地破坏了……栩栩如生和诗情画意，而变得如此清楚、机械和单调”[5]。 186
人“并不只是镜子，他并非没有立足之地而随处漂浮，也并非被动地反映他所偶遇并发现本就存在着的秩序。知道的人是一个行动者，一方面参与创造真理，另一方面同时又指示了他所参与创造的真理。”[6]正如理查德·罗蒂(Richard Rorty)所指出的，实用主义拒斥笛卡尔在

---

① Durkheim, *Pragmatism and Sociology*, p.48.

② 参见 William James, *Pragmatism* (New York: New American Library, 1974), p. 55; and R. J. Bernstein, *Praxis and Action* (Philadelphia: University of Pennsylvania Press, 1971), pp.181-190. 中译本见：詹姆士：《实用主义》，陈羽纶，孙瑞禾译，商务印书馆，1979，第38页。

③ James, *Pragmatism*, p.162.

④ James, *Pragmatism*, p.243; and William James, *Principles of Psychology*, vol. Ⅰ (Cambridge, Mass.: Harvard University Press, 1981), p.350.

⑤ James on Spencer, 引自 Richard Hofstadter, *Social Darwinism in American Social Thought* (1903; Boston: Beacon Press, 1955), pp.128-129.

⑥ William James, *Collected Essays and Reviews* (New York: Longmans, Green, 1920), p.26.

作为场景的世界和作为观者的主体之间进行二分，他们把重点从表征的词汇转移到实践的词汇[①]。

但是，"实在"在詹姆斯那里是被制造和指示的。与迪尔凯姆所理解的詹姆斯的实在观相比，它更为尊重作为人类行动限制的实在。这与他认为个体既是创造的又是接受的、既是主动的又是被动的相一致[②]。约翰·杜威的立场与之类似。他说道，"希腊和中世纪的科学形成了一种按照人们所欣赏和所感受的那样去接受事物的艺术。近代实验科学则是一种控制事物的艺术。"[③]这就把自由和必然性融合进了作为制造者的人的概念之中[④]。杜威像詹姆斯那样摒弃了旧的观众认识论，转而提倡一种从"外边旁观式的认知"到"前进不息的世界话剧中的积极(参加者)"、在"处理问题"时表现出的认知[⑤]。

正如莫顿·怀特(Morton White)所指出的，在实用主义之外，奥利佛·温德尔·霍姆斯(Oliver Wendell Holmes)和托斯丹·凡勃伦(Thorstein Veblen)等其他有影响的美国知识分子也倾向于批判人的主体性和实在之间的二分，拒斥先验论、逻辑主义和抽象的理性主义。这些知识分子批判英国思想家杰米·边沁、密尔和约翰·奥斯丁

---

① Richard Rorty, *Consequences of Pragmatism* (Minneapolis: University of Minnesota Press, 1982), p.162.

② James, *Principles of Psychology*, vol. Ⅰ, p.350. 有一个完全不同的英国视角，参见 John Tyndall, "On the Study of Physics," in J. Tyndall et al., *The Culture Demanded by Modern Life*, intro. E. L. Youmans (Akron: Werner Company, 1862), pp. 22 - 24. 另见 Steven Shapin and Barry Barnes, "Head and Hand: Rhetorical Resources in British Pedagogical Writings, 1850," *Oxford Review of Education*, ed. C. Webster (undated reprint).

③ *John Dewey's Philosophy*, ed. Joseph Ratner (New York: Modern Library, 1939), p.327. 中译本见：杜威：《确定性的寻求：关于知行关系的研究》，傅统先译，上海人民出版社，2005，第 74 - 75 页。

④ Rorty, *Consequences of Pragmatism*, pp.82,86 - 87.

⑤ John Dewey, *The Quest for Certainty* (1929; New York: Putnam's and Sons, 1960), pp.204,211,215. 中译本见：杜威：《确定性的寻求：关于知行关系的研究》，傅统先译，上海人民出版社，2005，第 224 页。

(John Austin)，认为他们固守过于死板的实在观①。如果说对于迪尔凯姆来讲，实用主义认为实在始终在生成，在这种观念中缺少“静态方面”以确保个体判断的统一性和在“心灵的自由主义”中为社会规训奠定基础，那么实用主义者则代表了美国知识界的一种倾向，即倾向于把英国——欧陆更是如此——实证主义的实在观和规律观当作是过于固执的假设②。这些差异再次反映了从极端的欧洲孤立个人主义到极端的美国互动个人主义的立场的范围。对孤立个人主义者来说，实在就像是规律一样必须外在地规定好，以使在并不排斥主体的自主性和目的性的同时可以协调个体行动；而对互动个人主义者来说，实在和规律更多的是通过互动而被动态和持续地生产与替换。对于美国人来讲，似乎即使是实在也不能是并未冒犯民主的完结的、被决定的 187
“东西”。美国人把实用主义延伸到知识和知觉领域，这反映了他们对权威的不敬，也反映了他们并不信任对行动和互动中的个体的自主性和创造性加以约束和限制的主张。这种态度明显地对立于认为实在同时具有表象和不可见之深奥的二元观。这使我们想起托克维尔所说的：“在公民们的素质差不多完全一样的国度里，他们很容易断言，世界上的一切事物都是可以解释的，世界上没有什么事情为人的智力所不逮。因此，他们不愿意承认有他们不能理解的事物，以致很少相信反常的离奇事物，而对于超自然的东西几乎达到了表示厌恶的地步。”③和先前的认识论强调视觉、描画和表征相比，实用主义认识论假设知识的对象并不是所予的，而是在我们的经验和对话的语境中不断

① White, *The Revolt against Formalism*, pp. 44 - 62.

② 关于这些差异，参见 P. S. Atiyah and Robert S. Summers, *Form and Substance in Anglo-American Law: A Comparative Study of Legal Reasoning, Legal Theory, and Legal Institutions* (Oxford: Clarendon Press, 1987).

③ Alexis de Tocqueville, *Democracy in America*, vol. Ⅱ (New York: Vintage, 1955), p. 4. 中译本见：托克维尔：《论美国的民主：全二卷》，董果良译，商务印书馆，1989，第 519 - 520 页。

被形塑的。在经验中遇到的世界才能被信任为是真实的，遥远的客体或者系统的智识建构则不能。实在要通过行动而被赞同或描绘，而不是通过远距离的观察或推理。和把自我的内在(在社会中不可见)实在和物质世界与社会世界的外在实在分离开来的个人主义相对照，这样的实在观就是与之矛盾的。实用主义认为，思想和行动、人类主体性和世界处于现象的同一层面上，因此建构政体的公民和“真实的”内在的人是等同的。这和欧洲典型地倾向于把思想的自由和社会行动的领域更为严格地区分开来并不一致。

实用主义相信，“实在”就像“规律”、“真理”一样是被制造出来的，而不是被发现的。这一信念表明，对于用更为动态的政治话语和行动范围来取代固定的实在，实用主义是乐于接受其风险和不确定性的。当然，这其中也包含了实用主义视为在行动和互动的过程中不断发展和变化着的个体自身的实在性或同一性。作为行动和经验主体的个体的灵活性是和作为被经验与被行动的世界的灵活性相对应的。实用主义假设了这样一种易变的实在观和作为其补充的行动观，认为行
188 动是与可塑的社会世界——及物质世界——的创造性互动。迪尔凯姆批判这潜在地蕴含着无政府主义，而实用主义面对这一批评并不是无懈可击的。实用主义的实在观提出了一个问题：对于暗含于自由-民主的行动观和责任观中的限制理论来说，实用主义是否提供了一个能够支持它的认识论？它是否提供了解决自由-民主行动问题的基础？由于个体行动被当作公共秩序的组成部分，难道实用主义不是过分强调个体行动的主体性和创造性了吗？而对于把工具性行动当作是手段、目的和向对准确性和效率的公共检验开放的结果之间被规训的关系，难道实用主义的自由观念和创造性观念就没有破坏其可能性吗？

杜威比詹姆斯更为关注去协调实用主义和自由-民主的政体观念。他更为注意如何调和极端可塑的行动观和实在观所蕴含的无政府主义。对于杜威来说，有创造性的个体并不像尼采所要求的那样去

从社会文化约束中解放自我，而是更为追随韦伯的引导，寻求在社会文化关系网中去实现他们作为自主行动者的权力。杜威坚持个体行动公共的一面，即他们潜在的公共维度。杜威之所以提及“科学态度”和使用“协作的”或“实验的”智慧这样的术语，正是为了加强行动与主观相对立的客观一面。尽管他像詹姆斯一样反对古典自由主义者把个体当作“已经准备好的”[1]，但他认为一旦智慧被融入行动中，行动就变得有目的并且遵循规范[2]。杜威主张的社会行动观基于“作为社会力量”的“自由智识”的逻辑，他提倡向着这一新观念进行转换[3]，并强调了他所谓“有效自由”的可能性[4]。这样，他的社会行动观就是彻底工具主义和反无政府主义的。把科学方法和实验智慧应用到社会和政治事务中被描述为一种使得自由成为一种主动的、建构的力量的方式。发展出实验的政治行动观的杜威赞同“从原因和结果的角度来考虑社会实在与从方法和后果的角度考虑社会政治”的愿望[5]。他说道， 189
民主是一种“奋斗中的信念。当民主的理想被科学方法和实验智慧的理想加强的时候，它必然唤起信徒、激情和组织”[6]。

杜威的社会理论努力把科学技术作为民主-去中心的、但集体地

---

① John Dewey, *Liberalism and Social Action* (1935; New York: Perigee Books, 1980), p.39. 中译本见：杜威等：《自由主义》，杨玉成，崔人元编译，世界知识出版社，2007，第82页。

② John Dewey, *Liberalism and Social Action* (1935; New York: Perigee Books, 1980), pp.44－47.

③ John Dewey, *Liberalism and Social Action* (1935; New York: Perigee Books, 1980), p.55. 中译本见：杜威等：《自由主义》，杨玉成，崔人元编译，世界知识出版社，2007，第87页。

④ John Dewey, *Liberalism and Social Action* (1935; New York: Perigee Books, 1980), p.57.

⑤ John Dewey, *Liberalism and Social Action* (1935; New York: Perigee Books, 1980), p.73. 中译本见：杜威等：《自由主义》，杨玉成，崔人元编译，世界知识出版社，2007，第94页。

⑥ John Dewey, *Liberalism and Social Action* (1935; New York: Perigee Books, 1980), pp.91－92. 中译本见：杜威等：《自由主义》，杨玉成，崔人元编译，世界知识出版社，第101－102页，原译文“方法”处为“方程”，“智慧”处为“智力”。

受规训的和有效的工具主义行动的基础。它甚至并没有把科学表述为适应必然性的手段，或是对悲剧中必然的或理性的默许的被动注视，也不是对国家要求顺从的辩护。对于杜威来讲，互动模式中的个人主义是自主的和创造性的，而科学是一座连接这种个人主义和集体地受规训的公共选择和行动的桥梁。杜威把实验智慧当作是"自由和权威"之间的粘合剂[①]。尽管像弗里德里希·哈耶克这样的新古典自由主义者坚持"对于服从那个非人为的和貌似不合理的市场力量的唯一替代选择就是服从另一些人的同样不能控制的、因而是专断的权力"[②]，但杜威提出了第三种选择：被科学-实验管制的积极参与过程。无论对于没有为自主的个体行动留下空间的社会决定论与历史决定论，还是对于其暗含的自由观没有为集体规训留下基础的极端个人主义，被融入一种新的社会行动模式的智慧都是一个可供替代的选择。按照杜威的观点，由于个体和社会的绝对对立是站不住脚的，而个体是在联合体的语境中被形塑的，因此，就像联合体可以在不否认其中每一成分的个性的同时具有结构，社会行动也可以不取消作为其基础的自主的个体行动者的完整性而被规训[③]。因此，尽管杜威的分析反映了实用主义对于观众认识论的批评，也反映出他坚持认为的实验的重要方面是公共的，但却或许并不一致地表明，证明性视觉取向与公共政策和公共行动的制定是相关的，并假设了群体知识或群体智慧这样的东西是存在的。

心理学是关于个体行为的科学，社会学是关于集体行为的结构的科学。乔治·赫伯特·米德将两者融合起来，借此探究了实用主义与

① Ratner, *John Dewey's Philosophy*, p.360.

② Fredrich Hayek, *The Road to Serfdom* (1944; Chicago: University of Chicago Press, 1956), pp.205 - 206. 中译本见：哈耶克：《通向奴役之路》，王明毅等译，中国社会科学出版社，1997，第 195 页。

③ Dewey, *Liberalism and Social Action*, pp.41 - 42.

它对个人主义的承诺更为一致的行动观的意义。米德的社会心理学和美国的自由-民主意识形态一致，接受了对个体实在和社会实在之 190
连贯性的基础性假设[1]。对米德来说，个体并不被社会所决定，同时他们也不能离开社会的限制而行动。这两种独立又连贯的实在通过在控制与适应共存、社会制度被建构和重组的过程中的相互互动过程而得以发展[2]。按照米德的观点，通过学习使用符号来控制行动和进入由符号建构的规定角色及互动的网络，个体就变成了社会人。因此，和迪尔凯姆那种对社会行动进行精英自上的科学引导相对照，米德的知识观与行动观就是与之不相容的。对于米德来说，科学家的方法是“和所有有智慧的人的方法是一样的”[3]。它并不是一种非人格化的统一方法，并不会发现作为一个独立实体的社会的既定内在逻辑，而是个体对待行动的一种取向模式，将创造和控制的能力与面对经验的顽固要素时的谦卑联系在一起。按照米德的观点，“实验方法的技艺”是使“个体视角(变为)最为普遍的群体视角，亦即思想着的人的视角”[4]。工具主义作为个体取向而不是共同权威之行动的性质，并不是将强加给个体的群体规训理性化的基础，而是使得自主的个体行动社会化的要素。因此，工具主义是行动自我合法化的有力修辞。

实用主义者和理性主义者不同，他们既不把科学的任务视为证明能告知和引导行动者的社会真理，也不认为是去展示这一主张的原因：由于社会结构或社会实在源于人类行动有意或无意的结果，因此

① George Herbert Mead, *On Social Psychology*, ed. A. Strauss (Chicago: University of Chicago Press, 1964), pp. 216 - 228, 263 - 264.

② George Herbert Mead, *On Social Psychology*, ed. A. Strauss (Chicago: University of Chicago Press, 1964), pp. 31, 234 - 235, 280 - 281.

③ George Herbert Mead, *On Social Psychology*, ed. A. Strauss (Chicago: University of Chicago Press, 1964), p. 32.

④ George Herbert Mead, *On Social Psychology*, ed. A. Strauss (Chicago: University of Chicago Press, 1964), p. 346 - 347.

适应和符合社会事实就可以被当做是与人类自由和尊严相一致的。迪尔凯姆为了缓和人类尊严和服从权威之间的张力,采用科学来把服从权威置于自主地理性适应社会事实的基础上。而实用主义者并没有这样做。实用主义主要关注的是"有效自由",是作为构成集体生活之手段的有效的个体行动。从这个意义上来说,它和欧洲社会科学有影响的观点(如奥古斯特·孔德的观点)截然不同。在后者看来,社会并不是一个不同元素正在出现的、动态的组合,而是一个基本理念的表现。

191 在迪尔凯姆的时代,美国的实用主义已经在法国知识圈变得众所周知。迪尔凯姆对实用主义尤其是对詹姆斯的实用主义的批评能够进一步说明欧洲集体主义的和美国更为个人主义的社会行动观之间的一些关键的意识形态差异。

迪尔凯姆首要的批评目标之一就是实用主义的个人主义概念。在他看来,把个体视作不受"社会事实"限制的自主行动者的观念破坏了社会团结。他考虑到美国实用主义对一些法国知识分子的影响,进而把实用主义的威胁不仅仅当作是一个智识问题,还关乎"民族性的重要意义"[1]。他简短地讲道,在第一次世界大战之前,"从根本上来说,整个法国文化本质上是一种理性主义的文化。18 世纪是笛卡尔主义蔓延的时期。所以对理性主义的全面否定会带来一种危险,使我们彻底抛弃我们的整个民族文化。如果我们不得不接受实用主义所代表的非理性主义形式,那么整个法国精神就必然会发生彻底的转变。"[2]迪尔凯姆相信,法国社会是建立在独特的知识"集体表征"和与实用主义从根本上对立的实在的基础上的。他承认实用主义对"传统

---

① Durkheim, *Pragmatism and Sociology*, p. 2. 中译本见:涂尔干:《实用主义与社会学》,渠东译,上海人民出版社,2000,第 1 页。

② Durkheim, *Pragmatism and Sociology*, p. 1. 中译本见:涂尔干:《实用主义与社会学》,渠东译,上海人民出版社,2000,第 1 - 2 页。

的理性主义"做出了重要的批评[①]，但对于确保了非人格-中立和真实的判断之可能性的必要性来说，他拒绝试图用作为行动的一个方面的真理来取代它。他拒绝为了保护"实践"的基础地位就放弃关于真理的"观众"理论。为了证实真理与需要是分离的、思想和实在是分离的，迪尔凯姆坚持认为真理可以是"痛苦的"，它经常"将我们拒之门外"，"表现出一副呆板僵硬的样子"[②]。按照他的观点，詹姆斯的"心理学"个人主义过于极端地抛弃作为外在限制的实在、把所有社会现象都归因于个体。强调个体是真理和实在的制造者并不能为社会现象提供一个令人满意的解释。迪尔凯姆主张，"在真理中，人们通常也会看到某种强加给我们的事物，某种独立于感性和个体冲动事实的事物。"[③]而按照这一进路，实用主义并没能意识到有些东西并不源于"个体经验"，而是有着"个体之外的起源"[④]。

实用主义(尤其是詹姆斯的版本)和法国迪尔凯姆的理性主义的 192
冲突说明，对社会科学的解释问题的不同回应和对行动问题的不同自由-民主回应是一致的。迪尔凯姆尝试把社会学确立为一种融合了个体尊严和社会秩序之需求的理性主义范式，而把实用主义看作是破坏性的选择。他主张，社会学和实用主义都认为"人是历史的产物，因而也是变化的产物；在人的身上，从来就没有预先给定或确定的东西。……不过，倘若社会学也像实用主义那样提出问题，那么它有可能更好地解决这个问题。事实上，实用主义是从心理和主观的角度来解释真理的。不过，由于个体太有限了，不足以单独解释人类的所有

① Durkheim, *Pragmatism and Sociology*.

② Durkheim, *Pragmatism and Sociology*, p. 74. 中译本见：涂尔干：《实用主义与社会学》，渠东译，上海人民出版社，2000，第124页。

③ Durkheim, *Pragmatism and Sociology*, p. 68. 中译本同上，第114页。

④ Durkheim, *Pragmatism and Sociology*, pp. 68, 75, 76. 中译本同上，第114，126页。

事物。……社会学为我们提供了更宽泛的解释。”[1]迪尔凯姆暗示，社会学也与构成法国国家文化的理性主义更为一致。在他对于丢弃限制个体意志的实在的担忧中，存在着一种类似于数世纪之前对于丢弃对地狱的信念会引发混乱的元素[2]。对迪尔凯姆来说，只有相信实在是坚定的所予，基于理性主义前提和科学权威的社会控制机制才成为可能。正如他在对于詹姆斯和柏格森的关系的评论[3]、对于实证主义的批评和对于与美国互惠互动的行动观相对立的法国个体观和社会观的捍卫中所表明的，他的整个社会学事业都是法国 19 世纪末到 20 世纪初关于社会政治秩序特点的意识形态斗争的一部分。

实用主义的实在概念将包括思想和行动、个体和社会在内的所有东西都置于同一个认识论-本体论平面上，迪尔凯姆对实用主义的批评也是对此的一个回应。他反对“事物呈现给我们的只是表面。而这就是我们赖以生活的基础，是实在本身。我们没有理由去寻找表象背后的东西。我们必须按照这个世界呈现给我们的样子去看待这个世界”的观念，并指出实用主义“事实上依然没有离开这个(现象)世界”[4]。

令迪尔凯姆感到反感的正是这种摒弃外在的、远离的、客观的实在的倾向。在他看来，没有了这样一种实在，就不再有正确判断的基
193 础，不再有取代宗教或神话的社会科学的基础，也因此不再有能在社会行动的语境之中维持其独立思考之尊严的自主个体的基础[5]。没有

---

① Durkheim, *Pragmatism and Sociology*, p. 67. 中译本同上，第 113－114 页。

② D. P. Walker, *The Decline of Hell: Seventeenth-Century Discussions of Eternal Torment* (Chicago: University of Chicago Press, 1964).

③ Durkheim, *Pragmatism and Sociology*, pp. 9, 27, 32, 102.

④ Durkheim, *Pragmatism and Sociology*, pp. 3－4. 中译本见：涂尔干：《实用主义与社会学》，渠东译，上海人民出版社，2000，第 5 页。注意到这一问题是有启发性的：从迪尔凯姆的视角看，范式是如何破坏了观众认识论和与之相伴的对针对社会世界的证明性视觉取向的承诺的。

⑤ Durkheim, *Pragmatism and Sociology*, pp. 25－26.

了一个超越了人类所遇到的表象世界语境的外在客观实在、没有了一个借由对事实超脱的尊重来迫使个体遵守其契约的实在，迪尔凯姆看不到科学如何能把心灵转向为非人格的真理，也看不到科学如何能加强社会共识①。

但是，唯意志论的工具主义恰恰预设了一个实用主义的实在观，它并不区分"内在的"和"外在的"，也没有表象和表象之下之间的矛盾。在一个承诺了互动个人主义的社会中，这构成了对自由-民主行动问题的有力回应。正是因为实用主义认为私人和公民统一于经验的同一平面，才使从个体行动者的自主行动建构公共秩序的问题显得能够解决。

尽管杜威和迪尔凯姆都关注社会重建，并都把教育——尤其是有科学根据的——当作是推动这一目标的基本手段，但他们的教育过程观念大不相同。在迪尔凯姆那里，教育从根本上来说是一个社会化的过程。他在关于教育的论文中讲道，"正是社会为我们描绘了我们应该成为的那类人的肖像，在这张肖像里，社会组织的一切特质都会得到反映。……总之，教育从来就没有把拥有个人及其兴趣作为它独特或主要的目标，教育首先是社会不断再造其自身存在条件的手段。"②相反，在杜威那里，教育从根本上来说是促进"自我实现"的手段③。尽管他像迪尔凯姆一样极力主张自我规训，但他的目的是为了确保"道德上和智力上的个性不致被……过多的别人的经验所淹没"④。迪尔

---

① Durkheim, *Pragmatism and Sociology*, p. 88.

② Emile Durkheim, *Education and Sociology*, trans, and intro. S. D. Fox (1911; Glencoe, Ill.: Free Press, 1956), p. 123. 中译本见：涂尔干：《道德教育》，陈光金，沈杰，朱谐汉译，渠东校，上海人民出版社，2001，第 353 - 354 页。

③ John Dewey, *The Child and the Curriculum*, *and School and Society*, intro. L. Carmichael (1900; Chicago: University of Chicago Press, 1956), p. 9. 中译本见：杜威：《学校与社会·明日之学校》，赵祥麟，任钟印，吴志宏译，人民教育出版社，2005，第 118 页。

④ John Dewey, *The Child and the Curriculum*, *and School and Society*, intro. L. Carmichael (1900; Chicago: University of Chicago Press, 1956), pp. 112 - 113.

凯姆根本上所关注的是保护社会团结,并避免过度以自我为中心的个人主义。他说,“教育首先……会满足社会的需求。”①迪尔凯姆相信,只有群体的力量才能节制和抑制个体以自我为中心。这一进路表明,他区分了群体实在和个体实在,并倾向于前者在本体论和道德上的地
194 位胜于后者。这样的进路就允许迪尔凯姆声称,对外在必然性的遵守假定了履行“自己的义务”的个体在道德上的意义②。如果对于皮尔士和杜威这样的实用主义者来说,科学和智慧是个体超越私人信念并将公共的、社会的维度引入自我思想和意见的手段,那么对于迪尔凯姆来说,私人信念是被国家外在地抑制以防止社会的崩溃。迪尔凯姆中心化的伦理工具主义指向了这一结论:“国家……承担起不断提醒教师的义务,提醒他们必须传授给孩子们什么样的观念和情感,从而使孩子们适应他们必须生活的环境。”③

在杜威和迪尔凯姆的社会理论中,工具主义都是和社会伦理衔接在一起的。不过,两者的差异表明了去中心化的和中心化的伦理工具主义的不同理论基础。杜威所谓的“有效自由”是对于从实践上来说是理性的、从道德上来说是正确的东西的混合选择。但这一综合和美国社会理论的基本精神与政治信条是一致的,它的中心和主体是个体。

和实用主义者一样,很多优秀的美国社会理论家的观点中都明确了科学的规范和惯例与美国自由-民主政治的连贯性。同样,他们也清楚地表述了一些作为自由-民主行动教义的唯意志论的个体工具主义的关键主题。罗伯特·K·默顿再一次成为恰当的例子。默顿在

---

① Durkheim, *Education and Sociology*, p. 127. 中译本见:涂尔干:《道德教育》,陈光金,沈杰,朱谐汉译,渠东校,上海人民出版社,2001,第 357 页。

② Durkheim, *Education and Sociology*, pp. 89 – 90. 中译本见:涂尔干:《道德教育》,陈光金,沈杰,朱谐汉译,渠东校,上海人民出版社,2001,第 325 页。

③ Durkheim, *Education and Sociology*, p. 79. 中译本见:涂尔干:《道德教育》,陈光金,沈杰,朱谐汉译,渠东校,上海人民出版社,2001,第 316 页,原译文“传授给孩子们”为“对孩子们授予”。

一篇名为“民主秩序中的科学技术”(Science and Technology in a Democratic Order)的文章中讲道,一项对科学建制的比较研究支持了这一假设:“与科学的精神特质相吻合的民主秩序为科学的发展提供了机会”①。默顿在另一语境中指出,不信任等级制权威、对公共性的承诺等民主政治的核心规范和“科学的规范结构”有着密切的关系②。民主政治和科学实践都基于把个体当作是一个自由的主体、能自主地判断他人的所说所做的观念。这里假设了科学的规范结构和民主政治的关键元素是互相靠拢的。这意味着,不仅政治民主化有助于科学活动及其建制化的发展,而且正如杜威所声称的,促进公共话语被科学支持、使公共行动工具化,就是使政治民主化。

塔尔科特·帕森斯和杰拉尔德·普莱特(Gerald Platt)沿着相似的路径看到,美国的大学作为一个科学-学术规范的建制化实体,也是一个有力的民主化主体。他们指出,如果说“社会中曾经的先赋基础被削弱了”,而“随着地位甚至关系的基础被侵蚀,宗教、伦理、地方观念和阶级上的独特团结也被侵蚀了,那么高等教育的扩散对此是有促进作用的。因此,在现代社会中,功能分化的基础正变得日益多元化。”③

按照帕森斯和普莱特的观点,社会行动从先赋的和传统的束缚中
解放出来表明“对个人行动的高度负责和因此对于引导行动的知识、 195
能力和智慧的更为强烈的需要”④。因此,生产与传授知识和能力的学

① Robert K. Merton, *The Sociology of Science*, ed. N. W. Storer (1942; Chicago: University of Chicago Press, 1973), p.269. 中译本见:默顿:《科学社会学:理论与经验研究》,鲁旭东,林聚任译,商务印书馆,2003,第 364 页。

② Robert K. Merton, *The Sociology of Science*, ed. N. W. Storer (1942; Chicago: University of Chicago Press, 1973), pp. 222 - 223.

③ Talcott Parsons and Gerald Platt, *The American University* (Cambridge, Mass.: Harvard University Press, 1973), p. 188.

④ Talcott Parsons and Gerald Platt, *The American University* (Cambridge, Mass.: Harvard University Press, 1973), p. 166.

术共同体代表了一种基于功能性考虑而不是先赋性考虑的行动"文化"。按照这一观点,促使行动和言说在"科学上"更加可接受就是使其更少地依赖于传统的、等级的、宗教的或者其他非民主的权威。科学与学术共同体在更为宽泛的社会中的影响是和传统权威的衰落与不断前行的民主化进程联系在一起的。

帕森斯和普莱特继而坚持认为,学术教育促进了民主政治的取向。他们讲道,学术共同体的规则保护了大学生,而大学生正是学术共同体中最容易受到"教条、宣传和门户之见"伤害的部分。"(这些规则允许他们)自主地发展他们与众不同的承诺和参与。"①

因此,如果个体现在是或曾经是学生,他就被期望成为更好的、更倾向于民主的公民。他们在学术环境中获得的鉴赏力可能就会使他们更少地受到传统取向的影响,也更少地受到大众狂热和宣传的推动②。这样,把科学技术的说服规范和行动规范整合进政治实践就成为树立现代政治美德的一个因素。如果认为科学和民主政治的价值观与精神气质交汇,那么至少在一定程度上也包含了这一看法:"政治科学是关于政治的民主的科学。民主强大的地方,政治科学就强大;民主虚弱的地方,政治科学就虚弱。"③

我已经提出,一方面,借助经验确证、逻辑连贯、实验结果的标准以及其他非人格化的技术标准,政治决策和政治行动更容易被接受。

---

① Talcott Parsons and Gerald Platt, *The American University* (Cambridge, Mass.: Harvard University Press, 1973), p. 199.

② 帕森斯和普拉特相信,调查数据的确证实了:接受过大学教育的公民表现出更倾向于不信任等级制权威的民主取向。

③ Samuel P. Huntington, "One Soul at a Time: Political Science and Political Reform," *American Political Science Review* 82 (March 1988), 6-7. 关于现代政治科学的兴起和现代化、政治启蒙、民意、自由和宽容等自由-民主政治价值观的扩散之间的历史渊源,参见 James Farr, "Political Science and the Enlightenment of Enthusiasm."

这在意识形态方面表明，在自由-民主政体中，这样的行动和个体尊严
与行动者责任更为一致。另一方面，从这一视角看，使科学政治化（即
将科学和政治混合在一起）被当作是一个消极的过程，它破坏了我们
社会中客观性、非人格性和理性的制度基础与文化基础，也使不受限 196
制的党派性、主观主义和不受约束的热情的“破坏性”结果成为可能①。

但是，这种自由-民主政治归因于科学的积极价值和把政治归因于科学活动要素之一的消极价值之间的对称性，在20世纪末被一定程度地颠倒过来。尽管科学技术变得在政治上更为共鸣已经成为一个广为接受的目标，但把“科学态度”或“科学方法”延伸到政治领域似乎并没有实现先前所期望的民主化、进步和理性化②。

① 关于已经意识到的科学在抑制非理性的社会力量中的作用，参见 Joseph Ben-David, *The Scientist's Role in Society* (Englewood Cliffs, N. J.: Prentice-Hall, 1971) and A. O. Hirschman, *The Passions and the Interests: Political Argument for Capitalism before Its Triumph* (Princeton, N. J.: Princeton University Press, 1977).

② 对于科学在民主国家中的改良功能，存在从早期的希望到后来的怀疑的转变。关于这一转变，比较唐·K.普赖斯的 *The Scientific Estate* (Cambridge, Mass.: Harvard University Press, 1965) and *America's Unwritten Constitution* (Baton Rouge: Louisiana State University, 1983)可以获得极具启发性的说明。

197

第8章

自由-民主美国中的个人、事实、规则与公共行动生产

在现代美国民主中，对于科学在意识形态和政治上的作用而言，分散的群体互动和集中导向的行动是两种截然不同的情境。作为公共行动的两种可选模式，在把个体代理的行动转化为民主权威的公共行动过程中，分散互动和集中导向呈现出不同类型的困难。在分散互动情境下，主要问题是确保人际权威标准允许众多独立个体形成集体行动；然而，在集中导向的行动中，主要问题是平衡自由-民主价值观与不民主、不平等的行动权力分配，即主张少数行动者作为公共行动的代理者。对于前者，问题是如何使包容性参与与规训、秩序和协调相一致，后者则是如何使行动的集权、非参与模式能够民主地负责。

个人主义、经验知识与公共行动的参与式概念

尽管自由民主意识形态赋予个体代理最终采取行动的权力和权

威,然而,并非所有类型的个人主义都支持行动的自由民主理论。自我的一些基本隐喻构成了描述个体以及与之相伴而生的观念——独立个体如何能在集体行动中聚合到一块的认知和词汇的基础,而这些隐喻与自由-民主意识形态相对立。当然,正是在自由-民主意识形态和行动理论的界限内,个体行动和集体行动的观念也有着相当大的差异①。

在与个体的概念相一致的行动的自由-民主理论中,我将指出其
中两个主要的:原子式的个人主义和社会个人主义。原子式的个人主 198
义的图像或隐喻是,个体作为与社会隔绝的独立存在体,在很大程度
上逃避他人的知识。与之相反,社会个人主义依赖的是考虑到个体间
双向互动,存在有共有知识和社会合作的自我图像。

原子式的个人主义与社会个人主义之间的这些差异,与在看待众多自主代理如何形成公共行动,和个人主义的承诺如何能与公共秩序的需求相和解等问题上的不同理念有关。原子式的个人主义完全反对有目的的双向互动的可能性,倾向于与依靠外部机制诱导的双向互动或无意识的协作的公共行动形式,如无形的市场之手、官僚体制和司法体制等相关联。当然,在非民主的意识形态或者政治环境中,依赖第三方协调和巩固与世隔绝的个体的行动,常常也与得到有着超凡魅力的领导支持有关。与之相反,社会个人主义不拒绝或者放弃被视为威胁个体自主权的面对面互动,倾向于贬低外部诱导协调的必要性,通过分散式互动形成公共行动而不是强调自由的,有目的的代理的能力。尽管,社会个人主义作为自由-民主意识形态的一部分,但其并不否认法律和官僚组织在支撑公共领域中所起的重要作用,对参与

① M. Brewster Smith, "The Metaphorical Basis of Selfhood," in Culture and Self: Asian and Western Perspectives, eds. Anthony J. Marsella, George Devos, and Francis L.K. Hsu (New York: Tavistock Publications, 1985), pp.56 - 88.

公民的强调把政治拔高为形成权威的公共行动的主要手段。我想说明，恰恰因为这种对公开面对面的政治互动和公民参与的强调，使得科学证实的经验知识以其具有弹性的、开放的和动态的权威，与其更受欢迎的社会形式，能够成为一种使公共行动协调，去个性化和合法化的重要资源。

我想进一步指出，原子式的个人主义以及与之相伴的对外部监管和协调机构的依赖，已成为欧洲大陆各类型公共行动自由-民主观念的特征；同时，社会个人主义，以其强调开放、面对面的政治协商方式在形成集体行动中的首要性，也已成为美国自由-民主传统的一大
199 特征。

在此，我将不再尝试追溯这些自由民主意识形态在美国和欧洲政治传统中的根源。就现在我们的目标而言，将足以说明诸如君主专制、不可分割的主权、贵族特权、等级森严的教堂建筑、上帝作为政府超级管理机构的神学观念，以及群体或者同类所具有的基本一定的民族主义观念等欧洲传统和教义具有的特殊重要性。相对外部代理或者过程而言，它们在降低自主个体的创造性政治功能方面发挥着重要作用。与之相比，美国实践的明显特性主要体现在反对欧洲的这些理念和实践上，如可分割的主权观念、分散化的国家和教会结构，以及公民个人的首要性。这些特性最适宜于支撑唯意志论-互动个人主义。

法国政体赋予了中央集权官僚政治协调的重要性。出于对丧失个体自主权与尊严带来的风险的感知，法国倾向于避免面对面互动。研究法国文化、社会和政治的学者注意到了两者之间的关系。有学者曾指出，在法国这样一个被认为是陌生人联盟的社会中，通过使个体行动服从规则，使其去个性化的倾向是法国对形成集体行动的问题的

典型反应[①]。有学者进一步指出，在法国社会中，存在有“审美个人主义”取向与“教条主义等级体系”取向的两极对立，与之对应的是个人与非个人，个体与社会之间的二分[②]。以个人为一极，形成了美学价值领域，其中的行动是典型地单一的、独特的和不可重复的。因为在法国，这种行动被看作是在个体中独特的表达，它们与规则-支配的行为相对立，并通常与行为的领域有关，如在艺术成就和军事英雄主义情况下，行动通常逃脱官僚机构或者法院的直接监管控制。在法国，这样一个审美个体主义盛行的社会环境中，个人成分明显太重要以至于不允许个体代理根据标准化的外部规范实现自我验证。然而在美国，清教价值观如此重要，以致“自我验证(能够)通过客观、可测量的实用
主义成功实现。”[③]在法国的审美个人主义观点看来，实用主义的成功 200
常常太依赖对客观事实的考虑，以致不能与个人自主权所具有的价值观相一致；然而，在美国，实用主义的成功允许对个人表现进行公开或者社会测量，就像有效行动的科学和技术标准并不需要破坏个性和自主权一样[④]。有学者进一步指出，在法国，制定规则与其说是为了寻求产生特定结果，不如说是为了预防对自我的任意侵犯。在这种观点看

---

① J.R. Pitts, “Continuity and Change in Bourgeois France,” in In Search of France, eds. Stanley Hoffmann et al. (Cambridge, Mass: Harvard University Press, 1963), pp.239 - 243. 皮茨(Pitts)追溯了法国形式主义、推理的演绎链条的权威、对中央权力的坚持、等级制度的可接受性与把个性当成个人在等级结构中的地位的看法等对法国天主教义的影响。另请参见 Michel Crozier, The Bureaucratic Phenomenon (Chicago: University of Chicago Press, 1964); W. R. Schonfeid, Obedience and Revolt: French Behavior toward Authority (Beverly Hills: Sage Publications, 1976), pp.176 - 182.

② Pitts, “Continuity and Change,” pp.239 - 243.

③ Pitts, “Continuity and Change,”p.242.

④ 在这方面，法国倾向于把生产的机械化解释为人类意志丧失的标志，并常把这一变化与美国对欧洲特别是法国社会影响的“恶劣”效果联系起来。注意到这一典型倾向非常有启发性。Laurence Wylie, “Social Change at Grass Roots,” in Search of France, eds. Hoffmann et al., p.207.

来，为保护个人自主权，甚至可以以牺牲现实主义为代价①。然而，在美国，社会或互动个人主义允许甚至鼓励现实主义，并把运用科学和技术标准当作评判个人能力和成功与否的客观公共标准。因此，在美国，专业化、劳动分工和团体协作被认为是公共行动的多个方面，它们都与自由-民主个人主义的原则完美兼容。

在法国，个人主义和现实主义的张力以及它们在美国的相对背离或许反映了，在对与个体和社会有关的实在的地位界定上，法国和美国间所存在的社会文化差异；换言之，也即原子式的个人主义和社会个人主义在两国所产生的不同影响。劳伦斯·威利（Laurence Wylie）认识到了法国的典型特征，"实在的双重概念取决于它的位置，一方面，存在于自我深处的实在，由于其隐蔽、神秘、对理性重建而言难以到达；另一方面，存在于主观领域的实在，那里有规则、法律和实践需要，是公众和理性容易接近的实在。"②在这两种实在之中，像克罗齐埃一样，威利看到了其中的不变之处。另一个观察者同样注意到，法国倾向于"从官方生活的假象中分离出'真实'的内部私生活。"③张力暗含在尝试整合原子式的个人主义的前提和自由-民主秩序中，对这种张力在孤独的个体和群体之间的距离的理解，在法国的社会和政治思想中得到循环表达④。在个体可能被其他人观察的社会空间中，行为的戏剧性特征，即暴露于社会空间威胁到真实自我的可信表达

---

① Crozier, The Bureaucratic Phenomenon, p. 187.

② Wylie, "Social Change at Grass Roots," pp. 2 - 203.

③ Stanley Hoffmann, "The French Political Community," in Search of France, eds. Hoffmann et al., p. 9.

④ 这种张力是卢梭不依靠在个体公民和国家间的中介机构，调解自由和权威的困境的背景；它们也说明在他的教育理论中，他支持教育的本质是让年轻人一进入社会关系中，就开始准备抵制社会的不可靠影响。它们是孟德斯鸠思想中守法主义和个人主义间存有差异的原因，也是埃米尔·迪尔凯姆和路易斯·陶尔德（Louis Tard）之间的最大差异。在现代法国思想家萨特（Sartre）将存在主义与强调暴露的孤独个体和马克思主义的道德共同体思想相整合的不确定尝试中，这种张力表现得非常明显。

(在这个意义上,卢梭认为是虚伪的),已成为法国文化,特别是艺术和 201
政治领域的中心主题[1]。在制度层面上,这一主题通过各自领域与集体和个体行动风格之间的两极分化得到证实。在法国,控制和同意的原则并不在各自的政府机构混合出现,与之相反,"充分体现在不同的和根本对立的机构中。"[2]

由天性纯化,不受社会扭曲和腐败的影响,真实非戏剧性自我的理想,无疑也已在美国引发共鸣[3]。然而,在美国,这一理想虽然并非个案,但它也典型地被看作与以下对个体的界定相一致:这种界定认为个体作为公民,在社会互动的情境中,他的自主权不仅得以维持,甚至得到切实提高。与之相比,法国倾向于假定,大部分难以接近的私有-内在-自我与外在的、理性组织的和很大程度上等级森严的社会世界之间存在有分歧。而在美国,包括国家在内的个人领域和社会领域共存,并部分地聚集于拥有相同经验的文化空间内。

威利在比较法国和美国对待实在的不同倾向时,强调"美国人的一般观点认为应当只存在一个实在标准。"[4]在这样统一的实在概念下,私人行动和公共行动领域是连续的,自然,这也与允许科学和技术整合个体和公共行动更加一致。与区分个人实在和公共实在的二元概念相反,美国的个人主义、政治和公共行动观念背后的认识论承诺,以及特别是无论个人和集体都是通过观察和互动可理解的知识目标

---

① M. Fried, Absorption and Theatricality (Berkeley: University of California Press, 1980); Jean Starobinski, J.J. Rousseau: Transparency and Obstruction (Chicago: University of Chicago Press, 1988).

② N. Wahl, "The French System," in Patterns of Government, eds. S. Beer and Adam Ulam (New York: Random House, 1962), p.278-279.

③ Joseph L Sax, Mountains without Handrails: Reflections on the National Parks (Ann Arbor: University of Michigan Press, 1980).

④ Wylie, "Social Change at Grass Roots," p.204.

的信念，鼓励了在美国自由民主情境中，工具合理性是使个体行动凝聚成集体行动的可接受策略的观念。

在美国，个体和社会层面的连续感在很长一段时间内，是通过萨克文·伯科维奇(Sacvan Berkovitch)所说的“典型的自我”得到增强，这体现在他对爱默生的评述上①。该理念认为在某些方面，每个个体
202 的生活都是群体生活的缩影，个人传记可以是美国集体历史的又一版本。这一观念使得美国人的主观观念对于社会秩序产生较小威胁。在这种观点看来，内省并不能使一个人进入社会难以接近的自我、不断增多的内在世界。这是一种通过它可能会使个体看出整个社会的本质和感情的方法。“美国人自身是预言的普遍设计的化身”②的理念为自身的透明提供了隐喻基础和教学法上的辩护③。

与欧洲大陆贵族或者浪漫的多样狭隘自我不同，在美国这里，民主自我的独特性并不在谴责别人的前提下赞美自身，伯科维奇评论到，“爱默生的英雄像马瑟斯的温斯罗普(Mathers' Winthrop)，从他代表的事业中得出他的伟大。”“尽管他讨厌和害怕大多数实际的美国人，但他不需要从美国中分离自己，因为，他在美国观念里已与大众分开。相比之下，卡莱尔的英雄力量增强恰恰与他的异化相称。他自身足够强大，像巨人一样，出生便掌控着大多数。”④在美国，自力更生并不意味着对团体的否认。“这是文化的完美表达，它重视自主，谴责各

① Sacvan Bercovitch, “Rites of Assent: Rhetoric, Ritual, and the Ideology of the American Consensus,” in The American Self: myth, ideology, and popular culture, ed. Sam B. Girgus (Albuquerque: University of New Mexico Press, 1981), p.9.

② Sacvan Bercovitch, The Puritan Origins of the American Self (New Haven, Conn.: Yale University Press, 1972), p.136.

③ Ralph Waldo Emerson, Representative Man (Boston: Houghton Mifflin, 1903).

④ Bercovitch, Puritan Origins, p.174 - 175.

种形式的古怪和精英主义。”[①]“在别处，独立意味着挑战社会，而在美国，它是一致的典范……团体的理想完全支持自由事业的目标……典型的自我束缚了个人同意社会同意的仪式的权利。”[②]

尽管，这种对自我和群体连续性的信任源于美国的清教主义，在把个体整合为更大的集体事业的过程中，它自然也可以适应非宗教方法。这种态度一定有助于增强独特的美国人对科学和技术的意识形态作用和行动的工具主义范式的政治功能的接受能力。而行动的工具主义范式作为将个体行动一般化和具体化的手段，成为集体美国人进步使命的一部分。在不能完全依赖道德品质来实现卢梭的梦想，也即“外观是内心性情的反映”的情况下[③]，个体行动的技术化至少确保了一些行动的“形象化”，同时，使一些行动作为方法和目的之间的关系可以理解。那些形式明显符合它们的功能的行动，或者方法的适当性能够由它们的后果证实的行动，似乎可以证明专断的远离，证明其避免自我欺骗的能力，因此例证了诚实现实主义的优点。这正如茱
迪·史珂拉提醒我们的那样，它曾被马基雅维利赞美为具有“看山是 203
山，看水是水”的能力[④]。“忠诚的眼睛”和“诚实的手”之间的特殊关系，用罗伯特·胡克的话来说就是训练有素的观察和被真实的现实约束的行动之间的特殊关系，赋予了技术行动明显的、真诚的特殊道德力量[⑤]。与“审美个人主义”相反，典型的自我并不是由不可重复的行动的独特性表现出来或确认。真实性并不存在于特异性之中，而是存

① Bercovitch, Puritan Origins, p.176.

② Bercovitch, "Rites of Assent," pp.11,13,32.

③ J.-J. Rousseau, "The First Discourse," in The First and Second Dis-courses, ed. Roger D. Master (New York; St. Martin's Press, 1964), pp.37-38.

④ Judith Shklar, Ordinary Vices (Cambridge, Mass.: Belknap Press of Harvard University Press, 1984), p.85.

⑤ S. Alpers, The Art of Describing (Chicago: University of Chicago Press, 1983), pp.72-74.

在于对普遍人的可能性的个性化表达[①]。在极大程度上，对难以达到的独特性的精英主义-浪漫主义主张反对的冲动，促进了个人主义的扩散和在美国不依靠等级权威的规训。“实在”观念由所有自我共享，既作为个人也作为公民参与到公共事业中，这证明在美国，在相当的个体和集体行动中，对科学和技术标准的权威有着认识论上的辩护。科学的权威，通过机器引人注目地成功和技术发挥看得见的作用，在社会上表现和加强；这种权威提供了连接个体和集体行动的模式，并以这种方式排除公共行动的宗教或者道德范式中内在的张力和冲突。美国人自身赞美像托马斯·爱迪生（Thomas Edison）一样的英雄，作为美国技术专家的模范，他个人探索自然的一小步，成了“人类的一大步。”[②]正如个别美国人自我发现，或者自然感受的那样，无形的线把他们与普遍的事业联系起来。所以，正如我们在上面看到的，通过运用科学和技术，私营商业公司和“经济人”能够转变成公共行动和国家任务的代理者[③]。

科学在合理化现代美国政治和公共行动的观念过程中的意识形态作用突出体现在强烈批判美国早期的政治观念形成的背景上。这种背景认为政治是一个充斥着爱好、密谋和个人冲突的领域，是一项

① 在评论美国时，奥克塔维奥·帕斯(Octavio Paz)指出“在重叠的科学与清教徒的价值观之间存在一些东西，它们允许不依靠直接压制，强加规则谴责所有的独特性。” Octavio Paz, “Eroticism and Gastrosophy,” Daedalus 101 (Fall 1972), 77. 我将在随后证明在20世纪后期的美国，这种倾向对“独特性的民主化”的趋势采取了独特的，时而自相矛盾的形式。Yaron Ezrahi, “Science and Utopia in Late 20th Century Puralist Democracy,” in Nineteen Eighty-Four: Science between Utopia and Dystopia: Sociology of the Sciences, eds. E. Mendelsohn and H. Noworny, vol. Ⅶ (Dordrecht: D. Reidel, 1984), pp. 273 - 290, 283.

② 同样，约瑟夫·普利斯特里(Joseph Priestley)被赞美为外行轻松发现伟大事务的榜样。参见 S. Schaffer, “Priestley's Questions: An Historiographic Survey,” History of Science 22(1984), 151 - 183.

③ 参见我在第2章和第10章的讨论，以及 Don K. Price, The Scientific Estate (Cambridge, Mass.: Belknap Press of Harvard University Press, 1965), pp. 71 - 79.

代理为权力腐蚀的事业[①]。戈登·伍德注意到，在18世纪，政治阴谋论和“偏执风格”为更多美国人所熟悉，并在事实上成为美国政治的显著特征。它们反映了在解释政治事件上，更多参考暗含动机、设计、欺骗和颠覆的新趋势。政治阴谋论观点假定“存在一个自主、敏感和活跃的个体有能力直接和审慎地通过他们的决定和行动招致变化的世界”[②]。自然，这种政治阴谋论观点很大程度上源于社会和政治的个人主义理论，这是秩序的自由-民主图像的基础。但是，在某种程度上，这种阴谋论观点与对代理的不信任有关，它倾向于接近原子式的个人主义，而非社会形式的自由民主个人主义。在这种早期政治范式中，美国人开始不相信占有和行使政治权力是个人欲望和党派利益的反映。詹姆斯·S·杨(James S. Young)注意到这种反权力态度和政治阴谋论在19世纪前10年的盛行[③]。他还进一步指出它们对在美国政体中发展专断政治权力的抑制作用[④]。 204

通过部分客观的授权和对政治行为的因果解释，这种政治阴谋论和对政治行动者隐藏动机的归因在随后得到缓和。这一过程随着自然科学和社会科学的现代词汇的文化传播而加速[⑤]。通过权威地引用客观机制、过程和原因，这一发展开辟了调和政治行为的感情化解释的新路径[⑥]。

这些由伯纳德·曼德维尔【Bernard Mandeville(1670—1733)】和

---

① Gordon S. Wood, “Conspiracy and the Paranoid Style: Causality and Deceit in the Eighteenth Century,” The William and Mary Quarterly, 3rd ser., 39 (July 1982), 401 - 441.

② Gordon S. Wood, “Conspiracy and the Paranoid Style: Causality and Deceit in the Eighteenth Century,” The William and Mary Quarterly, 3rd ser., 39 (July 1982), p.409.

③ James Sterling Young, The Washington Community, 1800 - 1828 (New York: Columbia University Press, 1966), p.59.

④ James Sterling Young, The Washington Community, 1800 - 1828 (New York: Columbia University Press, 1966), pp.63, 113, 207.

⑤ Wood, “Conspiracy and the Paranoid Style,” 409 - 413.

⑥ Wood, “Conspiracy and the Paranoid Style,” 413 - 415.

亚当·斯密斯(1723—1790)提供概念手段发展起来的观点和行动与它们的后果之间的因果关联,能够取代或者缓和基于行动的动机和可感知的后果之间所假定的道德关联所做出的解释[①]。通过对动机的归因使之从属于对某些特定公众和行动的客观方面的分析,而不是代理的个人特质,对政治的科学透视成为新的政治行动和问责的自由-民主修辞的主要资源。在早期的自由-民主政治范式的背景下,政治行动者的明显动机或者意图与它们的行动所产生的可感知后果之间的差距不可避免地与行为的阴谋论联系起来,戈登·伍德成功展示了对行为的社会科学分析,使得联系或者解释这种差距,而不归因于隐藏动机成为可能。这种成功部分建立基于内容的分析上,动机本身不是原因,而是构成理解内在-影响因素的复杂系统,而行动者对这种包括
205 外部力量、机制和过程在内的内在-影响因素具有较小影响。基于以下认知,对与道德无关的政治行为解释的权威得到进一步加强:并非所有行动者面临的不确定因素都能通过掌握知识克服;在某些方面,所有的行动都会有意料之外的后果。通过要求对行动者动机和目标的有效解释都必须以人类行为的明显可观察方面为基础,社会科学进一步缓和了阴谋论对政治行动的影响。

就像我早已指出的那样,对政治行为的社会科学解释有助于把自由-民主意识形态转换为具体化的政治行为,有助于在文化角度上重新建构一种在知觉的公共空间中的观察。这一变化与对联邦政府的早期认识的转变有关,从一个"远离人民,人民看不到"[②]的政府到现代观念上的政府——正在进行的公共演出中的主要表演者。在同一"横向"水平上,公民之间的自主政治互动受到社会科学的鼓励。这种转

① Wood, "Conspiracy and the Paranoid Style," 418.

② 詹姆斯·斯特林·杨在对贯穿整个杰弗逊总统时代的政府的描述中,援引自亚历山大·汉密尔顿(联邦党人文集第27篇),见 Young, The Washington Community, p.33.

变从关注政治行动者的言语到关注他们的行动，从强调特征或个性到强调演出的公共特征，也即从强调行动的道德取向到工具主义取向。这种转变与为政治降温相一致。社会科学对政治行为的观察，也为个体行动者到底能比阴谋论行为多做些什么提供了相当多粗浅的看法。通过有节制地表现与世隔绝的个体的力量，控制政治的进程；把政治世界视为复杂、在一定程度上客观的力量系统，这些都支持了社会非原子式的个人主义以及与之相应的政治行动观念。与狭隘自私的个人主义相比，这种观点把公共行动视为与自主个体复杂互动的产物，这意味着代理在面对面的情况下，或者说行动者在面对面的客观情况下被赋予不同的权重，这说明在决定政治行动的进程和结果上，双方的力量是均衡的。

在现代自由-民主美国对待公共行动的倾向上，社会文化的改变提高了社会个人主义、互动个人主义的重要性，以及客观原因和方法的作用。这推动了公共行动作为政治的最重要模式的社会信任的扩散。正是在这一背景下，我们应当分析，在现代美国的自由-民主中，科学和技术在对政治中的诚实或者真诚问题回应中的特殊作用。在 206
法国，政治行为通常被视为必须与行动者的内在自我或者个性相疏远[①]，然而，在美国，个人与公共行动者是连贯整体的假定鼓励了诚实作为一种政治美德——也是政治需要——在行动领域的出现。科学及其在社会的相关实践和权威成为判定个体行动者真诚或伪善的标准。基于行动的表面的、应当解释的、想像中的确定性的真实方面，对个体行动者的真诚或伪善进行判定[②]。

---

① 就像莱迪·史珂拉评论的那样，在孟德斯鸠看来，认为“好人和好公民应当永远一样”是不可能的。参见 Shklar，Ordinary Vices，p. 33.

② 拉尔夫·纳德(Ralph Nader)将这种对商业行为的明显事实方面的分析，转化为揭露他们的明显目的和实际运作之间差异的有效技术。参见 Ralph Nader，Unsafe at Any Speed (New York：Simon and Schuster，1966).

有观察指出，美国文化的一大特质在于能够保持“真正的”个体可能是透明的以及个人也是社会人，这一观点得到了莱昂内尔·特里林(Lionel Trilling)的支持。他认为美国与欧洲不同，美国有一种倾向认为自我的概念一般不与社会世界相疏离，美国的基本文化假设认为自我和社会之间是基本连贯的整体[①]。如茱迪·史珂拉展示的那样，本杰明·富兰克林的自传在许多方面对于理解这一美国自我概念的早期原型非常有益，因为在某种程度上，它抛弃了秘密内在自我的存在，而这比社会归结的“他的行为的总结”[②]更加真实。事实上，爱默生的私人日记揭示了这样一个秘密的、隐藏的内在自我；虽然，当他写下“一个人真正的行动会把自己解释明白”[③]或者当他注意到“行动才是思想的完美化和公开化”时[④]，也与美国文化规范相一致。

可用的权威科学方法与行动在唯意论的和因果的、物质的和精神的，可见和不可见的方面相关联。想法能够在行动中得到体现和行动就像镜子，能够呈现社会可见想法的理念为可用的权威科学方法所加强。对从行为的可观察侧面可以推断动机和价值观的可靠方法的信任，推动了对人格主义者、道德家和编剧的政治概念的热情和内在张力的排除。他们将政治视为在一个大部分不可见的空间中，代理的挣

---

① 有关他对美国和欧洲的可靠性和真实观念的比较说明，参见 Lionel Trilling, On Authenticity (Cambridge, Mass.: Harvard University Press, 1972), esp. pp. 64-65, 113.

② Benjamin Franklin, "Autobiography," in A Benjamin Franklin Reader, ed. Nathan G. Goodman (New York: Thomas Crowell Co., 1921); Shklar, Ordinary Vices, p. 24.

③ Ralph Waldo Emerson, "Self Reliance," in The Collected Works of Ralph Waldo Emerson, vol. Ⅱ, Essays, 1st ser. (Cambridge, Mass.: Belknap Press of Harvard University Press, 1979), p. 34.

④ Ralph Waldo Emerson, "Nature," in Selections from Ralph Waldo Emerson, ed. S. E. Whicher (Boston: Houghton Mifflin, 1957), p. 41.

扎或者冲突。当然，与之相关的政治制度化作为在证实视觉文化范围内的观察，与通过将论述和行动的焦点转换到公共事实和公共行为的可见空间，抑制政治热情的过程相一致。

在现代美国，逐步形成的自由民主政治包括更多的社会个人主义、相互作用和公众意见，这与欧洲贵族政治的政治行动概念形成鲜明对比，后者认为政治行动是个性、意图和英勇个人的意愿的产物。以上，我所展示的这些，与法国相比，美国突出的对于个性、社会和政治所持的特有倾向，也能通过进一步与其他欧洲国家相比得到证实。正如一位观察者所注意到的那样，在美国，"与英国人的个体概念完全取决于复杂的社会世界相比，每个个体都拥有更多公开的事实。"[①]美国的自由-民主意识形态是社会个人主义、互动个人主义和科学工具主义的集成，这与德国取向形成特别鲜明对比。与法国人一样，德国人也倾向于认为社会和政治世界是"与个人不相关的"[②]。因为，离开私人领域的自我在德国一直被解释为远离真实自由的范围[③]，德国的自由观点似乎支持与政治无涉的个人主义和个性化的社群主义[④]。这一取向与德国趋向于把科学和技术视作属于"文明"的"唯物主义"领

---

① Quentin Anderson, "John Dewey's American Democrat," Daedalus 108 (Summer 1979), 146.

② 参见 W. H. Bruford, The German Tradition of Self-Cultivation: "dedung" from Humboldt to Thomas Mann (Cambridge: Cambridge University Press, 1975); Ralf Dahrendorf, Society and Democracy in Germany (Garden City: Doubleday, 1969), p.302. 奥斯瓦尔德·斯宾格勒(Oswald Spengler)注意到，就英国议会而言，"和我们(德国人)的议会制度都将总是外来影响的混合物。"参见 Oswald Spengler, Selected Essays, trans. D.O. White (Chicago: Henry Regmers, 1967), pp.12,83.

③ Dahrendorf, Society and Democracy, p. 343; and L. Dumont, Essays on Individualism (Chicago: University of Chicago Press, 1986), pp.134,139,146,153.

④ Leonard Krieger, The German Idea of Freedom (Chicago: University of Chicago Press, 1972), pp. 125,133,177,188. 另请参见 Thomas Mann, Reflections of a Nonpolitical Man (1918) trans, and intro. Walter Morris (New York: Frederick Unger, 1983).

域，理解为属于文学、投机思想和形而上学领域有关。在德国人看来，
207 这种文明领域不如"文化"领域[①]。因此，美国思想家如约翰·杜威把科学方法视为黏合个体在集体民主行动中贡献的工具，而在德国，对权威的偏爱使得它可以自下引用"事实"不被质疑，这种对投机思想和通过经验和经验知识理解的偏好与政治行动的非民主概念由超级代理生产有关[②]。因此，在德国至少直到第二次世界大战结束，科学、技术、自由个人主义和权威和责任的自由-民主概念都未能聚合形成一个分散化的公共行动范式。

此外，比较美国和欧洲对待个人主义和知识的不同倾向能够说明美国政治行动概念的独特特征。与狭隘个人主义的诸多要素相一致的普遍态度，激发了法国和德国各种各样的单向互动和集体行动的非参与模式，如官僚集中制、守法主义、个人超凡领导魅力等。正如沃尔特·本杰明恰如其分地观察，欧洲未能成功进化出一个非精英的、工具主义政治行动的自由-民主形式，表明"普通欧洲人没
208 能成功地把他们的生活和技术结合起来，因为他们迷信于造物主的存在。"[③]在英国，强大的议会传统展现了得到英国经验主义影响滋润，但又被精英领导层的贵族规范所调和的互动个人主义的重要承

---

① Dahrendorf, Society and Democracy, p.127.

② Dahrendorf, Society and Democracy, pp. 156 - 157. On freedom as an aesthetic idea in Schiller's thought，有关自由在席勒(Schiller)的思想中是一种审美观念的认识，另请参见帕特里克·加迪纳(Patrick Gardiner)的散文，"Freedom as an Aesthetic Idea," in The Idea of Freedom, Essays in Honor of Isaiah Berlin, ed. Alan Ryan (Oxford: Oxford University Press, 1979), pp. 27 - 39. 在其他因素之外，诸如英、法、美三国等西方社会的现代化还建立在对世界的新觉醒之上，即不再认为世界是对人类期望的客观的、外在的约束。在德国，可以对抗自由意志的外在实在神话也不够强大，并且文化上也难以获得，以对抗自由意志之神话。后者不需要假设有实证科学知识强加的规范，就可以战胜物质世界。

③ Walter Benjamin, "Karl Kraus," in Reflections, ed. P. Demetz (New York: Harcourt Brace Jovanovich, 1978), p. 272.

诺[1]。这些因素倾向于鼓励在英国采取最温和形式的工具主义，并只让科学发挥有限的意识形态作用，这一作用为守法主义所限制，顺从精英，认为公共行动必须主要委托给与之相称的“全才”。

在美国，英国政治传统的影响不受封建主义和贵族价值观遗产的约束，允许了互动个人主义更激进形式的变化。作为现代美国“国家”政治风格中最具特色的形式之一，伴随着强调行动的科学和技术取向，美国政治传统已经上升为工具主义。并依靠强烈的平均主义承诺，新教自我的观念，征服新发现的大陆和实现经济独立的挑战等得到进一步加强；政治上的工具主义，已经成为美国人寻求处理公共行动的生产问题，并不伤害他们在自主的个体行动者来源的主要策略[2]。

美国法律语境下的科学、事实与规则

在不依赖层级政府专断随意和强制行使权力的情况下，权威事实与权威规则一道构成了协调、调控和客观处理社会干预的主要手段。与事实参照物一样，法律参照物也被现代国家所广泛采用，以规范自由个体代理的行为，从而确保秩序。然而，与英国和欧洲大陆的民主理论相比，美国的宪法和法律理论在保护分散化政治互动的完整性，

---

① 有关贵族政治行为规范对精英领导层影响的持久性，参见 Samuel H. Beer, Modern British Politics (New York: Norton, 1982), pp.414－415.

② 在美国，对技术和自由民主政治价值的独特整合作用的错误理解使得如雅克·埃吕尔等观察家曲解科学和技术在美国政体以及更一般意义上的，在现代自由-民主国家的地位和作用。为理解这一点，美国的政治工具主义必须被看做不只是物质主义价值观与科学技术对美国政治影响的表现。首先，这是对行动的自由-民主问题，以及调和个人主义、行动的唯意志论理论和公共秩序的迫切需要的最重要的美国意识形态-政治回应。因此，在美国，公共行动的工具化与其说成为集权的策略，是对自由-民主原则的威胁，不如说是用来保障权力的非武断和负责任行使的自由-民主承诺。

免受不同层级政府的干预上走得更远。在美国法律语境中，对抗等级权力结构的主要策略是承认“公共事实”，这包括对在特定情境下，究
209 竟什么构成事实和在司法过程中，究竟什么扮演着决定法律规则的妥善性以及如何适用的中心角色进行公开辩论。由于法律是规则支配行为，行动的合法性充分参照已有规则进行判断的最典型领域；连规则和它们如何适用的司法裁决都在一定程度上取决于它们是否符合事实或与之相关的判断，都为我们认识科学和专家权威在美国的特殊重要性提供了线索。这种特殊重要性不仅体现在法律语境下，而且体现在更广阔的美国社会和政治语境中。

与欧洲相比，美国区分“事实”的地方，不是法律语境中简单的事实参照物或者专家的特殊权威，而是这一权威如何在立法和司法裁决中得以确立和有效整合。就这一点而言，强调美国和欧洲法律文化之间，特别是美国和英国现行体制之间的一些重要差别是有意义的。或许，这两种法律传统最重要的区别与它们各自的主权理论有关。在英国，像其他欧洲国家一样，最高统治者的权力是决定性的和不可分的，然而在美国，这两方面却都并非如此。与欧洲国家相比，美国不受君主制遗产的影响，其政体逐步进化为由竞合管辖区和“许多平等的自治州”组成的现行体制[①]。美国历史学家戈登·伍德指出，“权力分立，无论是行政权、立法权和司法权三分还是立法机关的两院制分离，都是简单的政治权力分割，是多数政府部门分离的产物，这使得所有脱离的权力仍对人民负责并由人民控制，彼此间相互制衡，防止任何一种过分坚持自身的权利。”[②]在另一项比较美国和英国法律文化的研究

① Gordon S. Wood, The Creation of the American Republic, 1776 - 1787 (New York: W. W. Norton, 1972), p. 529.

② Gordon S. Wood, The Creation of the American Republic, 1776 - 1787 (New York: W. W. Norton, 1972), p. 604.

中，P・S・阿蒂亚（P.S. Atiyah）和罗伯特・S.萨默斯同样区分了美国由50个州体系和一个联邦体系组成的“多重管辖的法律体系”，与英国的“单一司法辖区”体系[①]。

这些差异与我之前做出的观察相关，与欧洲国家相比，在美国宪政传统下，对整个政体而言，任何个人或者组织都未被赋予特权以排除它者。在法律语境下，这一设想透过以下事实得到明确表达：在英国，法律和政治理论视法律为最高统治者自上下达的命令，而在美国，法律被假定为“来自于民间——来自于人民。”[②]沿着这些线索，阿蒂亚 210
和萨默斯认为英国的法律推理强调有效性标准的渊源取向，具有典型的实证主义和形式主义特征；而美国的法律推理强调有效性标准的内容取向，具有典型的实质性和反形式主义特征[③]。阿蒂亚和萨默斯进一步指出，英国的实证主义法律传统认为法律是上级权威的代理，强调法律推理中某些固定的程序性规范的重要性；然而，在美国传统的、主要依赖自然法和自然权利学说的法律体系中，认为法律（和正义）的概念更不固定、更加开放、更不确定，不断从实质性的法律辩论中生成[④]。美国的这一倾向使得它在立法和司法情境中反对终局性和必然性，自然，这与美国政治制度的主要特征有关，其中包括在政治进程中，反对机械的多数决定规则，特别考虑少数族群的利益，并把个体视作共同参与者。

① P.S. Atiyah and Robert S. Summers, Form and Substance in Anglo-American haw: A Comparative Study of Legal Reasoning, Legal Theory, and Legal Institutions (Oxford: Clarendon Press, 1987), p.67.

② P.S. Atiyah and Robert S. Summers, Form and Substance in Anglo-American haw: A Comparative Study of Legal Reasoning, Legal Theory, and Legal Institutions (Oxford: Clarendon Press, 1987), p.38.

③ P.S. Atiyah and Robert S. Summers, Form and Substance in Anglo-American haw: A Comparative Study of Legal Reasoning, Legal Theory, and Legal Institutions (Oxford: Clarendon Press, 1987), pp.1, 15, 42, 148, 233, 251.

④ P.S. Atiyah and Robert S. Summers, Form and Substance in Anglo-American haw: A Comparative Study of Legal Reasoning, Legal Theory, and Legal Institutions (Oxford: Clarendon Press, 1987), pp.223－226, 148.

总的来说，美国与欧洲的这些和其他不同，其中包括在英国，法律文化对事实认定和科学-技术专业知识在司法裁决合法化的过程中的地位有重要影响①。或许，主要的一点是越来越多元、分散化、实质性和争论-导向的美国司法系统在司法裁决合法化过程中，赋予事实和专业知识更重要的作用②。唐·K·普赖斯注意到，在美国，“不愿意从已确立的权威中寻求答案，这使得在各个级别（政府）对作为决策基础的调查研究的使用都相当惊人。”③这一趋势与英国的实践相比，君主制的遗产使得英国对高级官员拥有的保密习惯和自由裁量权有更高的容忍④。而且，在英国的体制下，在各种各样的行动者或派系争辩过程中，人们假定法院、法律或者君主代表着一定一致、上帝（观福音书上的）和中立的观点；然而，在美国体制下，如此超党派、相对中立的观点并不被认为是一定的，反而必须是经过反复谈判，自下而上确立的。这一观点认为，只有这样才不是拥有单一特权的政策制定者的体现，而是产生于一场相对公平的竞赛；在这次比赛中，各方都有均等机会提供证据，并参与确认议程。正是由于没有明确界定法律规定的地
211 位，他们的解释不服从意义的简单或字面标准，可确认的事实和专家权威能够并事实上在裁决法律辩论中扮演如此重要的角色⑤。美国人对法律是什么这一问题的答案不是一个写在法律书籍中的明确答案，而是一个更不确定、更依赖情境、更看重相关情境中的事实的答案。美国司法语境下事实论据的重要性随着阐明法律原则的反权威倾向

① John W. Thibaut and Laurens Walker, eds., Procedural Justice: A Psychological Analysis (New York: John Wiley and Sons, 1975), pp. 22 - 27, 28 - 40.

② John W. Thibaut and Laurens Walker, eds., Procedural Justice: A Psychological Analysis (New York: John Wiley and Sons, 1975), p. 77.

③ Price, The Scientific Estate, p. 27.

④ Edward A. Shils, The Torment of Secrecy (Glencoe, 111.: Free Press, 1956), pp. 37 - 57.

⑤ Atiyah and Summers, Form and Substance in Anglo-American Law, pp. 66 - 101.

(杰罗姆·弗兰克称之为“规则怀疑论”[①]),和确定公众接受,以非武断、超党派的基础处理即将到来的案子的标准的需求而进一步增强。在美国,这些因素鼓励了事实参照物和专家权威在控制自由裁量权中发挥作用,此外还通过参考规则进行限制。美国法律系统的这些倾向还有许多其他表现,其中包括最重要的法律工具主义在美国法律理论和陪审团在审判过程中的中心地位。

与法律形式主义不同,法律工具主义把法律和司法裁决的可接受性与它们作为处理规定问题或情况的工具的感知有效性联系起来。有学者指出,对法律工具主义的强调是美国法律理论的天生特性[②]。19世纪末到20世纪中期,对美国法律工具主义做出贡献的最具影响力的思想家有约翰·奇普曼·格雷(John Chipman Gray)、奥利弗·温德尔·霍姆斯、沃尔特·威勒·库克(Walter Wheeler Cook)、约瑟夫·沃尔特·宾汉(Joseph Walter Bingham)、赫尔曼·奥利芬特(Herman Oliphant)、杰罗姆·弗兰克(Jerome Frank)、卡尔·N·卢埃林(Karl N. Llewellyn)、菲利克斯·S·科恩(Felix S. Cohen)和约翰·杜威等[③]。这些理论家共同表现出了对法律形式主义的不信任和法律干预主义倾向的支持。美国法律工具主义的术语中典型地充满了源自科学和技术文化的隐喻。法律和政府机构通常比较它们话语中的“仪器”、“工具”和“机器”,特别是工具。法律被一类技术和法律专家视为“社会工程”[④]。霍姆斯认为法律的使用是“实验”,是对社会

① Jerome Frank, Law and the Modern Mind (Garden City, N. Y.: Anchor Books, 1963), p. x.

② Robert S. Summers, Instrumentalism and American Legal Theory (Ithaca, N. Y.: Cornell University Press, 1982), p. 19.

③ Robert S. Summers, Instrumentalism and American Legal Theory (Ithaca, N. Y.: Cornell University Press, 1982), p. 23.

④ Robert S. Summers, Instrumentalism and American Legal Theory (Ithaca, N. Y.: Cornell University Press, 1982), pp. 193 - 208.

作为"法律实验室"的实验[①]。"在法律语境中，任何特殊规则的重要性"，卢埃林写道，"都只将在经过重要的、事实现象——行为的调查后
212 显现。"[②]这样的法律工具主义鼓励在法律语境下使用包括统计技术在内的社会科学专业知识[③]。

这一趋势持久呼吁对事实的科学分析部分取代对一定等级的法律规定和判例的依赖，20世纪70年代，一批有关法律诉讼的经济学分析著作的井喷即是明证。法律诉讼的工具性导向催生了包括圭多·卡拉布雷西(Guido Calabresi)的《事故的成本》(1970)和理查德·波斯纳(Richard Posner)的《法律的经济分析》(1972)等在内诸多有影响的著作[④]。对行动的经济学分析显然提供了一个在不做出武断判决基础上，规避法律原则或神圣规则的最有吸引力方式。这为法律工具主义目标匹配和比较可替代规则的相对成本和收益提供了一个有力工具。作为一门研究人类互动的广义科学，经济学呈现出融合多种承诺：自由个体是行动的基本单位，需要找到实证确定，因此不需依赖主观评价或与社会互动情境无关的权威人士评判和评估行动的公共标准。尽管这一倾向必定激起对法律文件更加纯粹的道德或守法倾向的倡导者反应[⑤]，像卡拉布雷西和波斯纳一样颇具影响力的法律理论

---

① Robert S. Summers, Instrumentalism and American Legal Theory (Ithaca, N.Y.: Cornell University Press, 1982), p.91.

② Edward A. Purcell, The Crisis of Democratic Theory: Scientific Naturalism and the Problem of Value (Lexington: University Press of Kentucky, 1973), p.82. 法律工具主义的重要性已经与不断增长的成文法的数量和重要性联系起来，这些法规被设定为解决社会问题或者对不断变化的环境做出回应的手段。Guido Calabresi, A Common Law for the Age of Statutes (Cambridge, Mass: Harvard University Press, 1982), pp.1-15.

③ The Crisis of Democratic Theory, p.82.

④ Guido Calabresi, Costs of Accidents (New Haven, Conn.: Yale University Press, 1970); Richard A. Posner, Economic Analysis of Law (Boston: Little, Brown, 1972).

⑤ 参见 Arthur Allen Left, "Economic Analysis of Law: Some Realism," Virginia Law Review 60 (March 1976), 451.

家已经开始致力于支持经济学在法律决策中以“预测法律规则和安排的影响力”[1]和实现法律决策的工具主义构想的形式发挥影响。在美国法律文化中，工具主义角度认为规则是解决特殊问题的手段，而非必须遵循促进研究和学术法律知识发挥特殊作用的强制行为。法律是“做出”而非“发现”的观念认为，需要调整改变环境和目标而非代表在不同的时间和情境下忍受规范性规则的能力，例如，这一点也体现在霍姆斯那句被广泛引用的表述中，“法律的生命不在于逻辑，而在于经验。”[2]

美国的法律工具主义倾向在测定与评价立法或者司法裁决过程中强调相关情境中事实的重要性，这使得它比欧洲的法律实证主义更加呼吁分权的民主权威。为使法律和司法机构受制于开放式的经验 213
测试，美国为创设和适用法律，承诺更具包容性的权力的参与式分布。这一点与以下事实相联系：“在美国，大多数民事诉讼仍然是由陪审团审理的，而在英国，却是由法官裁决的。”[3]此外，在英国专家被纳入到审批(和政治)过程中，公职官员在其中展示了一定程度的说教的家长作风以及对被统治者的不信任；相反，在美国，专家被整合到一个外行作为当局决策和行动的来源更受信任的体制中[4]。由于立法和司法的权威并不归于明显区分统治者和被统治者的制度，美国公民比绝大多数其他民主国家的公民更强烈地感受到他们属于栅栏的两边。美国人很少如此反对这样的国家，美国历史学家艾伦·特拉登堡写道，“这

---

① Posner, Economic Analysis of Law, pp. 4 - 5.

② Oliver Wendell Holmes, Collected Legal Papers (New York: Harcourt, Brace, 1921), p. 139.

③ Atiyah and Summers, Form and Substance in Anglo-American Law, p. 4.

④ 在其他专业环境中，例如在医学，有学者发现了相似的差异。英国医生在专业判断的实践中享有一定程度的权威，而美国医生则没有。Guido Calabresi, Tragic Choices (New York: W. W. Norton, 1978), pp. 184 - 186. 另请参见 Paul Starr(保罗·斯塔尔)在 *The Social Transformation of American Medicine*(New York: Basic Books, 1982, pp. 37 - 47)一书中，有关英国内科医生与美国内科医生以及他对“专业身份”和“职业的专业”之间差别的比较。

样做……就会危险地将他们自身置身于整个民族之外，就等于宣布他们反对美国这个共同的实体。共和国家以‘人民’的名义建立，似乎和民族、社会、文化融为一体。”[1]

然而，我们必须承认在美国法律（和同样也是政治）语境中，事实参照物（事实的指示物）在法律语境中的重要性，以及这一趋势与依靠分散的互动模式抑制层级结构的尝试解决美国法律（和同样也是政治）语境中的冲突的关联，事实上可能完全不适合于信赖并维持科学和技术标准或程序的完整性[2]。在欧洲法庭上，由法官选定的专家，被期望给予法官公正的专业意见，通常比美国的法庭给予科学推理规范更多尊重；在美国法庭上，当事人导向的对抗制期望专家为他们各自付费的当事人做出最佳辩论。不管怎样，这一事态表明了一个有趣的悖论。由于对抗制不能依赖中立的第三方权威，为了它的对等和规章制度，它需要信任存在有对相关情境中的事实进行一般约定的可能性。为产生在社会上权威的决策，扁平化、分散的法律架构依赖对客观确定的事实的可能性的信任，它们足够不证自明，能够令人信服的解决意见冲突。不过，对抗性程序可能实际上支持将对事实的关注从属于对公平规范的关注，这有可能曲解科学的或技术的专业标准。在这种情况下，对使经验的某些方面成为事实而言，展示证据和控制决
214 策程序的机会均等分布或许比一些更加足够专业、然而却深奥难懂的标准更加重要。这种法律的或政治的与科学确证的事实建构之间的差异，与科学作为合法化的资源的重要性，而不是作为工具主义有用知识的主体的重要性有关。在美国，对于法律和政治行动的合法化而

① Alan Trachtenberg, The Incorporation of America: Culture and Society in the Gilded Age (New York: Hill and Wang, 1982), p.180.

② 为回应一位匿名评审人对本书手稿的睿智评论，我决定发展这一观点。他认为在美国司法和政治环境中，事实的开放对抗测试与科学的权威之间存在有张力。我非常感激他（或她）提出这一重要问题。

言，客观确定事实的修辞或者神话明显常常比科学和技术专家的实际运用更加重要。在法律或者政治语境中，使事实成为事实与其说是满足严格的科学或技术要求，不如说是满足了对道德和意识形态的要求，这保证了争辩双方拥有平等的机会参与对情境的解释，陈述并对事实主张进行抗辩。对于接受特定“事实”对社会群体的行为约束而言，道德和意识形态规范似乎比严格法律意义上的准确性或者相关考虑因素更加重要[①]。

如果意识到在美国政治和法律语境中，对于去个性化、分权和统一的行动和决策而言，事实参照物及其权威的地位与科学和技术标准并不一致，那么这意味着，美国的实质性和英国的形式主义法律推理之间的区别可能不像阿蒂亚和萨默斯说的那样尖锐。在美国，包括事实导向性决策在内的实质性决策通常都服从于可以被称为民主的形式主义。换言之，在英国，法律的渊源理论根据权威从上发布命令确认决策；然而，在美国，可被称之为民主的法律渊源理论，明确规定了决策如何从下而上得到确认，也即，尊重平等参与和机会均等进入。在这两种情况下，实质性事实陈述通常由固定的事实程序形成，它更多遵循主要的道德、政治或者法律规范，而非科学和技术规范。虽然，美国法律系统和英国法律系统间的显著差距仍然存在，正如我已指出的，这是因为相比欧洲国家，在政治权力运行的建构（和合法化）过程中，美国的自由-民主主义赋予了公开事实和公众知识的神话或修辞更中心的位置。毫无疑问，这与推理方式的不同影响有关，英国的法

① 有关美国陪审团制度中的证据概念，参见 H. Kalven and H. Zeisel, The American Jury (Chicago: University of Chicago Press, 1966), esp. pp. 121 - 190. 另请参见 Calabresi, Tragic Choices; Technical Information for Congress, Report to the Subcommittee on Science, Research and Development of the House Committee on Science and Astronautics, 92nd Cong. (Washington: U. S. Government Printing Office, 1971).

律推理倾向于形式主义，而美国的法律文化支持实质性法律推理。这也与我所谓的美国政治中的证实视觉文化规范的集中趋向有关。
215 它假设，可以说包括政治现实在内的现实都体现在情境中的可见表面；证据比推理或者解释更有权威性；同时，普通证人归根结底要比包括专家在内的特权权威更有权威。在这种观点看来，常识经验中的现实的事实与科学家所指的事实之间没有区别。美国国民教育的民主意识形态与实践支持这一观点，显然，这在理性上是站不住脚的①。

在这一文化和学术背景下，用霍姆斯自己的话来说，“不断地把话语转化为可据以保持真实和正确的事实”②的努力，在互动的政治分权系统中，可被视为对照、协调和抑制决策的武断性的策略。基于这些解释，被广泛地视为自身是民主事业的科学，在美国政体中被视为形成对立法和司法决策信任的手段③。然而，美国的法律语境揭示了工具主义的非技术专家治国论的民主形式，作为合法化的政治策略的一个维度，基于此，在较小程度上，科学和技术的权威和事实标准逐渐同化于分散的、扁平的制度中，并形成政治上权威的公共行动。

从更深的意识形态层次上说，工具主义法律理论为行动的自由-民主问题提供了一个引人注目的回应。为使罗马法的法律概念作为至高无上意志的表现与自然法的普遍概念对所有行动者产生约束结合起来，它提出了一个平衡自由-民主的承诺对行动的自主理论与承

---

① Rush Welter, Popular Education and Democratic Thought in America (New York: Columbia University Press, 1964). 另请参见 Y. Ezrahi, “The Authority of Science in Politics,” in Science and Values, eds. A. Thackray and E. Mendelsohn (New York: Humanities Press, 19/4), pp. 215 - 251.

② Holmes, Collected Legal Papers, p. 238.

③ Lawrence Friedman, The Legal System: A Social Science Perspective (New York: Russell Sage Foundation, 1975), pp. 215 - 216.

认情境约束的必要性的方法[①]。正是在这种关系下，美国的法律工具
主义似乎将科学和技术文化的一部分整合为行动的自主理论，在其 216
中，合法的事实的实在的对于外行和专家都是可获取的，这一理念保
障自由行动不被简化成专制行动，保障自由和秩序之间的协调不需要
外部权威的干涉。

① 有关罗马法和自然法的相关特征，参见 A. P. D'Entrenes, Natural Law (New York: Harper Torch books, 1965). p. 71; and Judith Shklar, Legalism: Law, Morals, and Political Trials (Cambridge, Mass.: Harvard University Press, 1986), pp. 38, 63, 65.

217

第9章

科学与美国民主中的政治集权合法化

自由-民主国家不断受到无政府主义潜在的、固有的对于自由的承诺的威胁，并且，更多的来自周期性的对反民主的过度反应，比如，出于对无政府状态的担忧而激发的集权的冲动。总的来说，尽管自由-民主国家追求权力的分散，并容忍由此引发的政府活动在连贯性与效率上的负面影响，对集权的呼吁已经成为现代自由-民主实践不可缺少的一部分。政府重新集权的压力，以及为提高政府运行的效果和效率对参与式政治强加一些限制的压力在现代民主国家典型地增大，尤其在处理国家军事、外交、经济或社会危机时。然而，对政治的分散模式公共行动或自由经济竞争所产生的不平等的分配效应的自由-民主道德和政治批判，以及富兰克林·D·罗斯福的新政方案的国防规划的补充例证，都为政治权力重新集中的实践提供了强有力的支持。塞缪尔·亨廷顿指出，在某些方面，美国的政治实践是一系列尝试弥合民主政体的理想与制度结构、政治生活实践之间的差距，却从未实现这些理想的反复[①]。参与式政治的承诺和权力不平等分布的现实之间存在的差距就是例证。鉴于在极权体制下，通过镇压手段应对秩序的政治理想和政治实践之间的张力，在民主政体下，有关中央集权管理的政策必须认真处理占支配地位的民主信条与其体制表现的压力。

行政行动的部分非政治化

在美国，分权和集权的压力间的相互影响通常以国会和行政权力之间的竞争而呈现。早在托马斯·杰斐逊时代，就出现有领导权力和辅助权力的民主对立风气，这本身是为“抑制总统领导的欲望”[②]。这种有关总统权力的矛盾情绪，并没能及时阻止“总统权力的膨胀”[③]和行政部门的扩张[④]。因此，这是一个有趣的问题，面对如此强大的民主制度和社会风气，总统权力如何获取他们的现代比例。当然，答案的一部分，在于不断演化的公众期望；他们希望政府在满足公众普遍关注中扮演活跃角色，并追求进步的目标，如充分就业、公共卫生、经济增长、教育和国防等[⑤]。我将尝试对运用科学技术作为政治和意识形态资源，作为客观、非专断和向公众负责的措施，铸就和呈现行政首脑 218

① Samuel P. Huntington, *American Politics: The Promise of Disharmony* (Cambridge, Mass.: Belknap Press of Harvard University Press, 1981).

② James Sterling Young, *The Washington Community, 1800 - 1828* (New York: Columbia University Press, 1966), p. 207.

③ Thomas K. Cronin, “The Swelling of the Presidency,” in *Classic Readings in American Politics*, eds. P. S. Nivola and D. H. Rosen bloom (New York: Sr. Martin's Press, 1986), pp. 413 - 426.

④ James Q. Wilson, “The Rise of the Bureaucratic State,”同上, pp. 427 - 447.

⑤ Edward S. Corwin, *The President: Office and Powers, 1787 - 1957* (New York: New York University Press, 1957), pp. 294.

的行动，提升公共产品做出补充性解释。与美国政府的其他机构相比，正是由于总统职位在政治中允许和放大个性的角色，使得科学和技术能够成为重要的意识形态和政治资源，检验由于过度个性化和专断所造成的总统权力的腐败。现代总统职位已成为一个强大的政治机构，以致现代美国公众已经愿意改变原有看法：从把政府当作为社会和经济力量提供自由剧场的被动监护人，到把行政部门看作一个活跃和革新的代理。这一事实表明尝试投射行政权力作为客观、有代表性和向公众负责已经，至少暂时非常成功。

自由-民主支持独断的行政权力的成功，使得很大程度上，观众看待政治领袖不再仅是知名人物，同时也是像内科医生一样的专业技术人员，能够代表和以分离的专业知识和技能服务他们的“病人”成为可能。即便在政治背景中，权威的科学和技术专家的呼吁，事实上并不
219 保证公共行动的工具有效性，只构成合法化中政治仪式一部分，这种呼吁将帮助转移涉及角色的责任从他们的个性、意图或完整性到他们行动的明显工具合理性。在一个科学、专业权威得到确立的社会中，对代理、行动和它们的后果之间的关系进行追踪和评判的举动能够被更加理性管制；同时，道德和政治评估将会出现，相比之下，更不客观、中立和权威。这样的条件通过投射行政活动并使之合法化，作为非政治的工具化措施已明显增强了美国政体中专业标准的政治价值。

正如我前述，描述行动的词汇从道德-政治化到工具主义-专业化的转变的关键在于以下假设：行动的原因和代理者的行动及其后果间的因果关联是可观察的，并且适于分离分析和评价。因而，这样的转变，对于政治行动者的责任具有深远影响。一定程度上，“被观察到的权力也是消失的权力”[①]，这也意味着，集权的可见性和透明度即责任

---

① Huntington, *The Promise of Disharmony*, p.75.

的分散化能够缓和集权带来的反民主影响。

中央集权的更广泛社会文化和知识原理考察

在美国，科学对指导行动和决策的集权结构的具体自由-民主原理进化，产生了比其他现代自由-民主国家更广泛的影响。在其他自由-民主国家，周期性的对集权和等级制度的辩护通常依赖，民主化进程中尚未彻底根除的、非民主的中央集权主义残留的理论和结构。例如，在英国，即便贵族政治权力不断下降，集权的压力仍由对精英的传统顺从，以及贵族风格的政治领导的深远影响所推动。在法国，历史和政治现实，使得行动的集权结构继续作为全能的国家官僚机构长期存在。然而，在美国，在规训分散的政治权力和为行政活动的集权模式工具性辩护的周期性努力中，科学和专业技术的特殊重要性正是归 220
因于源于缺乏这样的传统，以及对精英统治论和集权官僚政治的公共行动原则的强大的意识形态和政治抵制。即便在官僚结构发挥重要作用的社会领域，美国的官僚文化比其欧洲同行更加多元化和反等级化[①]。在美国，科学对于政治集权原理的特殊吸引力源于以下事实——与精英主义或者官僚政治的行动原则不同，科学被认为在本质上是一种分权活动，坚定地致力于追求公开和批判的价值观。正因如此，科学能够成为行动基础的另一种选择，而非精英主义、官僚政治或行动的其他等级结构的组成部分。

当然，除了其结构特征，在美国，科学作为意识形态和政治因素，在合法确立公共行动的现代工具主义风格过程中的特殊之处，还源于

---

① Michel Crozier, *The Bureaucratic Phenomenon* (Chicago: University of Chicago Press, 1964).

其在当代美国价值观、身份认同和制度体系演变过程中的社会历史作用。特别是在 19 世纪最后几十年和 20 世纪前半叶，有大量令人钦佩的研究探讨了，在现代美国的社会、经济和政治领域，科学技术与不断兴起的适度集中的“行政活动风格”之间的直接和间接关联。

例如，罗伯特·H·威布(Robert H. Wiebe)指出，在 1870 年代后期与 1920 之间，主要通过一种城市的、客观的中产阶级专业文化，美国逐渐从一个由诸多松散联结的社会群岛，绝大多数自治和与世隔绝的地方区域转变为一个统一的国家[1]。在他看来，这一过程随着铁路和通信网的不断扩张，以及由其相伴的美国社会空间和时间的一体化所加速。社会流动和社会互动在地理和时间维度上的不断扩张，使得与个人信任和道德相关的地方法规越来越少地参与到社会承诺和行动的调停过程中。沿着类似思路，丹尼尔·卡尔霍恩指出，美国从一群行省的集合到一个民族国家，与之相伴的是在认知取向上从本地
221 的、特殊的到更加一般化的转变。他认为，这种变化的一个主要特征体现在对个人评判的转变上，从依赖个人和事件到使用客观、分析和计算技术。例如，在招聘船舶和桥梁建设的雇员上，能力标准和广义的专业知识指标已经越来越多地取代基于当地声誉对个人可靠性的评判[2]。约翰·海厄姆同样认为，内战后，技术-功能价值的传播和大型官僚组织的扩张诱发了美国文化和制度整合[3]。戴维·F·诺贝尔(David F. Nobel)认为，1880 年和 1930 年之间的现代技术和工程助推了企业资本主义的兴起。他还揭示了在何种程度上，对谨慎的企业

---

① Robert H. Wiebe, *The Search for Order, 1877 - 1920* (New York: Hill and Wang, 1962).

② Daniel Calhoun, *The Intelligence of a People* (Princeton, N. J.: Princeton University Press, 1923), pp. 241 - 255, 283 - 322.

③ John Higham, “Hanging Together: Divergent Unities in American History,” *The Journal of American History* 61 (June 1924), 19 - 26.

事务而言，功能-工具主义理论的出现促使集权和等级制在企业核心业务部门合理化，而这此前对古典自由主义者而言是个人主义的避难所[1]。爱德华·普塞尔(Edward A. Purcell)通过说明智识的趋势变化导致的美国有影响力的思想家，如查尔斯·S·皮尔士、约翰·杜威、莱斯特·伍德(Lester Ward)批判由公开竞争引起的，与达尔文主义者和斯宾塞追随者的进化论相关的宿命决定论，并认为应当为由知识和智力指导的有目的的谨慎行动主义所代替[2]。无疑，普塞尔指出了从1910年到1935年间产生的，对行为和政治的科学解释不断增长的信心和民主政府的核心假设之间不确定的更广泛张力[3]。

塞缪尔·哈伯探讨了美国进步运动(*1890—1920*)、日益普及的科学管理和社会政治领域中理想的效率之间的密切关系[4]。塞缪尔·海斯揭示了这一时期进步主义者的意识形态如何与"效率主义"相结合，共同促成自然资源保护运动[5]。托马斯·哈斯凯尔则指出，在19世纪晚期美国，专业社会科学的出现是对"放弃自力更生的伦理学"和不断增长的、重新定义权威和行动的需求的回应。这种界定根据权威和行动间的相互依赖关系，而非之前的原子式的个人主义观念。在哈斯凯尔看来，专业社会科学的演变与传统价值观和权威观的崩溃相关联，是社会概念演化的需要，人类自愿活动是合法的也是形成集体生

---

① David F. Nobel, *America by Design*: *Science*, *Technology and the Rise of Corporate Capitalism* (Oxford: Oxford University Press, 1977).

② Edward A. Pureed, *The Crisis of Democratic Theory*: *Scientific Naturalism and the Problem of Value* (Lexington: University of Kentucky Press, 1973), p.10.

③ Pureed, *The Crisis of Democratic Theory*, pp.11-16.

④ Samuel Haber, *Efficiency and Uplift*: *Scientific Management in the Progressive Era*, *1890-1920* (Chicago: University of Chicago Press, 1964).

⑤ Samuel P. Hays, *Conservation and the Gospel of Efficiency*, *1890 - 1920* (Cambridge, Mass.: Harvard University Press, 1959).

活的有效模式[1]。

艾伦·特拉登堡则从其他侧面写出了“美国的公司化”，他强调专业化和官僚主义的扩散是对现代政治的“大众化”引发的混乱的威胁
222 的回应[2]。他还注意到，在建造公共空间的纪念建筑和对“伟大城市”的赞颂上，存在有美化集体行动和权威的实用原则倾向[3]。罗纳德·C·托比(Ronald C. Tobey)考察了美国20世纪30年代政治、经济和文化企业，与能够稳妥领导民主渡过进步和文明的沼泽的国家科技事业的雄心之间的历史关联[4]。进步论者对科学方法作为社会和政治活动的基础有巨大信心，然而，正如我们下面将要看到的，科学在20世纪前半叶在政治行动的中央集权管理合法化过程中扮演的主要角色，如托比所展示的，尝试集中科学，将它看作一项国家直接管理的事业失败了。托比认为非常讽刺的是，20世纪30年代，为制止腐败的政府和“使民主运转起来”，科学家拥护、提倡国家科学，但却成了工业资本主义的仆人[5]。尽管，第二次世界大战后，合并发展科学的举动在一些领域取得了重大成功，不过事实是，相比在政治和经济领域行动以企业形式的传播，企业形式的科学研究受到了诸多限制，这表明自由-民主政体中科学具有独特特征和地位[6]。

与托比的解释相反，我认为科学与企业政治的整合与经济结构，

---

① Thomas L. Haskell, *The Emergence of Professional Social Science* (Urbana: University of Illinois Press, 1922), pp. 121 - 123.

② Alan Trachtenberg, *The Incorporation of America: Culture and Society in the Gilded Age* (New York: Hill and Wang, 1982), pp. 101 - 139.

③ 参见本书第5章。

④ Ronald C. Tobey, *The American Ideology of National Science, 1919 - 1930* (Pittsburgh: University of Pittsburgh Press, 1971).

⑤ Ronald C. Tobey, *The American Ideology of National Science, 1919 - 1930* (Pittsburgh: University of Pittsburgh Press, 1971), pp. 1 - 20, 199 - 232.

⑥ 参见 Don K. Price, *The Scientific Estate* (Cambridge, Mass.: Harvard University Press, 1965); and Daniel Greenberg, *The Politics of American Science* (Harmondsworth: Penguin, 1969).

限制科学组织成为企业扩张的原则之间没有深层次的矛盾。正是因为科学知识被视为自愿的、分散的同行之间互动的产物，而不是集中的、层级分明的组织的产品，它能够构成共同公共行动，民主接受的基础[①]。正如迈克尔·波兰尼和罗伯特·默顿展示的那样，为了实现客观科学概念的可信性和公正性，完整的科学作为分散的学院事业非常重要[②]。科学和工具性规范为在自由-民主国家行动的集权形式做出有效辩护起到重要作用。而这正源于科学的上述特性。科学作为自主自律的事业在部分程度上得以体现，这有助于接受上述辩护。

20 世纪上半叶，在美国，科学技术知识支持中央集权的民主意识 223
形态基本原理的作用的重要方面体现在美国政治和社会思想家的言论中。赫伯特·克罗利、查尔斯·梅里亚姆、约翰·杜威或许是其中最为优秀的。克罗利在其《美国生活的希望》[③]一书中写道，"当前，我们的政府组建的基本原则是，出于它做坏事的担忧，行政机关并不被允许做太多好事。"[④]然而，他希望随着专业主义精神和对专业标准的尊重的传播，对于武断、有害的行政人员的担忧能够为相信他们和政府能够做好事的理念所取代[⑤]。克罗利的愿望得到了他对公共目标本身没有问题的信念[⑥]，和在一个"个人行动出于无私的动机"，追求实现"个体和公共利益的和谐"的潜在社会中得到支持[⑦]。随后加入的其他

---

① 关于科学的社会组织化特征这一观念，参见 Michael Polanyir, "The Republic of Science." *Minerva* 1 (Autumn 1962), 54 - 73.

② 参见 Robert K. Merton, *The Sociology of Science*, ed. and intro. Norman W. Storer (Chicago: University of Chicago Press, 1973), pp. 228 - 342.

③ Herbert D. Croly, *The Promise of American Life* (New York: Macmillan, 1909). 另请参见 David W. Levy, *Herbert Croly of the "New Republic": The Life and Thought of an American Progressive* (Princeton, N.J.: Princeton University Press, 1985).

④ Croly, *The Promise of American Life*, p. 207.

⑤ Croly, *The Promise of American Life*, p. 418.

⑥ Croly, *The Promise of American Life*, pp. 417, 418, 431.

⑦ Croly, *The Promise of American Life*, p. 418.

自由主义者，如沃尔特·李普曼（Walter Lippmann）加入克罗利创办并担任主编的《新共和》杂志（*The New Republic*），克罗利继续捍卫职业道德是公民道德的一个重要组成部分的理念。克罗利支持由正直并致力于公共服务，以其技术能力和专业为保障的精英开展的社会改革[①]。由于美国自由-民主的信条被视作定义某些目标是不言而喻的，社会和政策问题似乎经得起技术处理的检验，同时，科学专业标准被视作替代党派政治行动模式的更优秀的非政治化手段。像克罗利和李普曼这样把科学专业知识、专业主义与非政治化、非党派化和真正意义上的公共行动相联系的自由主义者，他们都相信科学或者技术是值得信赖的，而对政治，如政治动机、目标或行动风格是值得怀疑的。对个体和集体行动的效能的评判被提升到伦理道德层次。这种变化反映出将专业知识视为保障公众行动“纯净”和正直的手段的新趋势[②]。此时，科学-技术、专业标准被前瞻地视为推动公共行动完整性的手段，尽管，偶尔也作为行动的合法化和官僚政治标准的替代[③]。专业知识的集成加强了公共行动的完整性和公众道德的信念，似乎有助于缓和进步论者对学者智力尊重中内在的精英主义和他们归结为人民主权论的价值之间存在的张力[④]。对专家信任和不信任，依赖或者
224 放弃“开明”公众自治的能力以及在信任两者之间非此即彼的内在矛盾的不断变化，已经成为美国自由-民主中倡导对公共事务工具主义

---

① 参见 R. Steel, *Walter Lippmann and the American Century* (New York: Vintage Books, 1980), p.29. 另请参见 W. Lippmann, Drift and Mastery (New York: N. Kennerley, 1914). 有关自由主义的共识和在美国存在一种“不可逆转的伦理学使得所有问题技术化”感觉的观念。参见 Louis Hartz, *The Liberal Tradition in America* (New York: Harcourt, Brace & World, 1955), pp.221 - 222.

② Haber, *Efficiency and Uplift*, pp.52 - 93.

③ Hays, *Conservation and the Gospel of Efficiency*, p.136.

④ 有关此种张力以及其缓解，参见 Rush Welter, *Education and Democracy in America* (New York: Columbia University Press, 1964), pp.258 - 259.

处理的典型特征，尤其在20世纪的第一个60年。“真理”能够获得大多数具有理性倾向个体支持的信念，能够轻易地被转化为理性行动，即便没有明确，至少已经得到舆论的暗中支持或者大多数人的赞同的主张。在此背景下，工具主义和民主价值的融合得到助推。这一断言基于大多数有可能是正确的假设，因为理性、真理和知识，就像孔多塞认为的那样，是天然公开和非党派的[①]。似乎看起来被科学证实的状态伴随的是有理想的、普遍开明的公众做出的含蓄保证。

1920—1930年，众多美国自由主义者开始达成一致：相信科学作为集中指导公共行动的基础，与自由-民主道德相融。查尔斯·E·梅里亚姆提出了一个有价值的解释。作为一位来自芝加哥大学的政治学家，一个锐意改革者，美国总统高级顾问，美国政治学研究的引领者，梅里亚姆和孔多塞一样，是一个相信公众启蒙和公民教育是合乎科学地指导国家行动和自由-民主价值手段的忠实信徒。梅里亚姆，就像他在自传里写道的那样，对“美国选民能被说服要它所需要的”非常有信心[②]。他对明显存在和在公共事务中可传授真理的笃信鼓励他支持可被称为“父权家长制的工具主义”，科学家（特别是社会科学家）的特殊任务是引导国家和社会选择目标和公共行动的手段，并教育公众理解和认同这些目标和手段。和他的欧洲前辈一样，梅里亚姆坚持相信现代化的趋势将会使政治更加民主，更加科学[③]。他在1925年写

---

① Keith M. Baker, *Condorcet: From Natural Philosophy to Social Mathematics* (Chicago: University of Chicago Press, 1975); Charles C. Gillispie, "Probability and Politics: Laplace, Condorcet and Turgor," *Proccedings of the American Philosophical Society* 116 (February 1972), 1 - 20; Bernard Cazes, "Condorcet's True Paradox or the Liberal Transformed into Social Engineer," *Daedalus* 105 (Winter 1976), 47 - 58.

② Barry D. Karl, *Charles E. Merriam and the Study of Politics* (Chicago: University of Chicago Press, 1974), p.255.

③ Charles E. Merriam, *New Aspects of Politics*, 2nd ed. (Chicago: University of Chicago Press, 1931), p.242.

道，"一般来说，在教育和组织中，我们早已不再依靠力量、恐惧、魔术或者按照比例，我们通过科学的分析和重组能够取代这些因素，并且
225 已经取得进展。"[①]他敦促在政府管理中大规模地使用心理学、统计学、生物学、公共管理学和其他知识领域的知识，以使政府更加科学，或者至少在推动政治上审慎一些[②]。他注意到，"政治作为传统的艺术"开始转变为"科学的建构，智能的社会控制"[③]。像他的许多社会科学家同行一样，梅里亚姆笃信"事实收集"能推动科学的思考对公众选择产生影响。

富兰克林·D·罗斯福新政被视为是这种态度的体现，它将参与式民主的承诺与活跃的行政管理机构结合起来，通过在公共政策制定中使用专业-技术方法实现"理性化"。[④] 只要政府的行动是基于理性的考虑，所以梅里亚姆认为政治学也可以发挥重要作用。与通过阅读圣经、升旗仪式和承诺效忠等基础的公民教育不同，他期望学校告诉孩子们他们的政府如何工作[⑤]。与杜威和其他在政治事件处理上工具主义的提倡者一样，梅里亚姆认为科学分析政治问题至少能在部分非政治化处理公共问题时和鼓励运用分析与管理和行政技术时取得良好效果。

这种观点在法兰克·古德诺(Frank J. Goodnow)提出有影响的政治与行政二分时得到增强，其广泛的吸引力源自从事实和手段考虑出发将目标和价值区分。通过描述事实和价值的合理边界，确保了专业知识和政治之间的和平共处，这一情形似乎同样确保了工具主义和

---

① Charles E. Merriam, *New Aspects of Politics*, 2nd ed. (Chicago: University of Chicago Press, 1931), p. viii.

② Charles E. Merriam, *New Aspects of Politics*, 2nd ed. (Chicago: University of Chicago Press, 1931), p. xxx.

③ Charles E. Merriam, *New Aspects of Politics*, 2nd ed. (Chicago: University of Chicago Press, 1931), pp. 17 - 18.

④ Karl, Charles E. Merriam, p. 36.

⑤ Karl, Charles E. Merriam, p. 121.

民主的和谐[1]。查尔斯·梅里亚姆对这样的发展显示出了足够的乐观,并指出"在一个有现代科学造就的新世界中……新的政治可能是科学的和建设性的,向前看而不是传统的、权威的和怀旧的。"这里,他所说的科学的和建设性的,是指与其他事情相比,走向一个"未来演进的意识方向"[2]。通过在此期间,建立和巩固加强社会科学组织,查尔斯·梅里亚姆和他的社会科学家同行试图不断通过融入如国家计划委员会(the National Planning Board)、公共行政结算所(the Public Administration Clearing House)、社会科学研究委员会(the Social Science Research Council)等机构的设立和运作过程来深化这一 226
进程[3]。

1933年,当他参与罗斯福新政,并尝试引进国家规划时,梅里亚姆发现有必要区分民众和非民主的规划,区分实验性的、进化的、接受分权的和缺乏约束的美国规划,和更集中控制的、逻辑上自律的俄罗斯或者法国规划[4]。他有关规划的概念反映了在20世纪前半叶民主工具主义的知识策略,以及其固有的困难和矛盾。

在英国,类似结合适度的科学工具主义和自由-民主价值观念关系的尝试由诸如卡特林(E. G. Catlin)[5]和卡尔·波普尔[6]等有影响

---

① Haber, *Efficiency and Uplift*, pp. 103 - 104. 另请参见 Frank J. Goodnow, *Politics and Administration: A Study in Government* (New York: Macmillan, 1900).

② Merriam, *New Aspects of Politics*, pp. 22 - 23.

③ Albert A. Somit and Joseph Tonnenhous, *American Political Science: A Political of a Discipline* (New York: Atherton Press, 1964); and Haskell, *The Emergence of Professional Social Science*.

④ Karl, Charles E. Merriam, pp. 235 - 243; Harold Orlans, "Academic Social Scientists and the Presidency: From Wilson to Nixon," *Minerva* 24 (Summer-Autumn 1986), 172 - 204.

⑤ E. G. Catlin, *The Science and Method of Politics* (New York: Alfred Knopf, 1927).

⑥ Karl Popper, *The Poverty of Historicism* (1944; London: Routledge & Kegan Paul, 1963); and Karl Popper, *The Open Society and Its Enemies*, vols. I, II (1945; London: Routledge & Kegan Paul, 1966).

力的思想家清晰表达。卡特林坚持认为立法机关的工作更像医生而不是福音传道者①。波普尔，虽然承认知识的局限性，但在制定政策和公共行动中坚持渐进的实验方法。无论是辩护版本的民主工具主义反对非民主的规划，同样反对攻击弗里德里希·哈耶克所坚持的观点，例如，统计的数据并不完整，没有与人类活动及其后果之间的因果关联知识，能够保障合理规划公共行动可能性的信心②。

在现代民主美国中，一个特别具有启发性、能够有效说明，科学在集中导向的行政行动合理化过程中所发挥功能的说明是经济学的作用。经济学作为社会科学，拥有一批专业的专家队伍。它是一门包括理论、模型、分析技术和适用于描述各种问题的词汇组成的集群；或许是它构成了战后自由-民主政治中，评估集权执行权力和行政权力使用的最重要智力资源。表面上看来，自我调节机制的隐喻，得到了古典经济学和自由主义政治思想的支持，概念化并合理化了“自然”市场管制给国家的行动带来的限制；出现了截然相反的经济管理思想、经济政策和国家干预主义。

然而，同样的科学认证规律，在经济自由主义的早期形式中被用
227 来确保自由活动——被看作是个体行为自发聚合的产物，具有严格的客观维度——成为后期自由主义诊断和干预双过程中合理选择、严格控制干预措施的基础。科学思想和隐喻被用于古典自由主义范式的集体行动中，以保证一只“看不见”的手自然地调整个人行为和产生公共利益；经过一些修正后，随后被福利自由主义用于确保国家干预的有形之手的人工操作同样是客观的、非政治的、并且追求公共利益，因而可以接受。

① Catlin, *The Science and Method of Politics*, p.295.

② F. Hayek, *The Counter Revolution of Science* (Glencoe: Free Press, 1952), p.52.

从第一次世界大战后到20世纪60年代中期，在自由-民主国家，舆论环境都支持合法化的集权行动结构[①]。当面临需要证明民主面对法西斯主义和共产主义的挑战时可以是强有力的和有效时，大多数美国人愿意支持包括加强国防建设、促进经济增长、发展先进技术、提高公共福利事业等一系列国家目标。这些态度，至少暂时地，在广大地区促进了公共事务处理的非政治化，并认可科学和技术标准在公共政策制定和实施过程中的权威[②]。

在这样的背景下，后自由放任经济理论能够更容易地成为指导和处理社会问题的手段。一些现代经济学理论的知识创新，如总量经济计量模型[③]、国民收入和支出预算[④]、福利经济理论[⑤]、投入产出分析[⑥]以及凯恩斯主义解决广泛失业的财政和货币措施[⑦]，由于经济学（并暗示往往其他社会现象）展示了其部分可预见和可操控的系统性能的见解，更容易赢得知识分子的广泛支持。

凯恩斯主义经济学在提升经济学的早期作用中起着独特的战略作用。作为小政府理念的基本原理来源，它在自由-民主国家有关干涉主义的辩护中是新的和经常被反对的一方。如在孔多塞悖论中，凯恩斯的思想展示了如何从自由-民主的出发点——集体行为的概念作

---

① Pureed, *The Crisis of Democratic Theory*, pp. 117 - 158.

② Louis Hartz, *The Liberal Tradition in America* (New York: Harcourt, Brace, 1955).

③ Jan Tinbergen, *Statistical Testing of Business Cycle Theories* (Geneva: League of Nation' Economic Intelligence. Service, 1939).

④ Simon Kuznet, *National Income and Its Composition, 1919 - 1938*, no. 4 (New York: National Bureau of Kconomic Research, 1941).

⑤ Vilfredo Pareto, *Cours d'economie politique* (Paris, 1896 - 97) and A. C. Pigou, *Wealth mid Welfare* (1920; London: Macmillan, 1960).

⑥ Wassily Leontief, *The Structure of the American Economy, 1919 - 1929*, 2nd ed. (New York: Oxford University Press, 1951).

⑦ Wassily Leontief, *The Structure of the American Economy, 1919 - 1929*, 2nd ed. (New York: Oxford University Press, 1951).

为个体行为的集合——为适度的、国家诱导的社会工程做出理论解
228 释。尽管凯恩斯不信任市场能够通过审慎的国家政策纠正失衡，他必须假定市场机制的逻辑和相对稳定性，以准确描述特定类型的干预是该情境下技术或者功能上合适的补救措施。因此，凯恩斯能够限定国家干预主义为经济现象规律中内在的制约因素和机会预先建构的行动[1]。凯恩斯主义体现了自由-民主工具主义的特殊特性，权力操纵现实的前提保证是现实必然奖励（通常明显）理性行动者，惩罚任意者。对审慎的人类行动能够实现人类愿望的信心，超越了只有世界被单独剩下才能够独自完成，不在这里作为对自发、机械和自然自律的信心的决定性的替代品。用我们对工具主义创造性自愿行动的隐喻来说，飞行器不是替代而是作为一个叠加在时钟上的与必然规则的机械同步隐喻。市场机制——时钟——起着决定性的阻止乌托邦或者武断的社会工程的作用。

在20世纪早期的几十年，有效的批评、自我纠正的自然平衡的可能性，以及确保正义和普遍福利的社会力量自发的相互作用，在美国创造了增加政府可能性干预的有利环境。在这种环境激发下，除其他外，大量的工具项目表现为在20世纪30年代中期和40年代中期之间制定的一系列法律。这其中包括具有里程碑意义的福利立法——失业救济法案（1933年3月）、全国工业复兴法（1933年6月）、职业教育法（1934年5月）、国家住房法案（1934年6月）、社会保障法（1935年8月）、失业补偿金法（1932年8月）、公平劳动标准法（1938年6月）、公共卫生服务法（1943年11月）和就业法案（1946年），并成立了

① Milo Keynes, ed., *Essays on John Maynard Keynes* (Cambridge: Cambridge University Press, 1975); Michael Stewart, *Keynes and After* (Harmonds-worth: Pelican, 1962); D. E. Moggridge, John Maynard Keynes (Harmonds-worth: Penguin, 1976).

总统经济顾问委员会。一个观察者写道："1946 年，委员会的成立是进化的大政府及其对国家经济福利贡献的缩影。该组织以及委员会的 229
活动反映了试图通过知识体的运用实现多样的和复杂的联邦活动的理性化趋势……首先，委员会的活动情形是总统领导权力的显示……（和总统）作为'繁荣的经理'的最新角色。"①

在实践方面，没有哪个领域的公共政策比福利经济学——展示市场失灵中政府运用技术的规定补救措施的基本原理——更能清晰地呈现经济学工具主义的吸引力。基于庇古【A. C. Pigou（1920）】、维尔弗雷多·帕累托【Vilfredo Pareto（1892 - 1896）】和凯恩斯等理论学者的贡献，福利经济学由于其对分配公平问题的敏感，不断提升它在经济学理论技术话语中的权威。虽然专业的福利经济学家很少忽略其模型在解释规范性政治方面的效力，然而，以诸如"帕累托最优"（这表示着联合行动的形式是可接受的，因为行动的替代方案只有在损耗他人的前提下才能改善一些个体的环境）等公式为基础解释公共政策的欲望拥有巨大的吸引力，就像技术修复终于能够终结复杂的伦理和政治纷争，取代评判的结果。

经济模型和技术扩展到广泛的非经济的公共政策领域，运用到国防领域显得格外有益。这也许是最好说明如何有效地在政策制定的过程中运用经济学技术；此时政府行为去政治化，并被限定在一个国家目标清晰，没有争议在经济学的特定领域。政策目标，诸如打赢一场战争或者制造一个威慑，已经证明用来验证经济学技术的运用和中央集权制管理结构非常有效。

1960 年，由查尔斯·J·希奇（Charles J. Hitch）和罗兰·麦基因

---

① Edward S. Flash, Jr., *Economic Advice and Presidential Leadership* (New York: Columbia University Press, 1965), p. vii.

(Roland N. McKean)合作撰写的《核时代的国防经济学》一书,是战后美国跨越经济政策领域在概念化和理论上拓展运用经济学方法的有影响尝试[①]。这本书的主题认为国防政策的制定基本上是一项技术性工作,需要运用经济学和其他"科学"技术。该书作者坚持认为,政策决策应当被看作是决策者在众多结构完善备选方案中做出的理性选择。他们写道,"在我们看来,如何把有限数量的导弹、飞机、基地和服务设备结合起来,以'生产'一支能够最大限度地威慑敌人使之不敢进攻的战略空军的问题,就如同如何把有限数量的焦炭、铁矿石、回收废铁、鼓风炉和辅助设备结合起来,以一种能最大限度地带来利润的方式炼钢的问题一样(虽然前者在某些方面要困难一些)。在这两种
230 情况下,都有目的性,都存在有预算的和其他资源的约束,也都提出了讲究经济性的要求。"[②]

在一篇有关经济学和其他科学对美国战略规划影响的文章中,伯纳德·布罗迪(Bernard Brodie)承认在运用科学的方法制定政策时存在一些固有缺陷。不过,他坚持认为,"当不得不面对混乱的技术、经济以及政治事实和预测形成的海量数据确立秩序,制定合理的军事决策时",这仍然是最好的办法[③]。在另一篇文章中,罗伯特·C·伍德(Robert C. Wood)指出,科学家们对政府运作的影响力越来越大,而

---

① Charles J. Hitch and Roland N. McKean, eds., *The Economics of Defense in the Nuclear Age* (Cambridge, Mass.: Harvard University Press, 1961).另请参见 R. N. McKean, "Economics of Defense," in *The International Encyclopedia of the Social Sciences*, ed. David L. Sills, vol. Ⅳ (New York: Free Press, 1977), pp. 485 - 491.

② Hitch and McKean, eds., *The Economics of Defense in the Nuclear Age*, p. 2. 中文版参见:查尔斯·J·希奇、罗兰·N·麦基因:《核时代的国防经济学》,闵振范等译,北京理工大学出版社,2007. p4.

③ Bernard Brodie, "The Scientific Strategists," in *Science and National Public Policy Making*, eds. Robert Gilpin and Christopher Wright (New York: Columbia University Press, 1964), p. 254.

这又归因于他们作为“非政治精英”所具有的专业权威①。

工具主义中央集权主义的各种民主类型，赋予了西方民主国家实施集权管理策略的经验和修辞资源，这对于发展中国家也是一样的。尽管西方国家的当务之急是解决大规模失业和通货膨胀问题，第三世界国家面临的主要问题是贫困的差异，然而，在各自的政治环境中，追求中央主导、非政治性、功能性解决方案的希望却毫无非议。阿尔伯特·赫希曼(Albert Hirschman)写道，“假设贫困是他们面临的主要问题，欠发达国家被期望像上了发条的玩具，一心一意地‘蹒跚’通过发展的各个阶段。”②这种期望体现在战后乐观的自由-民主的现代化概念中，这一倾向假定“所有好的东西相伴而生”③，经济和技术的现代化、社会福利、政治民主化与文化发展相辅相成。这种现代化的观点倾向于认为对自然环境和社会的工具主义态度之间有密切关系，并把人类看成是拥有科学技术能够操纵自然的主宰，是政治制度的缔造者

---

① R.C. Wood, “The Rise of an Apolitical Elite,”见 Bernard Brodie, “The Scientific Strategists,” in *Science and National Public Policy Making*, eds. Robert Gilpin and Christopher Wright (New York: Columbia University Press, 1964), pp. 41 - 72. 这一断言随着19世纪后期开始的，科学局的成立这一过程达到顶点，而得到进一步增强。其中包括地质调查局【the Geological Survey (1879)】、气象局【the Weather Bureau (1890)】、国家标准局【the National Bureau of Standards (1901)】、食品药物管理局【the Food and Drug Administration (1906)】；同时，第二次世界大战后，随着卫生研究院(the Institute of Health)以及随后成立的原子能委员会(the Atomic Energy Commission)、经济顾问委员会【the Council of Economic Advisers (1946)】、总统的科学顾问委员会【the President's Science Advisory Committee (1951)】、国家航空和宇宙航行局【National Aeronautics and Space Administration (1958)】、科学和技术办公室【the Office of Science and Technology (1962)】等再次得到增强。有关这些进展，参见 Hunter A. Dupree, *Science in the Federal Government* (Cambridge, Mass.: Belknap Press of Harvard University Press, 1952).

② Albert O. Hirschman, “Rise and Decline of Development Economics,” in his *Essays in Trespassing: Economics to Politics and Beyond* (Cambridge: Cambridge University Press, 1981), p. 24.

③ Albert O. Hirschman, “Rise and Decline of Development Economics,” in his *Essays in Trespassing: Economics to Politics and Beyond* (Cambridge: Cambridge University Press, 1981), pp. 123 - 129.

和制造者[1]。

自由-民主工具主义的典型表达与第二次世界大战后兴起的“意
231 识形态终结论”思想密切相关，如戴维·阿普特(David Apter)认为现代化是以信息取代压制[2]。20 世纪 50 年代和 60 年代，启蒙理性主义的乐观态度，科学主义和科学知识分子的抱负共同影响了公共事务的发展，促发了“意识形态终结论”思想形成，并被社会和知识界所广泛共享。本质上，“意识形态终结论”宣称处理公共事务上逐渐地去政治化，与之相对应的是人们越来越倾向于使用功能工具主义术语解释和看待社会问题[3]。同样地，与技术诱发现代化的想法一样，强调改革立法和武断的行政领导权力的作用，它也构成了战后自由-民主福利-防御国家的知识理论基础。

行政民主集中制的公共空间

我认为行政民主集中制在政治和意识形态上最重要的特征是功能—工具主义术语的运用。这不仅体现在合理说明，并使中央集权去个性化上，而且体现在，在表面上，使集权暴露在表演可观察的外部测

---

① 有关这些观念在文艺复兴时期政治思想中的起源的讨论，参见 Walter Ullmann, *Medieval Foundations of Renaissance Humanism* (London: Paul Elek, 1977).

② 参见 David E. Apter, *Politics of Modernization* (Chicago: University of Chicago Press, 1965); and Claim I. Waxman, ed., *The End of Ideology Debate* (New York: Funk and Wagnalls, 1968).

③ Waxman, The End of Ideology Debate; S. M. Lipset, “The End of Ideology and the Ideology of Intellectuals,” in J. Ben David and T. N. Clark, *Culture and Its Creators* (Chicago: University of Chicago Press, 1977), pp. 15 - 42. 另请参见 Robert E. Lane, “The Decline of Politics and Ideology in a Knowledgeable Society,” *American Sociological Review* 31 (October 1966), 649 - 662; Bertram M. Gross, “Preface” and “The State of the Nation: Social Systems Accounting,” in *Social Indicators*, ed. Raymond A. Bauer (Cambridge, Mass.: MIT Press, 1966), pp. ix - xvii, 255.

试上，这种表现与自由-民主问责制的原则相一致。正如理性科学分析的话语大概能说明和"具体化"政策选择的原因，所以对行动的技术特征审慎与否的强调意味着表演对外界是透明的，基于此，将能抑制集权所产生的非民主影响。

民主政体中，政治行动在进化的公共空间中变得可视化，公共空间的进化依赖于复杂的政治和法律规范，而这些规范已在自由-民主国家发展了很长一段时间；同时，正如我之前说过的，这种进化还依赖许多文化和社会因素近来相对的趋同。其中，这些要素包括：19 世纪下半叶以来，国家通信系统的出现对国家报纸杂志的整合所造成的深远影响[①]；摄影在生成有关政治行动者和政治事件的标准化照片和视觉再现中所起到的重要作用；以及复杂的文化过程使得可观察的"事实"和"行动"在政治领域，成为对诉讼和反诉讼而言权威的指示物[②]。

新技术为主张和行动授权创造的，通过视觉参照物在公众场合露
面的机会并没有被立刻利用。正如菲利普·费希尔在他有关 19 世纪 232
后期美国文学和文化中的社会空间的研究中所提到的那样，"适于使个性与行动显而易见的新材料，反而在不同的文化领域被慢慢发现。"[③]对这一过程的说明，能够在 1851 年水晶宫举办的伦敦世界博览会或者 1876 年纽约的百年纪念展上发现，这表明修辞权力能够通过展示机器、仪器以及正在进行中的，它们在增强社会信仰中的价值产生。在民主政治领域，其中一个主要创新者是西奥多·罗斯福，他在

---

① Robert Luther Thompson, *Wiring a Continent: The History of the Tele-graph Industry in the United States, 1832 - 1866* (Princeton, N.J.: Princeton University Press, 1947).

② Michael Schudson, *Discovering the News* (New York: Basic Books, 1973).

③ Philip Fisher, "Appearing and Disappearing in Public: Social Space in Late-Nineteenth-Century Literature and Culture," in *Reconstructing American Literary History*, ed Sacvan Bercovitch (Cambridge, Mass.: Harvard University Press, 1986), p.164.

当时被誉为"世界上最出名的人"。罗斯福首次在美国大规模发挥大众传媒的现代政治作用，表现国家的领导力。他探索、实验和展示了能够在全国公众面前将总统职位变为一场不间断的、给人深刻印象的演出的新材料和新策略①。艾伦·特拉登堡展示了在美国，从 19 世纪 40 年代到第二次世界大战，摄影术如何通过对客观可见可理解的实在的存在，以及公众所见和公众所知间的假设关联的信任，获得文化上的接受和解释②。

费希尔追溯了视觉体验的含义和运用在其他领域中的类似转变：如约翰·沃纳梅克（John Wanamaker）的百货店里"戏剧化的圣诞节"，它为美国基于商业目的社会视觉空间分割使用树立了榜样；托马斯·伊肯斯的绘画，如《格罗斯的临床课》（*The Gross Clinic*）形象地说明了外科医生作为熟练专家的表演；西奥多·德莱塞（Theodore Dreiser）的小说以自然-现实主义风格写就，并采用"表演的概念……为个性的社会解释"；以及林肯·斯蒂芬斯（Lincoln Steffens）的揭秘新闻，揭发了政治上的虚假做作陈述之后的"真实事实"，并把它们呈现在公众面前③。

我试图说明由于民主政治下的表演者缺乏对决定他们在公众面前成功与否的策略因素的控制，在持有怀疑态度的公众面前，进入民主政治视觉空间之中的演员不可避免地遭遇失败的风险。20 世纪的

---

① Philip Fisher, "Appearing and Disappearing in Public: Social Space in Late-Nineteenth-Century Literature and Culture," in *Reconstructing American Literary History*, ed Sacvan Bercovitch (Cambridge, Mass.: Harvard University Press, 1986), p. 164.

② Alan Trachtenberg, *Reading American Photographs: Images as History, Mathew Brady to Walker Evans* (New York: Hill and Wang, 1989).

③ Fisher, "Appearing and Disappearing in Public," pp. 155 - 188. 伊肯斯的"格罗斯的临床课"或"阿格纽诊所"(Agnew Clinic)的重要欧洲前辈，如伦勃朗(Rembrandt)著名的"杜尔博士的手术"(Operation by Dr. Tulp)，反映了在 17 世纪，现代科学在其初期阶段合法化过程中的戏剧性方面参见 William S. Heckscher, *Rembrandt's Anatomy of Dr. Nicolaas Tulp* (New York: New York University Press, 1958).

美国总统，如林登·约翰逊(Lyndon B. Johnson)、理查德·尼克松(Richard Nixon)和吉米·卡特(Jimmy Carter)以及其他西方民主国家领导人的政治命运说明了这一点。行动的民主剧场经常为一连串 233
的悲情英雄提供舞台。领导人成为明星后，随着他们的主张和他们的行动的记录之间的矛盾变得明显，他们——只有少数例外的——注定走下神坛或者至少丧失他们的英勇光泽[1]。

如沃尔特·李普曼等自由-民主思想家认为，政策的制定过程或政治权力的实际运用对于公众事实上并不十分透明。考虑到这些因素，他们对能否维持自由-民主政治原则做出悲观评估，但这种评估可能夸大了威胁[2]。诚然，自由-民主的政治行动作为公共景观，达不到参与式民主多数参与的理想。但它也不是表演者控制行动的描述，以及他们成功与否的公共指标的独裁景致(参见第 4 章)。虽然，作为观众，公民并不在自由-民主的政治剧场中表演，但是他们对于表演者的声誉有足够的独立影响，并以此保证可视度高并不意味着没有风险。

除了民主领袖的政治命运，现代自由-民主政体下的公共空间也在不断检验和决定着对于工具主义政治行动的戏剧而言，可选脚本的可接受性和可信性。例如，对被认为是可靠的政治戏剧的凯恩斯主义进行测试，看其如何应对大规模失业。它从政治上测试了民主观众对“建设福利国家”这一史诗活动的信念和信任，这是一个有关如何不破坏富裕和经济增长而获得平等、正义和福利的故事。对美国在世界上扮演的各种各样角色，如“孤立主义”、“干涉主义”和“缓和”政策进行测试。公共领域也产生了一系列有关公众在人类与自然对抗的戏剧

① 有关美国民主中政治期望和政治行动之间所存的普遍张力，参见 Huntington, *The Promise of Disharmony*.

② Walter Lippmann, *The Phantom Public* (New York; Harcourt Brace and Company, 1925).

中所起作用的剧本，如“保护”环境、探索太空和征服如小儿麻痹症、癌症和艾滋病等疾病。“罗斯福新政”、“伟大社会”和“冷战”构成了不同政府间此类政治戏剧的中心主题。此外，我要强调的是这些都不是采用严格的技术，实验室一样意义上的测试；例如，虽然杜威强调他有关政治的实验概念，但是却在更广泛意义上，主要是政治-意识形态上进行测试。在一定程度上，政治戏剧依赖科学与技术的权威，然而，它也赋予政治价值表面上的或者可感知的技术效力。

在自由-民主政治行动的剧场中，如此大的公共戏剧通常也包括多样的助兴小节目，这使得一般叙事的更明确和更具体方面遭受更清
234 晰和更集中的测试。因此，福利国家戏剧如罗斯福新政或者“伟大社会”，随着时间的推移已变得不那么有吸引力。这是由于一系列独立的计划和行动的明显失败，使之不能再维持宏大戏剧的剧本的可信性。尽管，这种失败不总是实质性的失败[①]。第二次世界大战后，（复兴的）雄心壮志影响了各国的期望和立法改革决策；至少在这一志向水平上，现代民主国家的国防和福利融资已证明将对可利用资源带来不可承受的负担。此外，“伟大社会”计划遭到了一系列小故事在政治上的质疑，这包括“向贫困宣战”、“社区控制”、“城市重建”、“向穷人提供低成本的医疗服务”以及通过特别的补偿教育项目向处于弱势地位的儿童提供“开端”的礼物等计划[②]。例如，由于有人对最后一个项目

---

① 有关明显的失败和实质性的成功之间可能的矛盾，例如，参见 Sar A. Levitan and Robert Taggart, “The Great Society Did Succeed,” *Political Science Quarterly* 91 (Winter 1976 - 77), 601 - 618.

② 有关这些“剧本”及其政治经历，参见 L. Rainwater and L. W. Yancey, *The Moynihan Report and the Politics of Controversy* (Cambridge, Mass.: MIT Press, 1962); D. P. Moynihan, *Maximum Feasible Misunderstanding* (New York: Free Press, 1970); Edward Banfield, *The Unheavenly City* (Boston: Little, Brown, 1970); Paul Starr, *The Social Transformation of American Medicine* (New York: Basic Books, 1982); *Environment, Heredity and Intelligence*, reprint ser. no. 2, *Harvard Educational Review* (June 1969); Charles Frankel, ed., *Controversies and Decisions* (New York: Russell Sage Foundation, 1976), pp. 123 - 170.

的所有努力前提，即不平等的学业成就源于相对“环境剥夺”的想法产生怀疑，他们认为这些不公平源于“世代遗传”，这种冲击使得该项目陷入争议之中。由于这种争议，教育领域的一系列项目遭受了许多测试，而测试的结果是无定论的和模棱两可的，这些都不足以产生怀疑或者至少削弱大规模未来的尝试来改善现状。

表演的可见指标的政治力量决定着表演者及其行为的声誉，它假设在如戈尔巴乔夫之前的苏联或者 1989 年之前的东德，存在有被抑制的、十分复杂的文化-制度组织和运作方式。这就是为什么错误的科学主张，如李森科的环境论能够控制苏联的农业政策长达数十年，尽管它给该国的农业生产带来了灾难性的影响①。在像苏联这样的国家，一项工具主义的技术功能方法需要花费更长时间来证明它的可信性，并需要令人信服的优越性能击败同类产品。直到 1989 年改革前，东德是另外一套解释系统，它缺乏合适的文化—制度支持系统，“表演”缺少分担行动者责任的权力，而且他们和他们的行动屈从于合法化的公共测试。东德政府发动了一场反对这种趋势和制度体系的系统战争，它能够授权非政府代理成为法官，并使公共行动者遭受充足的，政治上不可控的工具主义测试。中央集权制没有因为公众所见的 235
监督而得到调和，表演者并不同样容易遭受暴露失败的风险。有太多独立性嫌疑的东德学生被指责为典型的“怀疑论小资产阶级”，对待工人和农民有着“知识分子精英”的傲慢②。官僚政府招募行政官员被限制为优先挑选具有专业技能的“红色专家”，这样的人可以表现出令人

① Zhores A. Medvedev, *The Rise and Fall of I. D. Lysenko* (New York: Columbia University Press, 1969). 另请参见 Loren G. Graham, *The Soviet Academy of Science and the Communist Party, 1922 - 1932* (Princeton, N. J.: Princeton University Press, 1962).

② Thomas A. Baylis, *The Technical Intelligentsia and the East German Elite* (Berkeley: University of California Press, 1979), pp.52,154.

满意的,符合社会主导意识形态的政治社会化①。工具主义没有与合法化的分散和政治上自主的仪式成为一体,它显然屈从于本系统严格的政治控制和灌输。

毫不奇怪,这样的极权政体崩溃的标志之一是政府不断下滑的,继续完全控制电视网彰显其自身权威和行动的能力。1989 年最后一周,发生在东德和罗马尼亚的变革就是例子。当受欢迎的反对派掌控电视网的那一刻,也是戏剧性的变化发生的瞬间:它从原来的歌颂政府到像摄像机镜头一样好奇地凝视着政府,现在它作为公众之眼,直接反对旧政权,带观众进入被降职的领导人的避难所,从而曝光他们像国王一样奢华腐败的个人生活。

同时,新的领导层也被迫使用电视摄像机来转播民众大规模游行示威庆祝的画面,从而,象征性地建立"公民"作为主要的行动者出现的公共领域。在自由-民主秩序得以确立的后革命阶段,无论是庆祝还是代表政治权威的证明策略的片面排他专用都会消失。确定的权威的即便在一个民主国家也在本质上倾向于自我呈现的庆祝,它缺乏权力阻止大众传媒的相对自治的机构使政府屈从于好奇-证实的审视,而不是以公众的知情权和使政府负责为借口。

在现代民主中,社会公共机构的自主权形成和扩散了对政治权威的批判-证实倾向,但这不足以保证话语的民主文化,以及能够支撑职责的分散系统的可视化沟通。正如我们看到的,公众视野或公众所见的权威,作为众多自主证据的自发集合,不轻易受到由政治精英掌控的官方所见的任意垄断的攻击;它将抑制自主的公民的自由,或者通过有效使用审美介入或其他令人感动的和引发共鸣的动员策略赢取

① Thomas A. Baylis, *The Technical Intelligentsia and the East German Elite* (Berkeley: University of California Press, 1979), p.168.

人心。通过对主观观点的首要性信任的传播，客观可能性不信任的日 236
益增长，实在的纪实照片等带来的微妙、有害的影响；以及 20 世纪后期各种狭隘的个人主义价值使得公共权威非常危险，这将破坏公民的信仰，很可能使个人见证者能够同意他们所看到的，或者个人证据趋向于一致，产生相同版本的世界[①]。

---

① 对于反对任何声称以客观、基本正确的方式观察、描述或者解释世界的主张一些主要争论的哲学讨论，参见 Richard Rorty，*Contingency*，*Irony and Solidarity*（Cambridge：Cambridge University Press，1989）.

第三部分

20 世纪后期美国民主中科学的私有化

第 10 章

从世界改良论政治到均衡政治 239

任何辨析或解释 20 世纪后期美国科学、技术、自由民主意识形态与政治关系的尝试大部分都是猜测。该主题的内在复杂性，再加上缺乏来自史学角度的考察，限制了我们解释最近实践以及区分重要与边缘发展的能力。清晰地意识到这一点，我认为美国文化和政治近年来的一系列发展似乎预示着伊卡洛斯依靠科学与技术之翼到达更完美的社会——一个由有知识的公众支持的、意识形态和政治为技术上的理性选择所代替的“知识社会”[1]的梦想，可能已经失去了其原有关于政治的想象。

美国的转变:作为科学与民主合作关系的文化象征

如萨克文 · 伯科维奇观察，“美国是现代国内外最引人注目的文

① Robert Lane, “The Decline of Politics and Ideology in die Knowledgeable Society,” *The American Sociological Review* 31 (October 1966), 649 - 662.

化象征。”[1]“美国”成为现代文化的一个象征的主要原因基于以下认知：伟大的民主国家，是现代科学世界之都、20 世纪技术革命的壮观化身。因此，在现代美国，民主政治、科学和技术明显的合作关系的转变是重要的，这不仅体现在美国的意识形态和政治环境中，而且体现在“美国”作为强大的国际象征具有的意义和影响上。

240 在 20 世纪的最后几十年，壮观的科学和技术发展与对科学对政治修辞和行动而言，不断下降的相关性的明显感知共存，与一种“反建构”情绪共存，与对试图弥合理想与现实之间的差距限制的约束的深化意义共存。对这种变化的感知很有启发性。与早期全神贯注于发现和寻求解决长期存在的社会问题，如不平等、贫困、犯罪和经济福利等相比，协商政治和社会重建的动机正不断被新的认知所调和。这些认知包括意识到在复杂的社会、经济和政治体制下，全面的社会或者经济规划、公共管理、知识、经济和工业增长、技术等具有的有限性，以及审慎、全面和合理控制变化所存的约束[2]。20 世纪后期“新经济”和“新政治”口号的倡导者的潜台词不是为了达到期望前景的新高度，而

① Sacvan Bercovitch, “The Problem of Ideology in American Literary History,” *Critical Inquiry* 12 (Summer 1986), 646.

② Dennis Meadows et al., *The Limits to Growth* (Washington, D. C.: Potomac Associates, 1972); John McDermott, “Technology: The Opiate of the Intellectuals,” *The New York Review of Books*, July 31, 1969; Paul Goodman, *The New Reformation: Notes of a Neolithic Conservative* (New York: Random House, 1969); Thomas Kuhn, *The Structure of Scientific Revolutions*, 2nd ed. (Chicago: University of Chicago Press, 1970); Paul Feyerabend, *Against Method: Outline of an Anarchistic Theory of Knowledge* (London: Verso, 1978); Don K. Price, *America's Unwritten Constitution* (Baton Rouge: Louisiana State University Press, 1983); Michael Oakeshott, *Rationalism in Politics* (New York: Basic Books, 1962); Robert Bell ah et al., *Habits of the Heart: Individualism and Commitment in American Life* (Berkeley: University of California Press, 1985); Alasdair Maclntyre, *After Virtue* (Notre Dame, Ind.: University of Notre Dame Press, 1981); Donald A. Schon, *The Reflective Practitioner* (New York: Basic Books, 1983).

是对公共代理机构能被理解什么和能做什么更清醒、更综合、更现实的评估。与早些年雄心勃勃的工具性行动主义不同，新氛围反映了对公共服务机构和弹性党派政治力量在塑造公共生活中能扮演的角色的新评价。人们对于依赖技术取代政治上的判断存在的知识和实际困难，以及对显著增强公共政策的连贯性或有效性存在的约束有了更深入和广泛的认识①。科学显而易见的技术成功，或许与在运用科学和技术使得公共事务非政治化和得到工具性处理上存在的史无前例的不信任共存。20 世纪 60 年代中期以来，人们逐渐意识到，专家试图解决的问题往往是极其复杂和独特的，并且他们所面临的处境是不确定的、易变的、充斥着价值冲突，这导致许多专业人员在采取行动中，采用更加反思的、开放的、即兴的方法，而非早前的“合理运用知识”②。在这种背景下，政治领导人质疑，与各种自主的私人企业家相比，政府是否能够做得更好？这不再是政治代价，有时甚至能够成为政治上的权宜之计。例如，在 1980 年和 1984 年，美国总统获得选举授权，取消大部分的国家福利，降低联邦政府对国内政策的影响，并“还权于民”。

美国的政治历程，特别是肯尼迪和约翰逊政府后总统候选人的
政治成功，批判了社会向善论政治的大量项目，揭示了不断减弱的 241
启蒙进步愿景和政治工程在美国的政治力量。20 世纪后期自由-民主的政治概念和对科学和技术社会认识的改变，意味着对那种把科学和技术视为解决社会和经济问题的基本方案的信任丧失。正是

① 参见 Yaron Ezrahi, “Utopian and Pragmatic Rationalism: The Political Context of Scientific Advice,” *Minerva* 18 (Spring 1980), 111 - 131; and Yaron Ezrahi,” Political Contexts of Science Indicators,” in *Toward a Metric of Science: The Advent of Science Indicators*, eds. Y. Elkana, J. Lederberg, R. K. Merton, D. Thackray, and H. Zuckerman (New York: Wiley, 1978), pp. 285 - 327.

② Schon, *The Reflective Practitioner*.

这种信任，使得科学和技术在早期成为重要的意识形态和政治资源。

很显然，对以下期望进行辩护，使它们像之前一样有效，已经变得越来越困难：通过知识的同化，把一个由自由个体组成的共同体，能够逐渐地把自愿的、分散的公共选择变得完美；科学知识和技术能力能够在处理公共事务时客观、非意识形态化；无党派非政治性的专业人士在指导和评判公共行动时能够坚守客观中立标准，不给予任何特定的意识形态或政治观点特权；最后，公共代理机构能够被视作公民公平的功能性代表，就像医生和他们的病人、律师与他们的客户之间的关系一样。进入20世纪后，美国的政治行动者越来越多地发现，在公共事务领域，对于他们的主张和行动的合法化而言，科学和技术能力并没有之前那么重要，而且，承担责任也不再依赖工具主义胜任特性的表现。

这些变化与科学和技术在支持20世纪后期自由-民主美国政治认识论和文化前提上作用的不断下降紧密相关。此外，这一点也在可验证性视觉文化规范在调停美国的政治行动者和他们的公众互动之中影响力的不断下降上得到体现；假定消息灵通的公众审视的存在或者有可能，它能够穿透公共行动戏剧演出的背后，并在公共舞台上，拒绝对主要的人身攻击以美学或者道德回应，然而，这种意愿不断减弱[1]。这种可验证性视觉文化规范在展示政治行动和认知权威下降的一个重要方面是，机器作为政治隐喻资源作用的不断降低。在所有政治话语中，社会科学的词汇和工具主义修修补补的语言已被不断增长
242 的道德和审美政治词汇所赶超，政体的机械肖像与行动的技术范式注

[1] 尽管，在许多方面，水门丑闻事件是注意的公众之眼在公众人物背后对政治领导人的渗透的个案，它也是一场道德戏剧，一场聚焦于行政首脑的诚信与他是否撒谎的问题而不是他是否有能力成为起作用、有效领导人的道德戏剧。

定会失去它们的力量。

毫无疑问,20世纪后期,在美国政治修辞中,“机器”作为一种政治隐喻能力的下降,也与机器在引人注目的社会事件中再次作为反面角色出现相关。包括三里岛或者切尔诺贝利核反应堆失败在内的这些事件,使得继续使用机器作为诸如自动调节、平衡和(政府机关彼此之间)相互制衡的自由-民主政治原则的隐喻越来越困难。事实上,在现代战争、生态平衡遭到破坏和在大型组织中社会互动去个性化的背景下,公众感知到的机器角色,已经转化为一种权力失去纪律和平衡,盲目疯狂运行的社会过剩标志,而不是知识自动被改造成理性控制的象征。自1970年代初以来,对技术的态度转变的征兆之一是与新技术有关的风险的公众关注的急剧上升和相关科学研究的(不断)增长。然而,就像玛丽·道格拉斯(Mary Douglas)和阿伦·威尔达夫斯基(Wildavsky)分析的那样,这种增长的部分原因可以追溯到独立的社会和文化过程,也即技术在公共行动和私人行动合理化过程中的作用,尽管如此,它仍然是认识到技术所起作用部分觉醒的一个重要侧面①。

在历史上,机器发挥了文化作用,给下列观点以支持。这一观念认为科学是公众知识的一种形式,能够帮助现代人抵抗在众多无形力量中迷失的焦虑感;当然,从这一观点看,具有讽刺意味的是,环境污染和核反应堆残渣戏剧化了如辐射等无形力量的致命能力。如果说早期科学和技术价值的扩散鼓励了克服外部约束的尝试,提高了技术力量作为显性知识,控制并把行动转化为可视化公共戏剧的信心;20世纪后期,美国的“大型机器”宣告了无形危险的回归,人类的危险操

① Mary Douglas, *Risk Acceptability According to the Social Sciences* (London: Routledge & Kegan Paul, 1986), pp. 5 - 11; Mary Douglas and Aaron Wildavsky, *Risk and Culture* (Berkeley: University of California Press, 1982).

作释放了机器本身所暗含的力量[①]。

这种转变推动了对机器认识的转变,从作为理性规律的化身,一种人力所及范围内对自然的人为延伸,到把机器视作人类雄心和冲动的扩展。在美国,伴随这一转变的是一场大规模对于技术的道德和政治(影响)的重新评估过程;对于机器,新的公共焦点不再将其视为无
243 争议的工具主义智能的化身,而是作为经常站不住脚的伦理、政治和美学选择的一种表现[②]。

机器作为在文化意义上验证理性和客观性修辞资源作用的失败放宽了早期对客观和事件在道德和美学上回应的抑制,而这原来似乎属于科学理智和证实视觉规范的管辖范围[③]。在现代美国,对美学视觉取向上的权力取代证实视觉标准而言,似乎没有比照相机的机械所见艺术的专用有更多象征性的暗示说明,而这一说明同样是技术私有化趋势的体现。照相机作为展示世界的客观-机械-史实机器的昔日权威,与"在再生产的工作中依靠自动化,去除人类代理克服主观性"[④]的迫切需求联系起来;然而,在20世纪后期,照相机像画家的画笔一样,作为在艺术、新闻以及其他领域中解释真实主观所见

---

① 需要注意计算机对在社会上根深蒂固的机械图像的近来影响以及它作为隐喻在文化上的作用。例如,大卫·博尔特(David Bolter)注意到,电子计算机的特定的非物质属性,事实是这一现代机器与钟表不同,它不是有机械地可移动的零件组成的确定的机械装置,它常被用来隐喻大脑,是人体中最不机械的构成部分。参见 Bolter, *Turings' Man: Western Culture in the Computer Age* (Chapel Hill: University of North Carolina Press, 1984). 感谢 Seymour Mauskopf 提供此参考文献。

② 参见 Albert H. Teich, *Technology and the Future*, 4th ed. (New York: St. Martin's Press, 1986).

③ 约翰·海厄姆的这个观察,与20世纪美国的早期趋势相比,存在有部分逆转。John Higham, "Hanging Together: Divergent Unities in American History," *Journal of American History* 61 (June 1974), 23 - 24; and Daniel J. Boorstin, *The Americans: The Democratic Experience* (New York: Random House, 1974), pp. 238 - 244.

④ Stanley Cavell, *The World Viewed: Reflections on the Ontology of Film* (New York: Viking Press, 1971); Alan Trachtenberg, *Reading American Photographs: Images as History, Mathew Brady to Walker Evans* (New York: Hill and Wang, 1989).

的工具变得越来越忙碌①。这种变化代表了由像阿尔弗雷德·斯蒂格里茨(Alfred Stieglitz)一样的少数早期摄影师在 20 世纪初所开创方法的胜利,他们认为照片不是外在世界的窗口,而是艺术家眼睛的镜子②。照相机镜头的私有化揭示了这种力量被 20 世纪后期的可感知性所质疑。凭借这种力量,科学和技术发挥了作为现代现实主义以及相信存在一个与我们不相关但却体现在事情表面的外在世界的信念的文化基础的作用。照相机在美学说服他人的作用,只是支持技术在提升个人而非公共价值上更广泛的社会-经济和制度趋势的一个方面③。

科学和技术作为在文化意义上支撑认知、话语和行动的公共标准的符号和隐喻来源作用的下降已在 20 世纪后半段得到证实;这也与社会科学对作为因果可辨和可控的机械系统的社会,在意识形态和理性观念上影响的不断侵蚀有关。这一变化反映了在叙事方面,更多从个人、情感和价值观,而非以因果过程、物质限制或者利 244
益想象社会的趋势,这一趋势重新强调"代理"相对于原因,个性相对于规律或过程,认为政治是处理符号、意义、信仰,甚至是幻想而不是集体存在的重要物质方面,虽然并没有完全排除这些重要的物质方面。这种变化与机器作为一种政治隐喻(作用)的下降有关,并通过强调社会和政治事件的戏剧性和个人方面,调动公众关注的新闻倾

---

① John Szarkowski, *Mirrors and Windows*: *American Photography since* 1960 (New York: Museum of Modern Art, 1978). 关于新闻客观性中的修辞的批评,见 Michael Schudson, D*iscovering the News*: *A Social History of American Newspapers* (New York: Basic Books, 1978), pp. 176 - 194.

② Szarkowski, *Mirrors and Windows*, pp. 20 - 25.

③ 例如,参见 E. F. Schumacher, *Small Is Beautiful*: *Economics as if People Mattered* (New York: Basic Books, 1978), pp. 176 - 194. 在个人数据的处理过程中,现代计算机的使用是另一个例子。

向性得到加强[1]。此外，在19世纪70年代末，政策制定的先前标准概念将之视为合理或明智的解决问题的过程，作为乌托邦理性主义的又一体现，由于其忽略集体选择的复杂象征性和规范方面而广受质疑，公共政策制定的根本政治逻辑包括谈判、妥协和控制[2]。

在社会科学内部，观察者看到一个互补的转变。克利福德·吉尔茨指出，“这种从实体性的类比过程到象征性的类比过程的转变，由社会科学家们的重大分裂所致。这一转变在社会科学界内部引发了不仅对社会科学研究的方法，而且也对其研究目的的根本性辩论……从感觉和深刻含义上说，关于什么是社会科学家的社会技术论观念也被这种辩论所质疑。”[3]理查德·罗蒂认识到虽然承认在一定程度上依靠建构叙事和解释人的行为，社会科学和文学能处于一个连续统一体内，但这一发展倾向于“摆脱‘客观性’和科学方法的传统观念”。对科技知识的社会和文化看法的不断改变[4]，与20世纪后期在美国以及其他民主国家中对重要的政治工程的可行性的信任不断下降有关，这使人回想起世俗化在削弱17世纪罪与罚政治的文化基础中的作用，特别是对地狱和天堂的信仰不断下降[5]在其中所发挥的作用。在某些方面，对政治和社会影响的担心，或者在我们文化中对知识和理性的价值信任的不断下降堪比17世纪思想家所表达的忧虑。由于不再恐惧

① 无处不在的电视剧被视为是建构和体验现实和想象力的方式，这与聚焦个体与社会过程或社会力量的降低的重要性的转向有关，参见 Horace Newcomb, *TV: The Most Popular Art* (Garden City, N. Y.: Anchor Books, 1974)。

② 参见 Yaron Ezrahi, "Utopian and Pragmatic Rationalism: The Political Context of Scientific Advice," *Minerva* 18 (Spring 1980), 111 - 131.

③ Clifford Geertz, "Blurred Genres: The Refigurstion of Social Thought," in his *Local Knowledge* (New York: Basic Rooks, 1983), pp. 34 - 35.

④ Richard Rorty, *Consequences of Pragmatism* (Minneapolis: University of Minnesota Press, 1982), p. 203.

⑤ W P. Walker, *The Decline of Hell: Seventeenth-Century Discussions of Eternal Torment* (Chicago: University of Chicago Press, 1964), pp. 3 - 4.

永生的惩罚，大多数人将表现为“无论怎样都没有任何道德约束”，这 245
样状态下，“社会将在无政府主义的狂欢中崩溃。”①

20 世纪后期，美国的反工具主义情绪也体现在当代政治理论家的著作中。在历史上，人们形成了关于正义、平等和自由，或者换句话说对一个理想的政治世界的完整认识。近年来对一般化的政体观念或者政治工具主义的怀疑逐日高涨，这种质疑很有启发意义。约翰·罗尔斯(John Rawls)指出，“作为一个实际的政治问题，在现代民主国家，没有一般的道德观念可以为正义观念提供公众认可的基础。”②罗尔斯更倾向于将正义的观念放宽为公平的观念，因为共享民主程序的个人和组织之间总是有一些政治磋商③。J·G·A·波科克(J.G.A. Pocock)观察到，“什么将会成功非常难以预测——现在的迹象不确定地指向各种类型的保守无政府主义——但最终似乎没有来临。”④另一位政治理论家写道，“在政治上考虑的少一点”就是承认了“支持政治神话——天意、自然和历史的老一辈人，已受到挑战并失败。”⑤

开明的、科学引导的理性政治的神话的衰落，是这一进程的一部分。一位时事评论者，在谈及乌托邦式的城市规划在现代社会的衰落

---

① W. P. Walker, *The Decline of Hell: Seventeenth-Century Discussions of Eternal Torment* (Chicago: University of Chicago Press, 1964), pp.3－4. 有关对在知识和理性上不断下降的社会信任所造成的政治后果的担忧的讨论，参见 Richard Rorty, *Contingency, Irony and Solidarity* (Cambridge: Cambridge University Press, 1989), pp.73－95.

② John Rawls. “Justice as Fairness: Political Not Metaphysical,” *Philosophy and Public Affairs* 14(1985),225.

③ John Rawls. “Justice as Fairness: Political Not Metaphysical,” *Philosophy and Public Affairs* 14(1985),246.

④ J.G.A. Pocock, *The Machiavellian Moment: Florentine Political Thought and the Atlantic Republican Tradition* (Princeton, N. J.; Princeton University Press, 1975), p.545.

⑤ George Armstrong Kelly, “Faith, Freedom and Disenchantment: Politics and American Religious Consciousness,” *Daedalus* 3 (Winter 1982),142.

时所说的话，是对这种反工具主义情感特别恰当的表达。他认为反工具主义情感在对社会向善论者的公共行动做出理性解释的过程中，削弱了科学和技术的意识形态价值和政治作用。

建筑学家罗伯特·休斯写道，不能创造可实行的乌托邦，因为城市比这要复杂得多，而且生活其中的那些人的需要并不是易于计量。现在看起来，明显的是对现代运动的荒唐的左道邪说：社会没有一千次使人烦躁的自由的侵犯，不可能在建筑上“纯化”：建筑家的道德宪章，好像包括打动这个真实世界的义务所继承的内容，记忆是真实的……较好的是，反复应用存在的东西，避免把一个可应用的过去抵押给并不存在的未来，并思考各个方面。在城市生活中，唯有保护是合乎情理的[①]。

独特性的民主化与全面行动政治授权的碎片化

20世纪，区别于新成立的自由-民主国家的最显著变化是当时自由-民主工具主义的社会向善者改良精神的决定性下降，这一倾向质
246 疑审慎的大规模社会改良方案。我认为在这些国家，似乎多元均衡政治已经取代了指导进步的政治[②]。当前，美国以及一些其他的自由民主国家合法化的政治领导，不再是“新政”类型下大规模的社会重建项目，也不再是知识渊博的统治者和管理者有效地控制贫困、犯罪、通货膨胀，增进社会福利，建成一个“伟大社会”的梦想。而是，以更温和的

① Robert Hughes, *The Shock of the New* (New York: Alfred A. Knopf, 1981), p.211. 中文版参见：罗伯特·休斯：《新艺术的震撼》，刘萍君、汪晴、张禾译，上海人民美术出版社，1989，第184页。

② Edward Purcell, *The Crisis of Democratic Theory* (Lexington: University Press of Kentucky, 1973); C. B. MacPherson, *The Life and Times of Liberal Democracy* (Oxford: Oxford University Press, 1980).

保守姿态，对于政府的权力有更多的质疑，以使政府的权力集中生成和指导协调一致的计划，旨在从根本上解决大量的社会问题。更多强调甚至赞美的是对多样性价值的容忍，推动地方积极性和地方自治的自由，以及，最重要的对于政府作用的更多限制，使其只不过是个体追求福祉的助推器，而非主要的、有责任的代理。政府当局似乎致力于推动维护和扩大多样性可能的项目，而不是实现一贯想法下的社会正义和幸福。它似乎更关心如何根据不同的社会文化和政治承诺对建立象征性平衡的需要做出回应，而不是建立一个支持一组一致原则和行为的压倒性承诺或者全面意识形态。

当然，就其自身而言，新保守主义的政治取向没有取得意识形态上的一致。如果它停留在处理国内公共政策问题的共识程度，可是，这不是一个基于缩小政府规模，降低其对经济和社会领域的干预程度的必要性，缺乏大规模社会和经济改革授权的共识。换言之，这一政治立场的核心价值是反工具主义，否认政府是形塑社会或者彻底修正社会经济弊病的代理的理念，否认国家在推动集体福祉的综合想法中的独断角色。

尽管，它不是线性的，也并非完全不可逆转，但这一变化对于 20 世纪后期科学和技术在自由-民主国家的地位有着重要影响，与之相对应的是在意识形态和政治实践上的一系列变化。对待管理政体的 247
目标问题态度的不断转变——这些目标的含义，多元主义的本质，代表的充分性，政治参与的功能和政治过程的时间维度，可以部分解释为社会向善论民主政治工具主义的明显不足，以及其失败被广泛共享感知。

毫无疑问，这些改变受到民主国家在第二次世界大战结束后出现的自信和实力减弱的影响。处理国内事务的早期自信随着各国专心于战后重建，和欧洲独裁政治的意识形态和军事挑战在民主国家激发的爱国主义精神而得到提升①。然而，在20世纪60年代，这些自由-民主国家由于它们各自的国内问题和矛盾变得更加内省，更加混乱。

然而，值得注意的是科学和技术作为文化-意识形态材料对于公共领域的合理化和公共行动的合法化作用的贬值，并不必然意味着科学在其他社会和文化领域权威和影响力的下降。正相反，如戴维·迪克森举例展示的那样，在20世纪80年代，早期聚焦于科学、技术和公共机构在推进公共目标中的合作关系已经在很大程度上被不断增长的科学、技术和商业公司在追求私有价值的合作关系所取代②。在某些方面，这一改变是20世纪末期美国周期性从政府将公众信任转移到私人行动者(公共产品的推动者)趋势的实例③。

至于美国科学的新政治，这一变化与评判基础研究基于它对私营经济发展，而非公共文化的作用的趋势联系起来；此外，这一变化也体现在压力使得大学实验室视知识为私有，而非公共产品④。事实上，19世纪80年代共和党政府设立的增强美国国际竞争力的国家优先发展目标支持了这一趋势⑤。这一政策事实上为把科学和技术视为私营经济增强盈利能力和企业强化发展的手段提供了公共辩护。解除基于科学基础的工业技术在整个地区管制的举动，说明政府为降低企业生
248 产成本和增加盈利，有意愿放松对技术和产业增长造成的潜在不利溢

---

① 有关美国政治中的改良冲动，参见 Samuel P. Huntington. *American Politics: The Promise of Disharmony* (Cambridge, Mass.: liclknap Press of Harvard University Press, 1981), p. 121；有关欧洲独裁政治所面临的挑战，参见 Purcell, *The Crisis of Democratic Theory*, pp. 117 - 138.

② David Dickson, *The New Politics of Science* (New York: Pantheon Books, 1984).

③ Huntington, *The Promise of Disharmony*.

④ Dickson, *The New Politics of Science*, p. 52; and M. L. Goggin, ed., *Governing Science and Technology in a Democracy* (Knoxville: University of Tennessee Press, 1986).

⑤ Dickson, *The New Politics of Science*, p. 104.

出效应的公共控制①。政府官员和私营企业家合作降低管制的范围和严格程度，事实上运用了科学在合理化放松管制，抑制工会、社区组织和其他受影响群体在被迫接受高风险预算，提高生产成本上的权力的权威②。然而，特别是在第二次世界大战后，政府提升防务、空间和福利项目的合同反映了私营企业在美国服务公共目标在多大程度上是可信的。20 世纪晚期，强调科学和技术在提升私有价值上的作用，以及所谓的科学私有化的作用，包括其象征性脱离早期直接支持公共价值上的作用。从社会向善论的工具主义政治到符号平衡的回应性政治的转变，从把科学作为公共文化事业的社会知觉到把科学看作发展多样性特殊价值的更私有化资源的转变，与更深的文化和意识形态发展相关，这使得现代美国政体对政治的工具主义概念和科学与技术的权威更不友善。

或许其中最重要的变化与 20 世纪最后几十年美国的个体概念有关。这段时期对待个体的倾向和态度似乎表明我将之为“独特性的民主化”的明显趋势。将每个个体视为唯一个体，视作与其他个体不同的特殊存在，视作具有独特性不是凭借优越的出生、非凡的天才、特殊教育或者卓越的成就，而是基于作为一个人的基本事实。理查德·罗蒂(Richard Rorty)同样认为个体的当代概念，倾向于强调创造意识作为一种普遍能力，在不同情况下都能形成独特自我，这一点他又部分归结于受弗洛伊德等人的影响。每个个体都被视为由绝大多数经历的因情况而异的材料，如出生、家庭、工作、环境等组成的与它者不同的特殊生命形式，就像每首诗都有别于其他诗歌，是词汇、句子和含

① Dickson, *The New Politics of Science*, pp. 261 - 306.
② Dickson, *The New Politics of Science*, pp. 261 - 306.

义的独特构成[①]。

诚然，强调个体拥有独特性、激进的自主权和自我创造的观点，深深植根于美国各种各样的自由个人主义。然而，强调自我作为独特自
249 我创造的方面也意味着打破了美国人对自我观念的假设——个体足够相似以致相互透明和可知，并在追求共同的社会和政治目标过程中自愿调整他们的行为——这也就意味着，众多自由和自治的个体能够就正义和事实达成共识概念。在终极意义上，所有人生活在具有相同的道德和事实的世界上，并且每个美国人都足够内省，能以体面的方式去理解其他美国人，甚至美国本身也是一个集体单位[②]。

把个体视为一般概念上的美国人的独特存在和代表的观念，与美国人的"公民个人主义"[③]有关，与自主个体在追求共同目标中享受和利用世界的自愿联合，社会和政治协作、共同承担责任的可能性有关[④]。正是这种"公民个人主义"传统对 20 世纪后期的激进个人主义的新变化发起了挑战。尽管此前，每个个体作为独特、真实个体的观念之间主要局限于艺术家和知识分子，现在已经渗透到更广泛的社会圈子中，削弱了早前互动和交往的公共组织形式[⑤]。当代对独特性、独创性和激进的自治作为个人生活潜在属性的关注，不认同以下理念——这一理念认为公共领域是由存有差异，却能同意共同标准的自由个体创造和维持的。独特性的民主化动摇了美国民主公民权理论

① Richard Rorty, "The Contingency of Selfhood," *London Review of Books*. May 8, 1986, pp.11 - 15.

② Sacvan Bercovitch, "Rites of Assent: Rhetoric, Ritual, and the Ideology of the American Consensus," in *The American Self*, ed. Sam B. Girgus (Albuquerque: University of New Mexico Press, 1981), p.9.

③ Bellah et al.. *Habits of the Heart*, p.142.

④ Peter L. Berger, *The Capitalist Revolution* (New York: Basic Books, 1986), p.106.

⑤ Bellah et al.. *Habits of the Heart*.

的传统、文化和意识形态假设，以及相伴而生的政治作为公共相对个体的事业的理念。

它在一定程度上反映了现代激进个人主义对自由-民主政治基础的腐蚀作用，社群主义的社会和政治理论家试图发展更多个体作为情境限定的自我的社会含义，这为唤起直接参与式民主的古典主义美德和公民在改变和指导共同生活中承诺奠定了更坚实基础[①]。20 世纪后期，对宏大社会向善论者的政治工程和自我与政治共同体之间关系的道德观念的怀疑得以调和，参与式民主政治的提倡者经常趋向于将他们的公共行为概念本地化和去工具主义化[②]。本杰明·巴伯(Benjamin Barber)指出，对城镇会议和当地参与式公共政治承诺的 250
怀恋部分融合为对家庭价值观和地方社区的保守主义压力[③]。直接参与民主和现代个人主义的新古典主义观念为在更大社会水平上，攻击包括职业代表制的可接受性和公共代理专业-一样的责任在内的工具主义政治的观念和制度奠定了强大基础。这一批评试图通过从个体层次到群体层次扩大独特性的诉求，并已得到进一步支持。例如，妇女、少数族裔和同性恋者等要求与现有的组织分享权力，强调他们的要求并不那么多的理由是他们“像”所有其他人一样，但又与他们“不同”，他们内在拥有某种特殊不可归纳特质，而在政治系统中其选择权没有得到体现。

在 20 世纪最后几十年，这种对个体和组织间异质性的强调，在一定程度上通过一些观察者，对美国政治中越来越显著的非物质象征议

---

① Benjamin Barbei, *Strong Democracy: Participatory Politics for a New Age* (Berkeley: University of California Press, 1984).

② Yaron Ezrahi, "Science and Utopia in Late-Twentieth-Century Pluralist Democracy," in *Nineteen Eighty-Four: Science between Utopia and Dystopia*, eds. E. Mendelsohn and H. Nowotny, *Sociology of the Sciences*, vol. Ⅷ (Dordrecht: D. Reidel, 1984), pp. 273 - 290.

③ Barber, *Strong Democracy*, p. 248.

题的关注而得到体现和证实。这在其他西方民主国家政治中也一样。有学者指出，尽管民主政体下，公民对他们的政府坚持物质回报和人身安全倾向，然而，与个体和群体认同、文化地位和生活质量有关的非物质、符号性问题正日益引起关注①。西方民主国家的学者认为，这一发展明显受到很大一部分公民的性格在第二次世界大战后形成，不受战争创伤和动乱的影响。相比下，他们之前的那一代人盛行物质主义，更关注安全问题。

我们特别感兴趣的是宣称个体和群体具有独特性的民主化的效
251 果，以及非物质主义和非工具主义取向的传播，专业权威和专业标准的自主权在美国和其他自由民主国家的下降。专业权威最容易受到这些效果影响的情况是专业人员想当然地对如卫生、福利、效率和经济增长等不言而喻和普遍共享的特定价值进行最大化授权。像美国其他专业机构的确立一样，20 世纪 70 年代，医学也遭遇了重大信任危机②。"知情同意"法律制度的出现要求医生为他们的病人提供相关医疗信息，以方便后者行使权力，同意或者不同意被推荐的治疗方案；这表明认识到"健康"不是一个统一的社会固定值，而是拥有多个众多独特不同含义，因而必须根据不同特殊情况进行重新协商。似乎看起来每次治疗都需要单独合同，这反映了专业服务的语境化在价值观和偏好上的特定顺序。这种价值观上的平衡，使得生命的长度和质量不再

---

① R. Inglchart, *The Silent Revolution*: *Changing Values and Political Styles among Western Publics* (Princeton, N. J.: Princeton University Press, 1977); R. Inglchart "The Renaissance of Political Culture," *American Political Science Review* 82 (December 1988), 1226; Samuel H. Barnes et al., *Political Action*: *Mass Participation in FiveWestern Democracies* (Beverly Hills: Sage Publications, 1979).

② Paul Starr, *The Social Transformation of American Medicine* (New York: Basic Books, 1982), p.379; Seymour M. Upset and William Schneider, *The Confidence Gap*: *Business*, *Labor*, *and Government in the Public Mind* (New York: Free Press, 1983).

留给专业经济和权威考虑。传统的职业道德标准不足以有效管制治疗和服务，需要对此做出回应，以对相互矛盾的个人价值观做出多样性、个性化平衡。因此，医生和病人之间的交往越来越少地依赖标准化的安排[1]。病人和医生间互动的这一差异随着医疗服务的不断商业化，为满足多样化医疗供应的需要而得到进一步加强。病人和医生在个人层次上交易的多样性也已拓展到群体层次，这一点也在其面临的压力上得到体现，例如通过女性团体提供医疗服务，满足女性的独特需求和喜好[2]。

隐性社会契约（社会默契）赋予医学专家传统自主权功能的丧失是一个广泛的过程，这一过程表明包括工程学、建筑学、物理学、化学、生物学、经济学和社会学等在内的其他知识和技术领域的专家权威已经受到影响和部分改变。在此，我想强调说明的是这些变化破坏了公共行动工具主义范式的基础。效果已经体现出来：首先，通过强迫科学和技术专业人员与外行分享定义问题，并决定处理它们可接受的策略和方法的权力；其次，标准在个体和群体层次上的碎片化和多样化，削弱了公共权力代理展示他们实现给定总体目标的工具主义构想手段行动的能力，这往往也是他们行动的动力。政治行动者在公开场合声称无党派专家在处理即将发生问题上的权威和资格变得不可接受，也不再能成为政治上的权宜之计。

在美国，公共目标的碎片化与政党作为聚合特殊利益和促发政治
行动，特别是在处理国内事务上的广泛授权的政府机构，在制度上的 252
衰落相一致[3]。这一变化的一个重要征兆是“单一议题政治”的凸起，

① 这一观察得到一系列未公开出版文献的支持。这些文献源自 1985 年，在拉塞尔·塞奇基金会（Russell Sage Foundation）的支持下，在纽约举办的一场名为“有学识的职业：迈向新的社会契约”的会议论文。

② Starr, *The Social Transformation of American Medicine*, pp. 391 - 392.

③ Michel J. Crozier, Samuel Huntington, and Joji Watanuki, eds., *The Crisis of Democracy* (New York: New York University Press, 1975), pp. 40 - 43, 74, 161, 165.

与前几十年在意识形态上更广泛和以政党为基础的更稳定政治不同，这取决于更特别的“流动”，或者出于非常有限的利益建立的暂时的政治联盟①。莫里斯·费瑞纳评论道，“我们已经为自身建立了一个清楚表达利益的制度，但是很少有效利用它们。”②这一变化明确表明政府行动的工具主义概念遇到的重大挫折。公共目标的碎片化反映了标准的私有化，而在这一层面上，多数政体与追求均衡而非改进工具主义构想更相配③。当政治参与的目的不是为了实现集体的公共价值观，那么重点在于表达愿望，而非满足愿望④。正如一个在演讲中试图说服多种多样的听众政治演说家可能会发现含糊其辞和模棱两可的优点，政治行动者在这种情况下也可能会发现严格有效行动的风险和折衷主义与模棱两可的政治优势⑤。在这种语境下，无论是政治演说家还是政治行动者都揭示了象征姿态的均衡和多样性的优越重要性——有时候甚至相互矛盾——集中于改进工具主义项目的信号过于连贯和明确。

政策制定过程的非工具化，作为对“民享”政府价值强调的衰减，仍然与强调“民有”和“民治”政府的价值观，与强调参与的道德、政治和心理价值观相一致⑥。文化价值观的凸起增长显著鼓励了政治参与的非工具主义形式和依据。有关社会平等、认同、自我实现和少数族群权利的议题似乎刺激了直接行动和抗议，而不是对于唯

① Morris P. Fiorina, "The Decline of Collective Responsibility in American Politics," *Daedalus* 109 (Summer 1980), 25.

② Fiorina, "The Decline of Collective Responsibility," p. 44; 另请参见 Crozier ct al., eds., *The Crisis of Democracy*, pp. 165 - 166.

③ Fiorina, "The Decline of Collective Responsibility," p. 43; Barnes et al., *Political Action*.

④ MacPherson, *The Life and Times of Liberal Democracy*, p. 20.

⑤ Benjamin I. Page, "The Theory of Political Ambiguity," *American Political Science Review* 70 (September 1976), 742 - 752.

⑥ Fiorina, "The Decline of Collective Responsibility," 43.

物主义者、政党-仲裁政治而言典型的谈判和妥协[①]。有关这一趋势
一项最具启发性的表达是学生争取民主社会组织(Students for a 253
Democratic Society 1962)发布的“休伦港宣言”。这份宣言呼吁独立个人的政治参与，强调参与的目的“并不是找到只适合个人的方式”[②]。这种政治取向和与之相应的行动风格，完全与在公共行动合理化、评判和合法化过程中使用科学技术知识和专业技能知识相矛盾。聚焦于行动的内在价值而非其结果，行动与行动者之间的关系而非行动与其后果之间的关系，或者行动作为手段的地位之间的关系，这与委托行动给代表和把专家视作代表不一致。专家采取行动以便在工具主义上或者功能上增强人类的目标，专家声称在某种意义上，他们充当了后者的代表。政治参与的个性化和说教降低了科学或技术在非政治化集体行动的理由和供给权威中的相关性，看起来像是促进实现共识、合作和妥协的超政治手段[③]。对非物质主义者参与式政治的新强调，是实现认同或者确认承诺的一方面，而不是为了提升特定物质目标、趋势；而且，本地化而不是概括或者补偿跨越社会和规范边界的政治参与。“基于个人价值优先的冲突相对来说难以讨价还价，因为它们不具有经济问题的增量特性”，罗纳德·英格尔哈特(Ronald Inglehart)说道，“就像宗教冲突，他们趋向

① Inglehart, *The Silent Revolution*; Barnes et al., *Political Action*; K. L. Baker, R. J. Dalton, and K. Hildebrandt, *Germany Transformed: Political Culture and the New Politics* (Cambridge, Mass.: Harvard University Press, 1981).

② Reprinted in *The New Left: A Documentary History*, ed. Massino Teodori (Indianapolis, Ind.: Bobbs-Merrill, 1969), p. 167. 另请参见 Donald W. Keim, “Participation in Contemporary Democratic Theories,” in *Participation in Politics*, eds. J. R. Pennock and J. W. Chapman (New York: Lieber-Atherton, 1975).

③ 有关对中立或者客观标准是对混乱的政治参与的约束这一观念的批评，参见 Benjamin Barber, *Strong Democracy: Participatory Politics for a New Age* (Berkeley: University of California, 1984). 20 世纪 60 年代，对科学和技术以及它们对社会和政治影响的批评，参见 T. Roszak, *The Making of a Counter-Culture* (Garden City, N. Y.: Anchor Books, 1969).

于息事宁人。"①

在20世纪后期的美国民主中,由于认识到为增强广泛共享目标所采取措施的意想不到和意料之外的效果和为承诺实现这一目标的资源事实上严重约束了其他增强同样所经常珍视的目标的能力,公共目标的碎片化与聚合个人偏好的困难进一步加剧。阿瑟·奥肯(Arthur Okun)写道,"增强收入平等的尝试将(经常需要)社会……放弃任何用物质奖励来刺激成产的机会……(因为)这样就会导致非效率,从而损害大多数人的福利……任何坚持把馅饼等分成小块的主张都会导致整个馅饼的缩小。"②特别是从20世纪60年代开始,"福利-
254 防御"的国家目标、即时繁荣和安全的政治期望和追求这些理想所存在的可用资源短缺三者之间不断扩大的差距共同抑制了战后美国社会向善者在公共事务上的工具主义取向。这种对公共行动工具主义处理方式的不满,随着对提供有效的技术解决社会问题的尝试在组织方面引发的困难的不断认同而进一步加深。20世纪后期美国,保守派政治力量对福利-防御状态政策的反应表明,弥合差距的更可信方式不是通过投入更多资源,或者更努力尝试以有效实现总体目标,而是降低公众期望。这种反应不仅与公共目标的碎片化相协调,也与下面我们即将看到的,与政治行动和领导能力不断改变的风格,与更根本地,政治行动在时空参数上的转变相一致。

现在的规范性优势与即刻可见姿态的修辞优势

"我们认为政客们应对他们各自提出的议案负责",美国政治学家

① Inglehart, *The Silent Revolution*, p.320; Barnes et al., *Political Action*.

② Arthur M. Okun, *Equality and Efficiency*: *The Big Tradeoff* (Washington, D.C.: Brookings Institution, 1975),48. 中文版参见:阿瑟·奥肯:《平等与效率:重大的抉择》,王奔洲译,华夏出版社,1987,第42页。

莫里斯·费瑞纳(Morris Fiorina)评论道,“但要少采用这些议案和他们的结果评估。在当代美国,官员们并不进行管理,他们只是做做样子。”[①]在一个“充分清楚地表达利益,但不充分地聚集”的体制中,政治行动去结构化的重点从利益聚合到承诺聚合,从工具主义构想行动解决社会问题到对问题大部分难以解决,导致个体和群体不满做出象征性回应。其结果是政治的变化从主要集中于以改善物质、社会和经济条件为目的的指定行动,到更多聚焦于形成情感和审美的大多数指定姿态,以维持象征性的政治平衡。

这一趋势的一个基本方面是有关政治话语、行动和问责制的时间维度被大幅缩短,越来越多的人倾向于同意雅各布·布克哈特(Jacob Burckhardt)称之为“现在的规范性优势”[②],这种态度认为现在能比过去和未来产生更大的价值和意义。政治在时间维度上的改变已经发生,当然,在早期现代时期,它与政治领域的世俗化相连接。教会与国家的分离,随着自由-民主意识形态的兴起得到进一步加强,导致政治的历史化,这种政治的历史化把政治看做是一种旨在影响生者的世界的人类事业。世俗化的过程意味着政治从救赎问题、从末世论时代的奖与罚问题中脱离。伴随这一过程的是政治作为可观察、可分析,作为知识的目标在认识论上的具体化过程。作为文化革命的一部分,它将包括把感性知觉的目标拔高为知识的源泉,无视宗教知识在先验或 255
无形的领域的指示物,现代科学的兴起进一步增强了政治作为现世的、历史的,而非来世的事业的看法。

通过强调政治权威对生者的责任,自由-民主政治价值观还通过

① Fiorina, “The Decline of Collective Responsibility,” 44;另请参见 Crozier et al, eds., *The Crisis of Democracy*, pp. 165 - 166.

② Cited in Judith N. Shklar, “Learning without Knowing,” in “Intellect and Imagination,” *Daedalus* 109 (Spring 1980), 53 - 72.

进一步缩短政治的时间维度做出贡献。这些考虑使得杰弗逊认为每一代人都应当有创设属于他们自己的法律的权力，因而，没有任何法律的有效性应当超越一代人的时间跨度。他在写给詹姆斯·麦迪逊的信里说，“没有任何社会能够颁布一部永久适用的宪法，甚至一项永远适用的法律，地球总是属于活着的那一代。”[1]虽然，世俗化和民主化与政治的历史化有关，但是现代政治实践特别是美国的政治实践，揭示了在何种程度上自由主义的意识形态抑制更多同一方向上的激进可能性——历史学家的长周期观察为记者更即时的时间框架所取代。在 20 世纪后期的民主中，个人作为单独个体和政治价值观的来源地位的不断上升，使得对个体的时间透视比对“不朽社会”或者国家的时间透视都更具政治约束力[2]；这提高了个人叙事、历史时间框架下的传记、有关集体兴衰或者对长期过程的历史解释的史诗戏剧中个体故事的政治重要性。新闻业在现代自由-民主国家的政治重要性，与赋予即时，并在很大程度上个性化的责任以规范优势的政治趋势密切相关，这种责任制优先于现世延伸至数十年和几代人的责任制。

20 世纪 40 年代后期，在现代民主国家，政治行动的时间框架收缩
256 的一个重要方面与公众民意测验影响力的不断增长有关。早期的民意测验机构为把公众民意测验作为一种加速民主进程的手段进行辩护[3]。乔治·盖洛普(George Gallup)在 1948 年写道，“如果时机合适，抽样调查在全国范围内完成的速度，是能够在 48 小时内就任何给定问题给出公众意见。因而，当公众舆论在任何时间都能够被弄清楚

---

① Thomas Jefferson's letter to James Madison, September 6, 1789, in *The Portable Thomas Jefferson*, ed. M.D. Peterson (New York: Viking Press, 1975), p.449.

② 有关社会的“不朽”与个体的易腐性的比较，参见 Emile Durkheim, *The Elementary Forms of the Religious Life* (1915; New York: Free Press, 1965).

③ Lindsay Rogers, *The Pollsters: Public Opinion, Politics, and Democratic Leadership* (New York: Alfred A. Knopf, 1949).

的时候，目标已经基本达成。”[①]如布赖斯爵士(Lord Bryce)所问，是否“按人头数计算就等同于公共舆论”自然仍是一个棘手问题[②]。关于到底什么构成可靠的测量，“真正”代表公众舆论持续的、尚无定论的争论限制了这些民意调查挑战官方选举的权威[③]。由于缺乏明确的定量或者定性的方案解释公共舆论的真实状态，选举程序成为公布有约束力的选举结果的合法-政治权威，而这是一个缺乏民意调查和计算统计技术的权威。具有民主精神的公众的持续投票，他们态度转变的即时镜像，和根据结果的广泛宣传，已经达到了破坏连贯性和缩短官方政治授权预期生命的效果。在选举结束后的数周或数月内，选举授权的政治效力严重削弱，造成公众民意测验的结果显示比先前的支持程度急剧下降。虽然民意测验的结果既不权威也不必然准确，但它们的效力仍然值得考虑。测量公众对政治问题、政治演员和公众舆论不断变化的态度，就像大众媒体的新闻报道通常被政治行动者认为是非常重要的，这是显示他们做的怎样和接下来为保持或者提高他们的政治支持度且他们需要做什么的指标。在民意测验或者新闻发生后，采取或者不采取立刻“反映”的行动，赋予了新闻工作或者“新闻界裁决”的权威，而这些权威原本属于“历史的裁决”。

在美国，缩短行动的政治授权时间跨度的压力，随着一年一度国会授权的要求，已经部分正式化。亚瑟·马瑟(Arthur Maass)写道，“在 1960 年之前，项目通常得到没有时间限制的授权，因而，国会主要依靠拨款程序对此进行管理。此后，国会一直有意开展短期授权项 257

① George Gallup, *A Guide to Public Opinion Polls* (Princeton, N. J.: Princeton University Press, 1948), p.4.

② Lord Bryce, *Modern Democracies*, vol. Ⅰ (New York: Macmillan, 1921), p.153.

③ 从自主的个体判断的自由-民主观念角度看来，公众舆论的形成是一个有问题的概念，有关对这一观点的介绍，参见 Elisabeth Noelle-Neumann, *The Spiral of Silence* (Chicago: University of Chicago Press, 1982).

目，因此，现在总统年度预算报告中支出的非常大一部分为可控项目（更确切地说，是除津贴和其他固定支出，如国债利息外）；直到国会通过，总统签署法案授权后，这些一年期某些情况下几年期的支出才能得到拨款法案批准。”①一年一度国会授权的要求迫使企业在短期内证明原本需要更长时间才可证明的有效性。正如马瑟指出的那样，这种变化已给公共政策的连贯性和有效性带来了负面效果②。

一年一度的国会授权也拓展到涵盖诸如第二次世界大战后成立的作为政府支持基础研究渠道的美国国家科学基金会（NSF）等机构，这种拓展具有启发性③。由于基础研究像艺术一样，被认为不用考虑其实用性，具有内在的文化价值；然而，对于它们的支持虽然有限，但是却相对自由，避开了直接的政治和经济压力④。但是，要求证明基础研究回报的诉求不断增长，这种变化为科学赢得更多公众支持开辟了可能性，也为科技事业在短期内经受政治接受度检验增加了压力。在这样的氛围下，像NSF这样的机构发现，为保护其政治-公众支持的基础，有必要重新定义“基础研究”，以使得它足够广泛，也能包括应用研究类别，尤其是那些直接有助于解决实际经济和社会问题的研究⑤。

---

① Arthur Maass, *Congress and the Common Good* (New York: Basic Books, 1983), pp. 55 - 63, 121, 122 - 123.

② Arthur Maass, *Congress and the Common Good* (New York: Basic Books, 1983), p. 126.

③ 参见 1970 *National Science Foundation Authorization*, *Hearings before the Subcommittee on Science*, *Research and Development of the House Committee on Science and Astronautics*, 91st Cong., 1st sess. (Washington, D. C.: U. S. Government Printing Office, 1969).

④ 参见 Edward Shils, ed., *Criteria for Scientific Development*: *Public Policy and National Goals* (Cambridge, Mass.: MIT Press, 1968).

⑤ 1970 *National Science Foundation Authorization*, pp. 25 - 87. 另请参见 Yaron Ezrahi, “The Political Resources of American Science,” *Science Studies* 1(1971). 有关商业价值对基础研究，如分子生物学研究的影响，参见 Malcolm L. Goggin, ed., *Governing Science and Technology in Democracy* (Knoxville: University of Tennessee Press, 1986).

缩短政治时间的思维方式迫使科学共同体证明对于科学研究的投资具有清晰明确的回报，这削弱了科学——专业标准以及其他标准的内在权威。例如，不断增长的压力，使得医学家为保障治疗，脱离追求推进医学知识的目标，也即为保障前者的完整性，牺牲后者的长期目标[①]。

压力使得支持直接需求的研究战胜了探索性研究，这种压力不仅体现在医学领域，也出现在生物、物理、化学、社会科学等其他领域[②]。由美国国家卫生研究院（NIH）和心理学与人类学协会（Psychological and the Anthropological Associations）等此类机构制定的研究指南和程序，使得在研究的过程中，人类的权利得到保护，免于被潜在滥用和危害；这揭示了限制科学家最大化其长期研究目标能力的另一种压 258

① 参见 John P. Gilbert et al., "Statistics and Ethics," *Science* 198(1977), 687. 早在 1925 年，美国作家辛克莱・刘易斯(Sinclair Lewis)，一个乡村医生的儿子，就在他的小说《阿罗史密斯》(Arrowsmith)说明了在文化与研究和治疗的规范之间所存的这种张力。阿罗史密斯是一名医学科学家，他被派往偏远的致病流行病区，他研究工作的一部分就是努力开发和测试一种新型的接种疫苗技术。面对流行病肆意爆发情况，阿罗史密斯对他的研究程序的完整性作出让步，屈服压力，对数百名绝望的病人开展未经检验的医学治疗。Sinclair Lewis, Arrowsmith (New York: New American Library, 1925). 同情心和道德压力使得需要对活着的人的困境作出回应，这使医学研究的必要性黯然失色，为能在未来"救治上百万"需要在现在作出一些牺牲。正如查尔斯・罗森博格(Charles Rosenberg)指出的那样，刘易斯展示了研究科学家的理想主义与社会现实需要的压力强加的限制。"一个最好的医生应该是有能力、愿意自我牺牲和拥有理解力的，作为最好的医生，他可能从未超越形成他的专业存在的社会关系。在刘易斯看来，英雄主义的精髓、衡量一个人的地位关键在于在多大程度上，他能够使自己脱离美国社会的封闭压力。他的英雄主角不得不是一名科学家，他不能是一名医生，当然也不是一个美国医生。" Charles E. Rosenberg, "Martin Arrowsmith: The Scientist as a Hero," in his *No Other Gods: On Science and American Social Thought* (Baltimore: Johns Hopkins University Press, 1978), pp. 123 - 131.（在 20 世纪的最后 10 年，脱离社会压力的英勇行为的理想已经事实上，在很大程度上为公众负责任的科学的理想所取代，公众对基础研究的支持，很大程度上源于购买了短期相关性和成果的承诺。）

② 参见 Lee J. Cronbach et al., *Toward Reform of Program Evaluation* (San Francisco: Jossey Bass, 1980); Carol H. Weiss, ed., *Evaluating Action Programs* (Boston: Allyn & Bacon, 1972).

力①。诸如不断增长的来自道德、心理学、社会、经济和法律考虑等对研究的非难，已经改变了20世纪后期民主国家开展科学研究的环境。许多科学家和工程师的专业角色“变得与律师、立法机关和监管机构密不可分。越来越多的科学家和工程师……变得专业地涉及法律、立法和监管事务。”②

在多元政体国家，在具有民主精神的观众面前确认和证实科学有效性的需要已经影响了美国科学，这使人回想起托克维尔对基督教精神对民主影响的观察。民主政治文化内在固有的倾向，鼓励强调短期的成功，以牺牲从更大和更长远的视野看待人类事务的发展进程为代价。

正如我上面指出的，政治行动和政治事件在时间维度上的变化也包括在空间维度上的变化。“时代化”，赋予了只在较长的时间跨度中交流立即沟通的修辞优势，与行动直接贯彻公共代理目标相比，放弃了潜在的更具政治重要性的、传达代理承诺的姿态。虽然姿态能够即时交流，但不过可能在数月或数年后才体现效果的行动，能够支撑长期的责任。在现在时态下行动的代理的政治行为，赋予了指导的行动以政治优势，用马克斯·韦伯的术语来说，依靠“信念伦理”超过“责任伦理”指导的活动，设定为适合规定原则的行动超过设定带来确定后果的行动。现代美国人倾向于强调简单即时的责任，不允许在行动领域，给出必要时间充分体现原因和影响之间的联系的观念。因此，新闻工作和政治舞台的当代化在一定程度上趋向于扭转先前趋势，恢复

① Stuart W. Cook, “Ethical Issues in the Conduct of Research in Social Relations,” in *Research Methods in Social Relations*, eds. C. Sellitz, L.S. Wrightsman, and S. W. Cook (New York: Holt, Rinehart and Winston, 1977), pp. 199-249. 有关生物学研究中的伦理问题，参见 Watson Fuller, ed., *The Social Impact of Modern Biology* (London: Roudedge 6c Kegan Paul, 1971).

② *Science*, May 13, 1983 (editorial).

代理机构非行动的首要地位；对个性以及行动的舞台效果，而非其技术-工具主义效力做出回应。20 世纪后期转变发生——开明的民主政 259
治经验主义，和社会共享选择和作为合作企业的知识的"我们"①，取代了无处不在的个人判断，作为国王的"我"。但是，这不是完全彻底改变。政治的再次个人化并不构成像国王一样，高傲单个的"我"的回归，而是作为有民主精神的公民，独特的能够自治的"我"的到来。因此，在许多方面，它是另一种"我们"，不是一个同质的公众的集合体，而是许多分立的"我是"的折衷混合物。

当阿历克西·德·托克维尔写下民主"不但使每个人忘记了祖先，而且使每个人不顾后代，并与同时代人疏远。它使每个人遇事总是只想到自己，而最后完全陷入内心的孤寂"时，他期待民主个人主义的力量和对政治认识同时代发生或者去历史化②。在这方面，托克维尔也写道，民主的感染力对宗教的时间概念有腐蚀作用。他认为在听美国传教士布道的时候，使人经常难以辨别"宗教的主旨是求来世的永远幸福还是求现世的康乐。"③20 世纪的天主教神学家，雅克·马里坦(Jacques Maritain)批评这样的"现世-导向"是自我中心个人主义的一种形式，"眼前的成功是个人的成功……而不是持续属于时代变迁的国家或民族(的成功)。"④

美国的现世-导向也一直被视为不尊重或者不重视历史学家的

① Bertrand de Jouvenel, "The Political Consequences of the Rise of Science," *Bulletin of Atomic Scientists* 19 (December 1963), 2-8.

② Alexis de Tocqueville, *Democracy in America*, vol. Ⅱ, ed. Phillips Bradley (New York: Vintage Books, 1945), p.106. 中文版参见：托克维尔：《论美国的民主——下卷》，商务印书馆，董国良译，1991，第 627 页。

③ Alexis de Tocqueville, *Democracy in America*, vol. Ⅱ, ed. Phillips Bradley (New York: Vintage Books, 1945), p.135. 中文版参见：托克维尔：《论美国的民主——下卷》商务印书馆，董国良译，1991，第 658 页。

④ Jacques Maritain, *Man and the State* (Chicago: University of Chicago Press, 1951), pp.57-58.

事业和历史记忆的政治重要性。欧洲批评家经常将他们认为的美国人缺乏历史意识与美国的物质主义相关联[①]。汉娜·阿伦特担心在一个“生活和世界都变成易朽坏的、终有一死的、脆弱了的”政体中,行动者失去了通过高尚行为成为“不朽的丰碑”永生的动力[②]。现世-导向也被与各种形式的现代怀疑论相联系。在怀疑论者的世界中,一位作者写道,“这儿没有过去,也没有可保证的未来,这儿只有现在时刻……这儿没有时间,只有感觉。”[③]

恰恰这种转变是从行动到姿态,从经过时间呈现重点在逻辑,到作为治国的主要艺术恢复为舞台艺术的即时满足感。这一转变允许对政治的审美和道德回应作为一种占主导地位的意见,然而,对政治的证实视觉导向作为“现实”世界的工具主义事业正被削弱。政治表
260 演的时代化,独特性的民主化和符号的力量,而不是政治统治的物质导向为鼓励自由-民主政治的审美化相聚合。“现场”观众的即时象征和审美满足感,提高了政治作为怀疑搁置为基础的事业的戏剧体验的重要性。然而,这与独裁政权要求的怀疑搁置是不同的。与后者采用舞台艺术,美化和保护集权的政治权力不同,前者则是相应关注观众的更多的自治要求,借以聚焦自由-民主主题。专制政权不可能使所有的公共领域彻底去史实化,因为它们不能接受或以合法权威由现场观众来评判政治演员,因此它们需要在未来进步的信心,以合理化它们从它们的公民那里提取的伟大的现实牺牲。例如,苏联作家列夫·博布罗(Leo Bobrow)为理解现在的行动“奠定未来的新道路”,坚持

① Shklar, “Learning without Knowing,” 59－60.

② Hannah Arendt, *Between Past and Future* (Cleveland: Meridian Books, 1963), pp. 72,74. 中文本见汉娜·阿伦特:《过去与未来之间》,王寅丽、张立立译,译林出版社,2012, 第 68、71 页。

③ Frederick J. Hoffman, *The Mortal No: Death and the Modern Imagination* (Princeton, N.J.: Princeton University Press, 1964), p. 4.

乐观主义和长远历史观的重要性[1]。

自由民主对极权主义的批评主要针对以下观点：假定遥远未来的知识和理解如何在任何给定的时间内采取行动能够与理想的未来需要的状态相关联，如卡尔·波普尔，指导他们尝试怀疑"历史决定论"[2]。尽管波普尔批判对于公共事务采取中央综合规划具有极权主义倾向的观点，但他对"历史决定论"的知识基础和大量未来-导向的改革的批判，也以暗中削弱社会向善论者的民主政治为前提。由于缺乏足够的知识评估我们的行动与提升我们的共同目标之间的关系，正如我已指出的那样，立刻可见姿态变得比任何其他冗长和复杂的工具主义行动都更具政治说服力。在这一体系下，保证对普遍持有的正义概念的有效沟通，比试图实现这一概念在政治上更加引人注目。

或许在现代美国政治中，没有比里根总统在公共行动从工具主义到象征模式的转变，政治领导人角色从作为能干的行动的代理到有效的政治姿态的根源，有更独特的表现[3]。如果存在有行动和领导力的不朽的概念的前提是证实视觉标准统治了行动作为推进特定目的的技术理性手段的概念和判断，那么里根主义的政治领域落在对政治公开的视觉倾向是政治作为一个即时戏剧、审美和情感满足的领域。尽管工具主义的政治范例需要基于所面对和见证的，甚至是公共生活的最粗陋事实，然而在里根的公开政治事实的民主形式是为达到熏陶、提高或者安慰心甘情愿受骗公众目的的有选择地审美化和教化。在里根的政治风格中，坦诚的编排，诚意和能力的虚构证据的生产和扩

---

① Leo Bobrov, *Grounds For Optimism*, trans. H. C. Creighton (Moscow: Mir Publishers, 1974), pp. 35, 166 - 167.

② Karl R. Popper, *The Poverty of Historicism* (1936; London: Routledge & Kegan Paul, 1961).

③ 详情参见 Garry Wills, *Reagan's America: Innocents at Home* (New York: Doubleday Company, 1987).

261 散,取代了工具主义效力的公共测试和无情公众对政治领导人挑剔性凝视的暴露。在华盛顿和好莱坞[1]融合的过程中,政治权威得以生成,并通过埃德蒙·柏克称之为“令人欣慰的幻念”得以确立合法性。然而,这些令人欣慰的幻念并不是那些已被设计出来使君主权威合法化或者传播束缚独裁政权主题的系列花环。里根总统并不直接对公众缺乏基本自由或没有权力使用强大的工具主义批判进行安慰。它更像是政治眼睛的独特民主形式,一个领导人及其追随者协力的协同生产产物,就像在想象中存在一个公开的“友好平易近人的每个人都是英雄”[2],一个普通人是审美化的和理想化的,稀缺性、不确定性和风险的严酷事实不允许破坏公民对自身和世界感觉自我良好的能力的世界。在这场政治演出中,自由公民选择愿意配合他们的渴望的有天赋的演员,融合幻想和政治以实现获取幸福的权利的重大的演出,就像有权集体无视怀疑主义和现实主义的痛苦,生活在一个现在是个人的潜能和希望既不被人类的失败所轻松打败也不被突然中断的不间断颂扬的知觉世界中。这种事实非常重要:现代民主国家的公民不再需要为观察他们的领导人而在公共场合集会,现代大众视觉沟通允许公众通过众多在私人场合和私人时间的独立行为观察他们领导人。这样的民主公众更容易受到审美政治的工具主义召唤,不太可能从一个独立个体的集合到充满“政治热情”的危险的暴民群体。正是在这样的背景下,领袖作为“普通人”的去神秘化,甚至不可信的通俗化,能够成为民主政治演出艺术的最佳策略[3]。

---

① 详情参见 Garry Wills, *Reagan's America*: *Innocents at Home* (New York: Doubleday Company, 1987).

② Garry Wills, *Reagan's America*: *Innocents at Home* (New York: Doubleday Company, 1987), p. 343.

③ Garry Wills, *Reagan's America*: *Innocents at Home* (New York: Doubleday Company, 1987), p. 300.

迪斯尼制片厂在设计里根作为加州州长的就职典礼时，其作用预先达到了国内政治的高潮。这其中是作为民主政治人格，聚焦民主主题的姿态，满足观众自愿暂停其怀疑资格和观众想要为一场好戏的不愉快中断拒绝批评的愈合符号和愿景的技巧性产品[①]。“里根地区”成 262
为一个在剧场意义上表演次于在工具主义意义上表演；舞台表现是一个领导者最重要的政治美德，而决策和管理能力都是次要的政治世界。现代美国政治的这些变化证实了费瑞纳关于在当代美国“官员们并不进行管理，他们只是做做样子”的观察[②]。这一观察不仅适用于行政部门，也适用于依赖各种各样和不断改变的公众，夸大明确决策和行动的政治成本的立法机关。

然而，与费瑞纳的观察相反，“装腔作势”并不是一种替代品，反而是统治的一种风格或者技巧。作为象征性姿态，公共行动从根本上被设计为修辞手法，一种劝说公众政治权威值得他们的支持，不是因为它们的行动解决了实质性问题，而是因为它们清楚地表述了对连续的独特的，有时间相互矛盾的价值观念平衡的承诺。20 世纪 80 年代美国的领导风格，揭示了一种“美国人的注意力在他们的感觉如何，而不是他们认为他们的国家应该做什么”的趋势[③]。尽管公共行动的工具主义范式在公共事务的重要领域中仍然继续存在，里根演技的政治效力证明了公共行动的可替代范式作为姿态的象征性行为在现代美国政治中的弹性和力量。在一个故作姿态成为政治动员的工作技巧的政体中，一个政治姿态能够比原本设计为获取工具主义目标的行动更有效地获取政治支持的政体中，一个工具主

---

① 详情参见 Garry Wills, *Reagan's America: Innocents at Home* (New York: Doubleday Company, 1987), p. 44.

② 参见前注 p. 58.

③ Flora Lewis, “Who Are They?” *New York Times*, October 16, 1988.

义标准常常强加给作为的行动姿态政治上最合适的修辞，政治上昂贵的约束的政体中，科学和技术作为政治权威合法化的文化资源不断贬值。

第 11 章

科学与公共文化的衰落

正如伯特兰·罗素在《伊卡洛斯》(1924)所阐述的那样,虽然对伊卡洛斯的政治目标产生怀疑与否定,是对 20 世纪早期科学与民主政治融合的尝试。但这仅仅是针对第一次世界大战所伴随的公共事务,反对用科学与技术来处理这些公共事务。20 世纪晚期,充分认可了对社会向善的工具主义政治进行的回应。这种发展的重要性体现在,知识分子批判支撑早期民主改良主义的知识概念。

对社会向善公共政策的科学原理的腐蚀

自 20 世纪 60 年代早期以来,科学在公共行动的合理、合法化上的作用下降。其最重要的方面之一在于对前景的持续调节。社会科学能让我们把公共政治与公共规划服从于合理性控制。一系列知识分子把这一进程的重要部分明晰化,他们试图把“合理性”重新定义为公共政策决策与行动的特性,使其能够适应他们新近推崇的政治固有构成的复杂性。自 20 世纪 60 年代晚期以来,对公共行动特征为主题的学术讨论，不再是把科学知识与技术如何运用到公共政策与检验政治合理性方面[1]。而是，把政治如何从乌托邦式的理性主义的幻想中解救出来。解救的这种需要，与温和实际的理性主义免受怀疑主义之害的渴望相平衡，易于揭露这些理性主义者幻觉的无用。对于公共问
264 题的最佳解决信念是被抛弃的，跌落到难以置信地接受"怎么都行"的自我麻痹的相对主义立场[2]。早在1958年，知识在这个方向的转变就被预料到了。詹姆斯·G·马契(James G. March)和赫伯特·A·西蒙(Herbert A. Simon)批评了"古典"组织理论的失败，就像对古典经济学理论的批评那样，来说明"主观合理性和相对性的特征"[3]。他们指出，"大多数人的决策，无论是个体还是组织做决策，都是关注和选择那个令人满意的选项。只有在特殊情况下，他们才关心那些最佳的选项"[4]。西蒙在《管理行为》(1947)中，用自己早期的激进工具主义的乐观主义观点，表明了对"满意"而非"最大化"(甚至只是优化)的强调[5]。另一个对20世纪60年代中后期所做的趋势预测，是查尔斯·E·林德布罗姆(Charles E. Lindblom)提出的，他批判了决策制定的综合理性模型。在一篇题为《蒙混过关的科学》(1959)的文章中，林德布罗姆建议用"连续有限比较"[6]的方法来取代"广泛理性"的决策和行动方式。广泛理性的方法被放弃，理由是它依赖于大量不充分的前提

---

① John Dewey, *Liberalism and Social Action* (1935; New York: Perigee Books, 1980), p.51.

② Yaron Ezrahi, Utopian and Pragmatic Rationalism: The Political Context of Scientific Advice, Minerva 18 (Spring 1980), 111-131.

③ James G. March and Herbert A. Simon, *Organizations* (New York: John Wiley & Sons, 1958), p.139.

④ Ibid, 140-141.

⑤ Herbert A. Simon, *Administrative Behavior*, 2nd ed. (New York: Macmillan, 1961).也可见他的 Rationality as Process and as Product of Thought, Richard T. Ely lecture, American Economic Review 68 (May 1978), 1-16.

⑥ Charles E. Lindblom, "The Science of Muddling Through," Public Administration Review 19 (Spring 1959), 79-88.

与实践。公共政策的价值观和目标必须在适当评估可供选择的政策之前就澄清，这种政策制定是在手段——目的分析框架内进行阐述。这样一个框架，假定了分离目的和手段的可行性，如此，当最佳且最有效的手段得到给定目的认同和应用时，最终一个政策将被认为是好的。相比之下，林德布罗姆坚持认为，不能从行动措施选择中区分出价值与目的，手段与目的是不易区别的，行动的手段和目的分析总是受到约束，这样制定政策的综合方案就是不实际的[1]。与普遍工具理性的相比，林德布罗姆认为，决策与其说是行动理论的应用语境，还不如说它是一个实用主义的“蒙混过关”语境。后来，在戴维·伯雷布鲁克(David Braybrook)(1963)[2]的一本出版物中，林德布罗姆进一步阐述这个主题，他承认了赫伯特·西蒙对于从“最大化”到“满意度”作为决策标准的让步，以及波普尔对大规模理想社会构建的批评的影响[3]。作者承认，西蒙和马契的满意决策模式是
一种适应，是在问题复杂性之间的差异与人的心灵能力之间的适 265
应。有限的认知能力和昂贵的搜索，就像波普尔的“头痛医头，脚痛医脚工程”。“解决难题”的方法忽略了人类认知能力的限制，他们对其进行了批判。因为这种方法未能认识对行动者来说信息的不足，这种方法缺乏对固有价值的鉴别，以及对事实和价值强行分离的不可能性的认识[4]。同样，社会心理学家和认知科学家指出了其局限性。如丹尼尔·卡里曼(Daniel Kahncman)、埃姆斯·特沃斯基(Amos Tversky)和欧文·贾尼斯(Irving Janis)。他们指出了个体，

---

① Ibid.

② David Braybrook and Charles E. Lindblom, *A Strategy of Decision* (New York: Free Press, 1970).

③ March and Simon, Organizations; and Karl Popper, *The Poverty of Historicism* (London: Routledge & Kegan Paul, 1961).

④ Ibid., pp. 42 - 52, 61 - 79.

以及团体决策者作为理性信息处理器和情景判断者的局限性①。

为了在公共事务的情境下减少"难题解决"这种方法，也为了使工具方向适应新的认知，因此限制与复杂性施加到解决集体选择的问题上。这场运动最重要的智识影响之一是肯尼斯·阿罗(Kenneth Arrow)的分析，这种分析是针对从多样化的个人偏好中构造福利函数的困难性②。尽管阿罗定理具有有限的实际相关性，但广泛认为它破坏了规则或技术存在的信心。它从众多个人喜好中构建一个多数群体的喜好，它符合技术的算法程序，这样可以在不否认自由-民主个人主义的前提下引导社会的选择。

对于从个体理性的选择到集体理性的选择，这种不断进步的知识怀疑，触及了自由-民主政治最敏感的前提。如果分析这种转变是有问题的，那么公共政策就不能像自由-民主预设那样工具化。早在1954年，亚伯拉罕·佰格森(Abram Bergson)指出，阿罗定理"显然有助于福利经济学的设想——采取科学的'集体'决定，通过公职人员补充其他公民的价值观——不一致的社会秩序偏好可以发现，作为一个官方社会福利的标准③。晚些时候，阿罗本人暗示，没有能力达成行动方针的一致，就可能导致"民主瘫痪。"④在1973年，他补充说："不可通约性和人类欲望和价值观的不可交流性"，"个人喜好汇总起来……(愿望)导致

① Amos Tversky and Daniel Kahneman, "Judgment under Uncertainty: Heuristics and Biases," Science 185(1974), 1124-31; Amos Tversky and Daniel Kahneman, "The Framing of Decisions and the Psychology of Choice," Science 211(1981), 453-458; Irving Janis, *Victims of Groupthink* (Boston: Houghton Mifflin, 1972).

② Kenneth J. Arrow, *Social Choice and Individual Values* (1951; New Haven, Conn.: Yale University Press, 1975).

③ Abram Bergson, "On the Concept of Social Welfare," Quarterly Journal of Economics 68 (May 1954), 233-252 (cited in ibid., p.107).

④ Arrow, Social Choice and Individual Values, p. 120. 也可以见他的"Values and Collective Decision-Making," in Philosophy, Politics and Society, eds. Peter Laslett and W.G. Runciman (Oxford: Basil Blackwell, 1967).

一个悖论”,尝试的可能性,都表明“集体理性”[①]不能完全一致。 266

计算工具方法应用到公共政策制定或公共管理的可行性受到了质疑,而这些质疑的效果进一步与逐渐增长的担忧相混合。这种担忧是关于技术上没有问题的选择带来的意想不到的社会和政治后果。1970 年,罗伯特·海尔布隆纳(Robert Heilbroner)指出,在公共政策中应用经济分析受到了限制。这种限制来自于,不论经济学家还是任何人,都可以预测任何程度的经济变化带来的社会或政治的影响[②]。为了使经济分析更切合实际,他建议经济学家尝试去整合经济学和政治学关于公共政策选择的分析方法。

1964 年,在亚伦·韦达夫斯基具有影响的《预算过程的政治》[③]一书中,提出了一个关于公共政策必要政治维度的具有启发性的观点。韦达夫斯基的基本论点是,美国预算过程揭示了持续多次调整和妥协,在此之间争夺利益的政治逻辑,而不是基于理性的分析和计算技术的功能逻辑。在 20 世纪 60 年代,逐渐认识到,“政策制定总是涉及谈判,而不是寻求明确的‘最佳’解决方案”;这就是说,政策产生于交

---

① Kenneth Arrow, The Limits of Organization (New York: Norton, 1974), pp. 24 - 25. 关于理性群体决策可以从个人偏好的数据构建。还提出了满足“帕累托最优”的需求,没有个人职位变糟,就没有个人的进步。Howard Raiffa, *Decision Analysis* (Reading, Mass.: Addison-Wesley, 1970), pp. 199,203,208,218,229,233,237. 强大的批评,毫不含糊地固定一个这样的观点,始终与自由主义价值观一致。更普遍的社会选择理论的基础分析的可能性摇摇欲坠。开始怀疑凯恩斯主义药方的技术价值或经济问题。只有少数试图协调民主管理集中统一的福利国家,智识发展似乎越来越站不住脚。见 Amartya Sen, “The Impossibility of a Paretian Liberal,” Journal of Political Economy 78 (January/February 1970), 152 - 157; J. Elster and A. Hylland, eds., *Foundations of Social Choice Theory* (New York: Cambridge University Press, 1986); Thomas Schwartz, *The Logic of Collective Choice* (New York: Columbia University Press, 1986).

② Robert L. Heilbroner, “On the Limited ‘Relevance’ of Economics,” The Public Interest 21 (Fall 1970), 80 - 93.

③ Aaron Wildavsky, *The Politics of the Budgetary Process* (Boston: Little, Brown, 1964).

互作用,而不是对选项的理性分析[1]。公共决策被视为“多元调节”的一种形式,而不是理性的指导和管理过程,因此科学的研究失去了先前的光环和政策的针对性。政府决策的议价模型和作为政治复杂系统的官僚机构的感知,处理内部冲突以及通过妥协和让步的政策问题,自 1960 年代以来都获得了接受,改变了在政策制定的背景下研究重要性的普遍看法[2]。

在《可用的知识:社会科学和解决社会问题》(1979)中,大卫·科恩(David Cohen)和查尔斯·林德布罗姆把新方法的许多元素合并成一个连贯的陈述。这一陈述推崇用一种新方法来代替分析方法,这种方法不再将专家看作是“问题解决者”,而是看作政策制定者和他们所在的社会、政治和组织环境之间复杂作用的推进者。对“超理性”的批
267 判意味着批判普遍解决问题的策略,例如“政策分析”,“系统分析”,“成本效益分析”,和“计划预算”,作者更倾向于“实际判断”的灵活性和多功能性。可以肯定的是,他们没有建议将分析解决问题完全抛弃,而是通过接近与处理问题的相互模式来补充与修正[3]。政策制定过程在固有政治方面的重新认可,还鼓励了科学咨询新策略的发展与政策制定研究,如“评价研究”,这是更兼容的政策观点,是竞争的利益

---

① *The Behavioral and Social Sciences*: *Outlooks and Needs*, *National Academy of Science Report* (Washington, D.C.: National Academy Press, 1969).

② 对于这方面的发展评估见 J.S. Coleman, *Policy Research and the Social Sciences* (Morristown, N.J.: General Learning Press, 1972); Ezra hi, “Utopian and Pragmatic Rationalism”; Graham Allison, *The Essence of Decision* (Boston: Little, Brown, 1971); W.J. Barber, “The U.S.: Economists in a Pluralistic Policy,” in Economists in Government, ed. A.W. Coats (Durham, N.C.: Duke University Press, 1971), pp.1978 - 79; J.D. Steinbruner, *The Cybernetic Theory of Decision* (Princeton, N.J.: Princeton University Press, 1974).

③ Charles Lindblom and David Cohen, *Usable Knowledge*: *Social Science and Social Problem Solving* (New Haven, Conn.: Yale University Press, 1979), p.100.

之间相互作用不断变化的结果[①]。

通过理性机构对最佳选项的系统选择，不是一个站得住脚的或可行的方法，在公共事务的情景中提出的这类问题不能完全解决[②]。不过，根据战后乐观工具主义的观点，积累的失败和失望的纪录势必增强一个保守怀疑者的情绪[③]。1968 年，爱德华·班菲尔德(Edward Banfield)写到，社会科学家倾向于推荐的这类措施在政治上可能不可行，政府似乎用“不正当的倾向”来选择措施，借助社会科学的分析，功能上很可能是站不住脚的[④]。然而班菲尔德认为，“什么代表有效处理的方式……(许多)问题主要是美国政治制度的美德和美国人的性格。”[⑤]如果早期的自由主义批评政府干预公共事务，主要依据宪法和公民权利的争论。那么 20 世纪近几十年，通过对社会科学限制的智力支持，和他们对公共行动的非政治工具主义标准的能力，大规模政府干预的反对理由已得到支持。这些新方向转向了国内问题和政策的约束，还延伸到了那些关于美国将自由和繁荣带给世界各地的使命。到了 20 世纪 70 年代，越来越多的美国人开始认识到，“学会生活在一个多样化世界”的重要性，要克服美国自由-民主传统绝对化的倾向[⑥]。理性与政治自由逐渐被视为依赖于社会文化条件的变量。技术

---

① Coleman, Policy Research and the Social Sciences; Lee J. Cronbach et al., *Towards Reform of Program Evaluation* (San Francisco: Jossey-Bass Publishers, 1980).

② Bertrand de Jouvenelle, *The Pure Theory of Politics* (Cambridge: Cambridge University Press, 1963), p.189.

③ See Edward Banfield, The Unheavenly City (Boston: Little, Brown, 1968); and Daniel Moynihan, Maximum Feasible Misunderstanding (New York: . Free Press, 1970).

④ Ban field, The Unheavenly City, p.239.

⑤ Ibid., p.256.

⑥ Robert A. Packenham, *Liberal America and* the Third World: Political Development Ideas in Foreign Aid and Social Science (Princeton, N.J.: Princeton University Press, 1973), p. 191; Deepak Lai, The Poverty of “Development Economics” (Cambridge, Mass.: Harvard University Press, 1985).

和经济进步隐含了道德和政治上的选择，美国人既不能证明科学和技268 术的基础，也不能权威地拥护他们文化区域以外的任何地方[1]。

国外或是国内的行为和制度系统，承认它们所带来的道德和政治的复杂后果，并承认了科学和技术对破坏社会问题在非政治化和合理化上的限制。在 20 世纪 60 年代，那些承认"意识形态的终结"，特别是自我服务的社会学家[2]，本身就是一种意识形态，这种观点在 20 世纪 70 年代中期占主导地位。雷蒙·阿隆（Raymond Aron），作为 20 世纪 50 年代意识形态终结观点有影响力的支持者，在大约 20 年后，他指出自己在主要问题上曾错误地区分了意识形态和非意识形态阵地[3]。他认为这样一种误判是不太可能被重复的，因为自冷战以来，意识形态的讨论已相当丰富。"今天"，他观察到 1977 年，"当代社会的根基遭受争论"[4]。但是，我认为没有理由回复阿隆对意识形态与非意识形态地位区分的批判，也不应回复他对于社会和政治秩序竞争观点正在进行争辩的观察。伴随着社会科学自身的让步，人们日益认识到，公共问题没有非意识形态的地位，这种认识已经破坏了社会科学家早期作为一个值得信赖的、冷静的寻求真理的、客观考虑的外部代表的形象。

作为美国科学和政治领域最重要的学者，以及关于政府过程中的科学知识可能整合的前乐观主义学者，唐·K·普赖斯的观点反映了 20 世纪后期怀疑主义通过科学来指导和改进早期的政治梦想。他承

---

① See Irene L. *Gendzier*, *Managing Political Change*: *Social Scientists and the Third World* (Boulder: Westview Press, 1985).

② C. Wright Mills, "Letter to the New Left," New Left Review 5(1960). 也可见 Chaim 1. Waxman, ed., The End of Ideology Debate (New York: Funk and Wagnalls, 1968).

③ Raymond Aron, "On the Proper Use of Ideologies", Culture and Its Creators, eds. Joseph Ben David and Terry Clark (Chicago: University of Chicago Press, 1972), p. 14. 也可见同卷 S. M. Lipset, "The End of Ideology and the Ideology of Intellectuals," pp. 15 - 42.

④ Ibid., pp. 5,9.

认，"我们失去信任的不仅仅是政治改革的早期原则和对总统领导力的信心，而且是我们用理性科学方法的信念来处理公共问题的方式。"[①]这种情绪已经表达在一种制度上，这就是美国政府科学顾问的影响力在不断降低[②]。

尽管，西方的现代政治史揭示了这样一个记录，即周期性的反工具主义、反理性主义抨击科学控制公共政策，以及定期地将政府决策 269
与科学和技术的考量相结合的尝试。但是，至少对于我来说，对 20 世纪后期的公共事务中运用的科学和技术的批判范围和深度，表明了一种趋势不可逆的可能性。在这种情况下，公共政策制定的"再政治化"似乎要与发展中的科学理性与自由-民主政治联系在一起，这种发展表明了一个转折点的可能性，而不是一种摇摆不定的运动。

现代科学与旁观者的分离

到 20 世纪接近尾声的时候，我认为就像几个世纪之前的艺术或宗教的私有化那样，文化和科学实践之间的内部发展与外部的社会政治环境的互动，都促进了科学的私有化。前面我讨论了一些发展，比

---

① Don K. Price, *America's Unwritten Constitution* (Baton Rouge: Louisiana State University Press, 1983), p. xiii.

② William T. Golden, ed., *Scientific Advice to the President* (New York: Pergamon Press, 1980), p. 214.（根据美国总统理查·尼克松在白宫科学顾问架构上的政教分离等因素的影响，见 p. 213.）也可见 Herbert Ⅰ. Fusfeld and Carmeia S. Haklisch, eds., Science and Technology Policy Perspectives for the 1980s, Annals of the New York Academy of Science, vol. 1 (1979); and Harold Orlans, "Academic Social Scientists and the Presidency: From Wilson to Nixon," Minerva 24 (Summer-Autumn 1986), 172 - 204. 奥尔良描述历史的学术性社会科学家在白宫一系列的失败公共政策的合理化。从我的角度来看，这将更适合诠释这方面的经验。成功地尝试了一系列社会科学，用行政部门的权力和权威来建立合法的政治。另一个例子是一门社会科学"失败"的"理性"原因，见 David Ricci, *The Tragedy of Political Science* (New Haven, Conn.: Yale University Press, 1986).

如涉及政治行动或集体行动的规范性、理想化基础的规范优势的增加，都影响了科学在民主政治独立发展下，科学本身在实践和文化里的位置。后者有同样重大的意义，因为向善论的民主政治文化支持体系下，科学的作用在下降。尽管现在重建和评估科学在实践、精神气质和社会知觉方面相关变化的范围还为时过早，特别是自 20 世纪中叶以来，我们已经可以注意到一些最突出的转变。它们包括对科学证实信念的下降，这个信念认为“世界”是一个可以观察的对象，且这种“看”是一个关于“知道”的公众行为，这就是说科学知识反映了客观现实，并且不受科学家们的利益、理论和工具的影响，科学知识是真实世界里确定的、客观的、根本上为真的表现①。我在这里同时也指出了，一种关于科学在普遍常识和有关普遍论述及行动的范围内发展、澄清和提炼“真理”的理念，对于这种理念的不信任程度正在逐渐增加。

270 诚然，这样的信念，在 20 世纪之前的西方传统中并未出现问题。它们的力量足够持久，然而，为了鼓励对一种政治秩序的成功建构，为了与启蒙时代一些最闪光的理念相一致，自主的个人被视为公共话语和公共行动。这可能被非主观性、非政治性、自然的科学认证或社会事实来核准。

现代社会科学理论家，如迪尔凯姆和韦伯，尤其是 19 世纪后半期以来，旨在进一步加强科学规范的作用。从自然到社会科学的话语，坚持在现代自由-民主国家的公共领域文化空间延伸标准。对于迪尔凯姆来说，将社会世界作为科学可观察对象的理念是其根本原则。正如我所指出的，是为了保证个人自主与孕育于自由-民主秩序之间的和谐。

---

① 见这篇论文里有用的讨论，Richard Rorty, *Philosophy and the Mirror Metaphor* (Princeton, N.J.: Princeton University Press, 1979); Nelson Goodman, Ways of Worldmaking (Sussex: Harvester Press, 1978); and Thomas Nagel, *The View from Nowhere* (New York: Oxford University Press, 1986).

受孔德实证主义的影响，迪尔凯姆致力于建构一个建立在物理学作为以客观事实的科学为基础的一门科学社会，这种社会将取代那种建立在对神话冷静观察为社会行动基础的知识[①]。

然而，在 20 世纪初的几十年以来，物理是最持久的社会权威的科学知识规范的表达。物理作为物理世界的知识，作为一种超然尚未观察的对象，无视权威经典观念的洞见或无视观察验证得到的知识。物理，从文化上确认“看到”就是“知道”的信念，即观察可以确认或证明关于什么是真实的错误断言，已越来越多地破坏检查所谓知识力量的信心。海森堡指出，“物理理论可以有不同于经典物理学的结构，只有当它们的目标不再是那些直接能感官的知觉，也就是只有当它们离开由古典物理学占主导地位的共同经验领域。”[②]他观察到，“我们必须承认，盲人可以学习和了解整个光学，即使他一点儿也不了解真正的光。”[③]这种没有视觉却能知道光具有讽刺意味的可能性表明，20 世纪历史进程的变化描绘了过时知识的启蒙隐喻。在科学进步的某些方 271
面往往涉及牺牲“自然现象迅速地、直接地被我们思维方式所理解的可能性。”[④]歌德、海森堡用一种感性的色彩理论观念来反对牛顿物理学。但直到一些现代物理学及其他现代科学的哲学和文化内涵，开始揭露系统观察逐渐精细化，将得出关于宇宙广泛、精确知识这一理念的无用性，这种理念证实了广泛的信仰。科学对完善常识的现实主义起到了作用，它作为一种客体来认识世界和行动模式。科学被认为是展示世界许多独立的个人感官体验凝结为一个公共意义的经验，然后可以充当权威来约束由社会领域的发言人和行动者所声称的有效性。

---

① 见第 7 章。

② Werner Heisenberg, Philosophic Problems of Nuclear Science, trans. F.C. Hayes (London: Faber and Faber, 1934), p.21.

③ Ibid., p.36.

④ Ibid., p.39.

当然，在这种更大社会背景下的科学权威被强化了。通过有意或无意的模糊的不连续性，“公共知识”的科学概念作为一种知识，它依赖于智识分离的严格学术规范应用。“公共知识”作为广泛共享信息的概念越来越普遍流行。

考虑到现代科学在文化上而不是在哲学上的核心地位，如果没有哲学验证的力量和证明的眼睛这个权威，认识世界设想为一个视图，科学家自己对知识来源的观察地位表示怀疑，证明视觉标准的下降势必在不同文化领域具有广泛影响。一个世界接受观察的主观化，赞同任何看到的行为是不是之前的观点，或有关自主的概念，但基本上不可避免的是一种解释性行为。可能不再支持狄德罗所声称的，如何从观察一个鸡蛋发展成为一种生物，能推翻所有学校的神学和宗教寺庙①。这样的一个世界，不再对埃米尔·左拉(Emile Zola)的现代小说家产生信任，作为一个冷静的、客观的观察者，遵从科学实验的方法，因为已经被诸如克劳德·伯纳德这样的科学家发展和证明了，扩展到艺术领域。他将丢弃左拉的观点，着重考虑观察的角色，“这仅仅是一个层次的问题，从化学到生理学上同等规模，然后形成生理人类学和社会学。实验小说结束了这一切”；也就是说，小说观察者“应该是现象的摄影师。”②在这样一个世界里，没有什么特别的信任被授予“科学时代”产生的文学。观察超越生产高度，传输“艺术通向真理”，
272 如巴尔扎克(Balzac)、司汤达(Stendhal)和福楼拜(Flaubert)所认为的，也不是画家的观念，如库尔贝(Courbet)、马奈(Manet)、德加

① Denis Diderot, “d'Alembert's Dream,” in Rameau's Nephew and Other Works, trans. Jacques Barzun and Ralph H. Bowen (Indianapolis, Ind.: Bobbs-Merrill, 1964), p. 101.

② Emile Zola, “The Experimental Novel” and “Naturalism in the Theatre,” in Documents of Modern Literary Realism, ed. George J. Becker, (Princeton, N.J.: Princeton University Press, 1963), pp. 162-229.

(Degas),他们使用照片以延长纪实绘画艺术的视觉规范[①]。这种对视觉主观化的理解会质疑作家培养的概念。例如,林肯・斯蒂芬斯指出,揭发丑闻是一种对幻想的揭露,"追踪真理"来提供"一种政治科学的基础。"[②]这也否定了批评者提出的要求,如C・K・奥格登(C. K. Ogden)、I・A・理查兹(I. A. Richards)和公法学家斯图亚特・蔡斯(Stuart Chase),分享信仰不偏激地观察客观世界的力量,通过幻想和虚构语言的使用规则,并加强话语的责任[③]。

20 世纪末,在科学知识和常识之间、在专业的证据和世俗概念之间,出现了越来越明显的裂痕。这一裂痕在广泛的社会背景下,已经不可避免地贬低了科学作为一种促进文化资源的重要作用。尊重事实报告的优越性和"客观"观察作为关于世界有效声称的要求。海森堡指出,"我们的实验是不是浑然天成,但在研究的过程中通过我们的活动而自然发生改变和转化。"[④]二分法被经典物理学隐含了客观和主观之间的经验,没有再持续下去,因为它变得很明显,"客观世界"的科学构建"是我们积极干预的产物,"[⑤]看到本身不是一个自动机械的镜像,而是"制造世界"的一种方式。以这个新的角度来看,视线的力量作为公共知识的比喻完全地颜面扫地,世界的概念作为我们观察的既定对象,把规定统一的约束强加给什么可以令人信服地断言,什么可

---

① Linda Nochlin, Realism (New York: Penguin, 1971), pp. 40 - 45.

② The Autobiography of Lincoln Steffens, vol. Ⅱ (New York: Harcourt, Brace & World, 1958), p. 389.

③ C. K. Ogden and I. A. Richards, The Meaning of Meaning (London: Routledge & Kegan Paul, 1923); Stuart Chase, The Tyranny of Words (New York: Harcourt, Brace, 1939).

④ Heisenberg, Philosophic Problems, p. 71.

⑤ Ibid., p. 68. See also Peter Galison, "Bubble Chambers and the Experimental Workplace," in Observation, Experiment and Hypothesis in Modern Physical Science, eds. Peter Achinstein and Owen Hannaway (Cambridge, Mass.: MIT Press, 1985), pp. 309 - 371.

以是明智的或几乎已完成的。海森堡总结,“在科学上,我们越来越认识到,我们对自然的理解不能够以一些明确的认知来开始,认为它不可以建立在诸如岩石一样的基础之上,而所有的认知,可以这么说,悬浮在一种深不可测的深度之上。”①

修正直接与自然接触的早期科学实验的概念,到 20 世纪末科学历史学家和社会学家已经更多关注于结构实验中的复杂理论、认识
273 论、语言、修辞和技术的因素所扮演的角色②。例如,爱因斯坦,批评某些明确认知存在中的信念,作为一种“坚如磐石般的基础”的科学理解,他认为“我们必须使我们的心灵接受这样的事实,(物理理论)的逻辑基础从越来越多的经验脱离出来”。我们经常被迷惑,在什么是“看到”与什么是“发生”之间进行错误区分。正如我们知道的自然的概念,并不是一个独立的对象,而是我们“内部”与“外部”之间相互作用的产物,我们还发现杜威的断言里有关知道的改变模式,知道从作为一种“外在的看”到“积极参与正在变动的世界中。”③

从历史角度反思这一转变,斯蒂芬·图尔明(Stephen Toulmin)指出,“20 世纪的科学发展,在许多方面挑战了科学家可以不断接受一个完全独立的态度,甚至为自己的科学目的而提出任何假设;由此,我们现在正进入一个科学思维的新阶段,不同于 18、19 世纪的科学,就像 17 世纪的‘新哲学’不同于文艺复兴之前的经院哲学一样明显。”④

---

① Ibid, p.117.

② David Gooding, Trevor Pinch, and Simon Schaffer, eds., *The Uses of Experiment* (Cambridge: Cambridge University Press, 1989).

③ John Dewey, *The Quest for Certainty* (New York: Putnam's Sons, 1929), p.291.

④ Stephen Toulmin, The Return to Cosmology: Postmodern Science and the Theology of Nature' Berkdey: University of California Press, 1982), p.231.科学实践改变视角的例子,也可见 Karin D. Knorr-Cetina, *The Manufacture of Knowledge: An Essay on Constructivist and Contextual Nature of Science* (Oxford: Pergamon Press, 1981); Bruno Latour and Steve Wool gar. *Laboratory Life: The Social Construction of Scientific Facts* (Beverly Hills: Sage Puohcarions, 1979).

但我们为什么要认为，这种转变在知识界是有限的思考和理解。这就是图尔明、杜威，描述为知识观众概念的衰落，在较大社会背景下科学“私有化”有任何含义吗？现代物理理论至少不是与之前的物理学一样严谨和普遍吗？难道我们知道，虽然看到的思考和观察模式的依赖程度还没有得到足够赞赏，直到最近——当它更多地体现在现代物理学背景中——从未有过这样的事，科学实践基于完全中立和超然的观测，通过概念、选择性的认知能力和兴趣？

然而，这一点，即使近期知识观察者理论的衰落没有破坏科学的内部基础及其实践，甚至这方面隐含的发展主要被相关者所理解，这些相关者由一小部分实践科学家、哲学家和科学史家所组成，它具有间接的文化和社会影响，更广泛的共鸣削弱了形象的权威和比喻，在 274
自由-民主政体下调解早期思想和政治科学的输入。因此现代物理学家所提出的问题关于信念的不充足，观察者和客观世界之间明显的区分弱化了构造“世界”的文化和修辞力量，把它作为我们外部的客体，可以从一个遥远的和超脱的角度来知道和看见，作为物理宇宙和其他“客体”的话语和行动前提①。

当科学的实践、科学家的方向以及科学知识的哲学或历史概念，似乎不再支持这样的看法：这个世界是一个可以通过观察被认识的独立对象时，通过动态和理论上调控真实的科学概念，是有外行建立的，对科学能力提出质疑，它变得更加难以部署和维持现实的比喻，作为一个物理对象和视觉方向的互补权威，在社会政治领域来证实一个客观实在的存在并证明这样一个客观存在的现实。如果凝视的状态受到质疑，作为一种知识来源的物理宇宙，作为社会与政治权威来源变得更加脆弱。

---

① Nagel，The View from Nowhere.

这样的发展不仅质疑了作为可观察事实的客观世界的一面镜子的科学知识的早期概念，而且质疑了西方文化更加基础的传统承诺和预设，例如神话和现实之间或谎言与真理之间的明显区别，以及建立在这种区别之上的历史变迁。它是战略、文化和政治功能的信念，科学证实这些基本区别，导致了在科学社会学上的理解的改变，因此加载在更广泛的社会文化领域的影响，包括政治。主要归因于科学证实的假设，神话与现实之间的区别体现了关于对现实的理性话语规范，有别于神话和幻想主导的方向，科学家们可以作为我们的文化先贤和
275 评论家起到作用。这是因为这些早期声称科学家文化权威的新的质疑，在20世纪的过程中已贬值。如果科学家们以前以“真实”世界客观知识的名义批评宗教、神话、意识形态和诗，或是系统的观察可以“给予”我们一副真正的宇宙图景，抨击团结、普遍性和自治的现实世界已经伤害了他们的要求，代表中性、广义的话语标准和行动有别于特别的神话和意识形态领域。难怪科学家之间关于物质和知识性质内部争论，如争论关于量子力学的诠释，已经被社会认为是具有文化、社会和政治重要的普遍意义。这是很自然的，因此，科学家们已经意识到，从科学的角度看世界的变化和公众的期望与科学实践之间日益拉大的差距，可以保证他们对更广泛的社会文化影响的渴望。例如，早在20世纪50年代初，詹姆斯·科南特(James Conant)认为有必要帮助公众认识到来自认知的幻灭，科学理论并不像是世界的“图片”①。海森堡和爱因斯坦也关注。海森堡的特别关注从现实中区分幻想的潜在本能丧失，虚无主义的危险②。爱因斯坦关注的是来自“观感的背景”非常抽象的语言，这就使得语言变得更自由抽象，

---

① James B. Conant. Modern Science and Modern Man (Garden City, N. Y.: Doubleday, Anchor Books, 1953), pp. 35 - 36.

② Heisenberg, Philosophic Problems, pp. 117 - 118.

从而成为更有力的“推理工具”，亦是“将语言转变为错误和欺骗的一个危险来源。”①

在客观和依赖于描述、解释和推理的普遍约定的意义上，科学仍然是一个公共知识的事业，但损失在于应该与共享和严格纪律的视觉感官体验相连接，造成了它的衰落，作为文化意义的一种公众事业，以及支持“观察”与“被观察”逐渐衰弱，作为现代自由-民主国家的公共领域不言自明的组成。当然，这样的科学，作为一种认识论的私有化事业，由于其具有隐晦知识的形式因而在修辞上易受到攻击。科学的授权作为纯粹分析视觉规范的标准模型，知识的一种形式采用了观察外部客观事实的中立记录，这相当于，加强民主公民观察的私有化。扩散的意识，看到的是一种解释和建构的形式，不是简单的镜像，这个 276
世界支持并加强了在更广泛的政治背景下大量视觉交流，具有创造力和解释的特征逐渐受到欣赏。

现代自由-民主政治视觉文化的主要特征的转变与科学的转变之间具有联系，如果我们把现代科学观众的衰落影响与现代艺术观众变化进行比较，这种联系的一些主要特征就可以进一步澄清。比喻或具象艺术普遍意味着，观察者在与观察事实充分一致的基础上来判断艺术作品。当然，代表的准确性和现实主义，不一定是标准本身的审美价值。不过，艺术修辞的中心，也就是中央，在更大的社会中艺术作品的说服力。现实主义、代表性、形象化的艺术留给观众一些评价艺术作品的线索。他或她可以证实古斯塔夫·库尔贝描绘法国农民的准确性，或者核实土豆还是苹果在塞尚的画作中是否像“真正的”土豆和苹果。表征修辞的艺术意味着，观察者在“真实”的生活方面是具有视觉体验的，这与对图像的判断是有关系的。

---

① Einstein, “The Common Language of Science,” pp. 111 - 112.

从最一般的意义上说,科学实在论假设来看,科学理论是关于什么是真实的故事。科学发现并不是发明创造,而是像图片一样,科学理论可以在某些方面判断为真或假的陈述。当海森堡或爱因斯坦丢弃眼睛的权威来判断科学理论或认识世界,他不否认,科学理论是客观的,而不是随意的①。这并不是说他们声称的是可以理解的,主观的或相对的,科学家声称的关于世界的"客观性"并不是授予或拒绝参照其视觉性能。他们否认的是不严谨的科学知识的可能性,而是建立权威的视觉见证。事实上,考虑相关的科学主张确认或否认是广大公众平常不可接触的,并不一定创造科学实践的知识问题,但它影响了政治话语和行动有关的科学和规范性地位的说辞。

从具象到抽象艺术的转变影响有很大不同,首先,与抽象的科学
277 不同,抽象艺术不一定致力于规范的客观性。相反,浪漫的张力和前卫艺术的实验精神,赞美了对主体性和不可表象性的培养和探索②。然而,印象派画家仍致力于表象世界的价值,他们强调画家的个人观点的重要性。在梵高的作品里,例如,陈述世界塑造独特的主观情感的镜头③。现代艺术从强调"真理性"逐渐转变为强调个人内在世界的表达④。E·G·贡布里希(E.G. Gombrich)指出,"艺术似乎仍允许随意性和个人的怪癖,甚至得到承认和珍惜。"⑤迈耶·夏皮罗(Meyer Schapiro)说,同样,"艺术给予更大的价值的是艺术家,而不

① 当然,虽然"客观"的术语源自视觉文化,承认主体和客体之间的对立,然而它用在这里是说明更广泛意义上的质量证明。

② Rcnato Poggioli, *The Theory of the Avant-Garde*, trans. G. Fitzgerald (Cambridge. Mass.: Belknap Press of Harvard University Press. 1968); Jean-Francois Lyotard, *The Post-Modem Condition: A Report on Knowledge* (Minneapolis: University of Minnesota Press, 1986).

③ E.G. Gombrich, *The Story of Art* (*London*: *Phaidon Press*, 1951), p.418.

④ Ibid., p.432.

⑤ Ibid., p.445.

是外在世界。”[①]归因于艺术家内在现实的最重要的是一种意味着“交流似乎是被故意阻止的”的势态，完全不同于在科学背景之下。

但在同样的自由-民主的社会之中，已给予了现代艺术的自主性来明确表达个人自由、独特性和创造力的价值，自主权已赋予科学更严格的目的来实现主观性转变和个人主义转变的价值，例如知识、理性和客观性的增进。然而，自由-民主社会中的艺术，享有了表达和象征个体自我的完整性权力，而科学享有象征知识的理性和客观性的任务，这些都是公共领域的主要文化建构要素。然而，艺术家对于公众仍然认为艺术是个人事业不需要负任何责任，相反，如果科学家违犯了在自由-民主社会中科学的自主性，则会被认为是一个离经叛道者[②]。

我上面提到的，作为科学的私有化，与早期世纪艺术或宗教的私有化是不可比的，在这个意义上，信仰或美的问题已经成为私有化，分别作为个人信念或审美。科学理论的地位并没有留给审美或宗教主张的私人意义上的个人判断。科学的私有化与艺术和宗教

---

① Meyer Schapiro, *Modern Art*: *Nineteenth and Twentieth Centuries* (New York: George Braziller, 1968), p.223.

② 作为科学真理知情证人的观众作用下降，不能“平衡”他们转换成业余科学家。不信任世界科学观察的对象概念，意味着作为公共知识的一种形式，从科学的理想回归为另一种社会启蒙运动之前变异的深奥知识。当然，自由社会的“科学研究”的术语使用，表明一个非常宽松的定义，可能涵盖了几乎所有的事实简单集合。此外，注重从“知识”到“信息”的转变，以此为基础，理性的决策和行动意味着转向一个更具包容性的能力概念。知情社区是相当广泛的社会渊博知识。在社会学方面知识和信息之间的差异，见 Robert K. Merton, *Social Theory and Social Structure* (New York: Free Press, 1968), pp.493 - 500.但是，重要的是要强调，作为一个高度组织和技术要求高的活动，科学比艺术民主化的压力更抵制，在这个意义上，要扩大接触和参与。因此，作为一个权威的旁观者见证作用下降，而作为一个权威的证人，要求科学家和观众的作品与索赔下降来抵消增加，从而获得更松散定义的“产学研”活动，相当于“艺术”转变为“艺术品”。此外，不同于艺术的经验，科学研究或科学知识不能被单独主观化。在科学的背景下，“私人知识”或“主观的研究”是一对矛盾的术语。

早期私有化相比而言，科学并不能像信念或审美那样主观化地去渲
278 染知识，它们关乎的是个人判断，但是在更严格地层面上，科学可以作为公共领域建构的一个重要的文化和规范基础，也可以作为公共话语和公共行为的普遍标准的来源或典范。旁观者地位的下降和在科学背景下观察作为认识行为的“再问题化”，已经在文化意识层面为科学的私有化做出了贡献，同样，基础研究的商业化作为民营企业公司的一部分，也为科学的私有化以作为机构意义上的一种活动做出了贡献。

因此，虽然科学并没有主观作为自我孤域的一种事业，但它作为一个主要的文化建设块，已瓦解了民主的公共领域建设，在 20 世纪后期的民主，把科学作为一种竞争风险的资源，这种趋势在增长，例如经济和工业增长或军事冲突。科学越来越少地作为一个有内在价值的普世性的文化活动，这反映了公共政治对话和行动的启蒙模式在衰落。鉴于政治象征性的平衡要求，我建议，集体行动不能冒犯多样化和深刻的异构观众，行动作为一系列精心策划的姿态，比解决具体问题为指向的功能性行动更充分。这样的设置，不再有中立或客观的观众或证人来判断透明表演的有效性。作为一种表演，政治的聚焦不再是代理和现实之间的相遇，而在关键观众——能够分离与吸引公民社区。这是表演者和观众之间更直接的互动，通过行动直接朝向真实的现实。在这一过程中的互动，表演者和观众彼此面对与转换位置。领导人和公民在这个过程中利用大众媒体作为分享象征性平衡的解释，用以修补政治上的有效行动作为公共姿态的边界①。

① Daniel Dayan and Elihu Katz, “Performing Media Events,” in Impacts & Influences, eds. J. Cur ran, A. Smith, and P. Wingate (London; Methuen, 1987), pp. 174 - 197.

汤姆·斯托帕德(Tom Stoppard)的剧本,政治表演的观众变形成演员,作为场面的观众,由此政治作为表演的性质发生了深刻的转变[1]。在这种情况下,演员的视角往往会黯然失色并与作为观察者的 279
视角部分重叠。虽然工具性行动,把政治划分成能胜任的表演者与观众或目击者,行动作为现代民主均衡的象征,更趋向于通过民主来模糊区分进入与参与。因此,这样的行动,政治场面的观众更加意识到自己的权力和影响力的公共活动,更关注重要表演者声称的限制,在公共舞台上更果断支持或反对他们的行为。这个过程减弱了主要演员的力量,激励他们在工具技术术语中行动的合法。通过比较早期自由-民主视角的"英雄"政治表演,这里的公共行动被指为不朽的历史任务,对太空、疾病、贫穷的征服,20 世纪后期的自由-民主国家的演员常常看上去是小角色。与其说是因为优秀领导人已经灭绝,还不如说是因为合法的公共行动参数已经深刻地改变了。与强大的前人对比,20 世纪晚期的民主领导人经常像塞缪尔·贝克特(Samuel Beckett)那样:行动和话语连贯性的分解,现代个体作为一个有决心的行动者的破碎。然而,我们所观察到的,是一种新的政治行动,不能通过早期时代的标准来充分判断。

科学和技术从自由-民主政治公共领域的文化空间里撤退,这与表面观察到的世界真实客体的显化相连接,这一连接能够规训话语与行动。这表明,现实力量作为相互竞争的主张和行动中的社会信任的客观分布普遍易接受标准在下降。虽然民主政治依赖的前提是政治本质上是透明和可见的,通过外部的公共事实来检查政治话语和行

① Tom Stoppard, *The Real Inspector Hound* (London: Faber and Faber, 1970). 我要感谢斯蒂芬·图尔明本的参考和比喻。见 Toulmin, *The Return to Cosmology*, pp. 237 - 238. 遥远和被动的观众为摆脱其隔离的能力,进入公共事务的空间,出现在电视屏幕上的演员。其实,20 世纪晚期民主革命最强大的象征意义表达在东欧。

动，20世纪后期美国民主的视觉文化不再作为一种文化建构的世界，视觉上确定的对象。虽然视觉体验仍然寄希望于我们的文化，这种文
280 化具有非凡的力量，能够给予观者已经目睹或接触真实的、真理的、道德的、情感的和审美的反应的感觉，这种反应是被视觉体验的并且似乎较少受到那些将世界视为一些事实、原因和效果的断言的限制。

可以肯定，普通市民缺乏基本知识或技能直接欣赏这样的转变。但是，一旦它在智识上建立，知识不仅仅是客观现实的一面镜子，而是主体和客体相互作用的产物，通过相互塑造和“编辑”对方[1]，科学家不能——没有出现虚伪或无知——恳求科学形象的修辞能力，作为一个跨越历史，穿越社会现实的镜子，为了在社会政治背景下，非政治化、非历史的言论和行动的有效。一旦解释功能出现固有的任何科学要求，科学的权威检查或批评为“不科学”战略的解释，在更广泛的社会文化领域受到严重限制。如果不抛弃那些对知识作为世界中立反映的概念的正确性产生严重怀疑的受尊敬的哲学和历史观点，以及那些强化我们对科学知识作为其历史性的局限的赞赏的受尊敬的哲学和历史观点，20世纪后期的科学知识分子就不能捍卫18、19世纪——甚至20世纪早期的概念，如“客观性”、“理性”和“真理”[2]。

当然，一些重要的尝试，认为一个常识报道或描述世界的“事实”的共享语言，当面对更加独特的理论化的和可评估的承诺时可以保持

---

① 对于科学死亡“反应”的社会行为的凝视效果，见“The Hawthorn Effect,” Fritz J. Roethlisberger and William J. Dickson, *Management and the Worker* (Cambridge, Mass.: Harvard University Press, 1939), p.61.

② 见 Thomas S. Kuhn, *The Structure of Scientific Revolutions*, 2nd ed. (Chicago: University of Chicago Press, 1970); Imre Lakatos and Alan Musgrave, eds., *Criticism and the Growth of Knowledge* (Cambridge: Cambridge University Press, 1970); Paul Feyerbend, Against Method (London: Verso, 1978); Latour and Woolgar, *Laboratory Life*; Martin J. S. Rudwick, *The Great Devonian Controversy*, (Chicago: University of Chicago Press, 1985).

充分的自治，这一承诺通过多样化的观察者来保证一个社会科学当中的科学论述的可能性[①]。然而，如果这个位置可以证实，它是不是足以抵消趋势的影响，社会和文化相对科学的要求。此外，即使认识到，科学在特定的社会历史语境下发展，没有破坏科学严格的智识要求，强调科学与背景之间的连接，似乎贫瘠了修辞权力，理顺和验证超个人和超政治的公共话语规范并采取行动。此外，理论多元化和智力谦卑已逐渐被接受，作为现代科学事业的合法功能，把严格的内在知识约 281
束施加到修辞力量，在社会或政治话语的背景下，科学家可以提出一个统一的现实概念作为更好的概念[②]。虽然工作的科学家和科学哲学家与一个国家的事务可以和谐相处，没有果断选择其中几个经常替代的理论，虽然他们可能同时采用不同的比喻对世界不同版本来描绘、创造与工作[③]，这样的情况使得学者和专家更加困难，在社会语境中授权的科学和技术标准。归根结底，如果没有外部语境和智力因素保证一个非政治性的公共“空间”内的所有政治主张和行动的自由-民主政体，测试不言自明的“客观世界的事实”，没有政治权威可以增强以任何外部政治制裁科学仍然是可以处罚的，也没有一家科学管理机构有效地对政治和意识形态设限制。

一旦观察被看做是一种方式，与其说是对客体世界的发现或接触，还不如说是对其建造或制造，一旦被动的观察者，他或她的目光接触到世界的记载或记录被替换，在 20 世纪晚期“视觉文化”的科学和

---

① 见 W. G. Runciman, A Treatise on Social Theory, *The Methodology of Social Theory*, vol. 1 (Cambridge: Cambridge University Press, 1983).

② 现代多元化现实的概念，见 Martin Hollis and Steven Lukes, eds., Rationality and Relativism (Oxford: Basil Blackweli, 1982); Goodman, Ways of Worldmakingi Imre Lakatos and Alan Musgrave, *Criticism and the Growth of Knowledge* (Cambridge: Cambridge University Press, 1970).

③ Stephen Toulmin, *Philosophy of Science* (London: Hutchinson University Library, 1962), esp. pp. 26 - 29, 60 - 61, 70 - 72, 77 - 78, 94.

自由-民主的政治，通过积极的、创造性的和深思的观察者，事实与虚构之间较早的界限，或在什么是“发现”和什么是“提出”之间，可以不被持续[①]。深思的观察者通过可互动来指导，而不是分析视觉的概念。他们更倾向于手势、符号和戏剧人物的政治行动和权力——包括自己作为公民——来塑造政治世界。深思的观察者似更敏锐地意识到，政治戏剧方面不仅仅是政治现实的可悲的越轨行为，而且构成了非常现实的政治。从这个新的文化角度来看，“真理”，“事实”和“知识”是赞赏民主的政治表演，他们的修辞策略价值和合法化仪式要多于改善实质性表现的工具价值。20 世纪后期深思的公民可共同归因于政治行动的姿态特征，以各种不同的原因，如大众传播媒体的影响，特别是政治领袖的样式，以及政治人物的特征。但通过理所当然的采取政治的这一特点，来使其制度化为一个社会政治事实。

从自由-民主的意识形态角度来看，这样的知识产权标准的“客
282 观”真理和“真实性”的政治参与或许是政治的自主性在我们文化中的最终走向。早些时候民主政治从不可见的宗教代理中解放出来，而现在民主政治也正在从一个引人注目的统一的、真实的、公开可见的现实的世俗观念中解放出来。

尽管政治已经逃离以“事实的”或“真实的”名义施加限制，但在 20 世纪，已经与极权制度联系在一起。无论是这样的政治制度，还是自由-民主国家近来的趋势，都表明如果政治的自治超越了这种限制，都是与民主价值观相对立的。在一种背景下，对事实和技术限制的排

---

① 对于试图捍卫古典自由主义政治的基础事实与虚构之间的区别，见 J. D. Barber, The Pulse of Politics: Electing Presidents in the Media Age (New York: W. W. Norton, 1980), esp. pp. 311 - 322. 也可见 Theodore Draper, “Journalism, History and Journalistic History,” New York Times Book Review, December 9, 1984, pp. 3, 32, 24; Yaron Ezrahi, “Science and the Civil Religion of Liberal Democracy,” in Civil Religion and Political Theology, ed. Leroy S. Rouner (Notre Dame, Ind.: University of Notre Dame Press, 1986), pp. 59 - 75.

斥，可能鼓励任意的言语和行动或增强极权政治，而在另一种背景下，可能与个人自由和自主权的极点的一种激进民主的抑制相一致。问题仍然存在，但是，在工具政治衰落之后会有什么样的生活。在一个激进异质的个人主义不再通过规范权威的公共文化来缓和的社会中；在一个科学和技术不再承担其早期限制什么是可以断言或扮演的角色的社会中；在一个作为可观察事实的政治被作为道德情操、情感体验和审美反应的政治所腐蚀的社会中；最后，在一个个体自我不能与公共的公民相均衡而只能被文化相对主义与知识怀疑主义的现代版本所强化的社会中；什么类型的民主政治将被凸显？

283

第12章

后现代科学与后现代政治

公共行动的工具主义示范的衰落，政治话语中机械论隐喻的贬值，以及社会向善论的政治转变为象征平衡的政治，意味着作为公共行动属性的连贯性变化。当合法的公共行动对混乱公共的期望与利益作出立即响应，行动的手势象征变得越来越有意义，因为这些行动变得工具性和功能性且减少了一致性与连贯性。

但在20世纪末，自由-民主政治的具体特征与其说是公共行动的连贯结构的实际下降，还不如说是公共行动的一个规范或一个理想。在20世纪晚期自由-民主政治的背景下，矛盾既不意外，也不是不可接受的。考虑到当代自由-民主政治的预设，公共行动层面的连贯性可能受到怀疑，因为不连贯或折衷主义表明，在文化和社会多元化的行为背景下对自由和平等适当尊重的存在。在早期自由-民主行动的背景下，在公共行动水平中一致性被解释为一只无形的手在工作中的一个标志，或无数自发和谐的个人行为，或作为非任意性的理性机构操作的一个标志。在任何情况下，一致性被视作一项指标约束"客观"存在的谨慎和专制的公共行动者。这是信仰的普遍性和中立的事实现实中存在的“中性宇宙”[①]，自由-民主政体出现这样的约束在政治上没有问题。20 世纪的最后几十年中，不连贯和不一致替代了大规模任意行动的缺失。在一个深受社会道德相对主义和认知怀疑主义影响 284
的社会中，连贯性往往代表虚假、关于知识和权威的站不住脚的主张、不可接受的权力运行。相反，不一致性似乎表示谦卑、对抑制主观性和多样性的拒绝，以及对于大量关于目的、原因和现实的概念的宽容。在一个公众行动的不连贯或不一致表明意识指向或指导缺失的社会中，公共领域的塑型与一个统一的综合结构[②]相比，更像是一个离散结构的折衷堆积，公共行为的连贯性将会倾向建议大量自由的入侵。因此，作为公共行动和政策的一个特点，不拘一格的多元化与相关多元化比起来，更符合当代自由-民主；它从政治行动领域里特定的想法、逻辑，或机构的支配中指出了自由的存在。一个后现代条件的主要特征是，提供了历史和社会的意义及方向感的宏大叙事，集体超越的故事，失去自己的信誉和合法权力。在新氛围没有特权的时间，没有特权的空间，没有特权的语言，没有特权列表中的“伟大的著作”，也没有特权的视野。当然，我们的多元文化、原教旨主义者、千禧年和一些“新保守主义者”仍致力于社会乃至宇宙的叙事。这样的观点是抵抗后现代主义的文化取向。后现代感不鼓励个人参与或见证，诸如自由的逐步抗争、实现司法理念、知识的进步、文明的行军，或任何其他宗教或世俗的救赎计划这样的史诗般的剧情。20 世纪后期，建筑学的视角提出美国的民主并不是建立在对自由、公正和美的共享理念基础上的、具有高度连贯性的城市规划。它更像是一个巨大的公寓，杂七杂八的多元化个体的世界[③]。

---

① 玛丽・道格拉斯使用“中性宇宙”的表达，见 *Risk Acceptability According to the Social Sciences*（London：Routledge & Kegan Paul，1986），p. 94.

② 见第 1 章。

③ 宏大叙事的衰弱作为一种体验文化统一的模式，见 Jean-Francois Lyotard，*The Post Modern Condition：A Report on Knowledge*（Minneapolis：University of Minnesota Press，1986）.

这种不拘一格的多元化既是一种理性的集体行动，引起自发聚集个人的选择和反对这样的反应，他们可能会导致计算由一个集中的权
285 力与特权来获取相关知识，包括市民喜好的知识。因此，它破坏了这两个连贯的多元化和民主执行民主集中制的想法：分散互动是与集体理性的行为和民主集中制的想法兼容的，民主化的政治行动者服从工具理性控制，确保非任意性、功能合理和公开可见测试的有效性。

如果在执行民主集中制的背景下，行动的技术或工具主义定义有助于通过下放问责来平衡集权，不拘一格的多元化的背景下，权力通过下放和知识碎片来检查，并进行了大规模使用务实和工具权力的政治任务。虽然在执行民主集中制问责的背景下，局限性确保了不可约的不确定性、可见的失败和错误，都强加于主要代理的自由，欺骗公众，并以“发挥它的安全，”在不拘一格多元化的背景下，不确定性在行动领域足够阻止运作的可能性，甚至通过那些愿意承担高风险的人来防御任何决定性的公共行动。虽然在执行民主集中制的背景下，行动者服从于能胜任的公共测试，但他们不能控制，在 20 世纪后期不拘一格的多元化下，民主控制大大减少了行为能力。碎片和短期的“生活预期”行动的政治任务，确保行动者不能对这个事情做太多的破坏或太多益处。在本质上，当代自由主义民主的特征的确是反工具主义“保守的无政府主义。”[①]自由并不是体现在实现秩序的想法，而是始于无序。不同于早期无政府主义变异，“保守的无政府主义”不拒绝社会向善论者的工具主义，因为它自发的和声和进步的信仰通过开明的合

---

① J. G. A. Pocock, *The Machiavellian Moment* (Princeton, N. J.: Princeton University Press, 1975), p. 545. 反映反工具主义的主要著作，比如 Robert Nozick, *Anarchy, State and Utopia* (New York: Basic Books, 1974); Richard Rorty, *Contingency, Irony, and Solidarity* (Cam-bridge: Cambridge University Press, 1989). 关于这种趋势的文化方面，也可见 Milan Kundera, *The Art of the Novel* (New York: Harper and Row, 1988).

作。“无政府主义”不是通过信仰自由的能力产生一个连贯的顺序，而是通过持怀疑态度，不是对不言而喻的信任而是通过伦理原则，不是依靠一定的知识，而是承认束缚的不确定性，来接受偶然性不可避免地存在。难怪这样的态度几乎不产生社会的乌托邦愿景。在 20 世纪后半叶，完美生活乌托邦愿景首要目标很少包含较大的社会，而主要的焦点是个人或小团体的生活[1]。乌托邦主义的主导流派是微观而不 286
是宏观的乌托邦。其理想的形式，与其说是一个实际或潜在的，压倒一切的理想秩序的想法，还不如说是当地一个微观乌托邦[2]的联邦。

这方面的发展是与大量上面提到的变化相联系的。这些发展包括：从改良主义的政治转变为象征平衡的政治，科学的私有化、“波西米亚个人主义”的蔓延或我称之为唯一性的民主化，对个人喜好汇入集体社会选择的限制的深入认识，追求工具主义有效性的公共行动来替代即时的情感、符号和审美满足与政治行为指示物的融合趋势，增加文化事务中的政治话语的运动，以及使科学、技术和专家权威的运动服从于更密切的批判的、伦理的和政治的审查。

一个关于公共行为的祛工具主义化被特别忽略的方面是，公共行为作为一种公共景象的转变[3]。然而，作为工具主义行动的代理人，公共行动者在视觉文化的框架中有代表性地承担了责任，在这种视觉文化中行动被当作可见的触觉事件，也被当作在一个知觉的公共空间中具有可识别结果的原因，祛工具主义的公共行为涉及在行动者、行动和观众之间关系的不同定义。当政治秩序被蓄意行动所雕刻，其概念就已经失去了它的力量，工具主义行动就不再自我合法化。当压力转

---

① Joseph Raz, *The Morality of Freedom* (Oxford: Clarendon Press, 1986); Benjamin R. Barber, *Strong Democracy* (Berkeley: University of California Press, 1984).

② 这种发展见 Yaron Ezrahi, "Science and Utopia in Late-Twentieth-Century Pluralist Democracy," Sociology of the Sciences 8(1984), 273 - 290.

③ 见第 3,4,5,6 章。

移到行为的手势符号方面，在同样的意义上公开观察到的事实就不再具有相关性。视线将不再构成使行为、事件或客体成为主体可知的手段，有望成为可知的对象；"民主"的眼睛不再是强有力的工具，也就是说持怀疑态度有鉴别能力的公民相信他们看到的政治代理人的行动并能使他们负起应负的责任。在这样一个宇宙，视觉感从可视的纪录片功能转化成一种手段，通过领导人和公民两者都参与公共行动的象征性建造中。正如我上述的建议，在这样的政治宇宙前的行动者和观众之间的区别是模糊的，两个团体加入到正在进行的象征互动的过程中。一旦分析视觉定位于行动导向，虽然不会被完全抑制，但会被"反
287 身性"视觉方向所广泛取代，观看者将比他们的前辈更意识到看见具有的建构创造的性质，并且将越来越倾向于抛弃摄影视觉代表一个客观现实的中立图片的主张，也抛弃了世界作为一个可观察的对象、一种视觉的互补的概念[①]。

更广泛的预期文化政治意涵已经成为重大焦虑的一个来源，这种意涵是关于在调解公共行动者的责任与他们行为的描述的视觉定位状态的腐蚀。自由-民主党，对意识形态和实践很敏感，把"客观事实"作为一个必要的基础来区分"政治现实"与"政治小说"、政客与煽动者、理性的说服与宣传、负责任的与不负责任的演员，以及民主与非民主的新闻，不能轻易妥协于似乎是他们政治宇宙的基石。然而，20 世纪后期自由主义民主的敏感性鼓励去怀疑任何的坚持，某些东西是引人注目的事实，而别的东西只是小说。神话与现实之间的二分法似乎更难防范这种氛围，现实的视角主义和建构主义概念是可敬的。它也付出了高昂的政治成本通过事实来坚持施加的约束，自由和平等的原

① 审美反映不可避免的"纪实摄影"，见 Susan Sontag，*On Photography*（New York：Dell Publications，1977）.

则和追求幸福的权利一直被延伸——超越了某些东西的进步和分配，比如健康和财富——有权把某些启发性的幻想看作是不可动摇的真理到理性或事实的批评，并有权生活在一定的信仰系统，甚至他们无根据认为理性的方向转向经验。具有讽刺意味的是，“事实”和“意见”之间的界线不清，这被解释为在现代的自由-民主政体下民主化话语和政治参与的一个方面。如果民主化的启蒙方案建立在平等地获得知识和真理之上，20 世纪后期民主化建立在不可复归的不确定性之上，这种不确定性削弱知识和权威就所有相竞争的代言人和行动者而言的主张。文化氛围之下拉平政治权威的要素，与其说是共享的知识不如说是共享无知的承认，与其说是对认识论上可理解的客观存在的信心，还不如说是信仰在认识论上对客观现实的获得，但这样的现实想法的权威在下降，约束了想象力的政治运用去创造和重建情感和审美的世界。然而，政治的启蒙理念建立在对政治权力和权威的民主化 288
使用及惩罚基础上的公众知识的信仰之上，在当代自由-民主的背景下，政治权力的分权和公共权力的检查似乎是固定在对知识传播的限制上。以无法弥补的无知的名义，大规模的计划和改革前景的条件和因素保证了信心，因为不能简化的公共利益，大规模的公共行动合法性被 20 世纪后期的公众称为问题。

目前对工具主义公共行动丧失信用的无知，不是知识纠正的一种无知。而是一种“理性的无知”或“知情的无知”，根据苏格拉底(Socrates)，其是被更深层的知识增强而不是逆转。

尽管这种理性的无知已经逐步取代或调和了作为分散权力时维持秩序的基础的知识的早期信心，但它同时已经腐蚀了自由-民主的工具主义的基础。如果在启蒙运动视觉现实里，作为公共知识一个统一的确定对象，“保证”政府同意政治权利的广泛共享的承诺与稳定但平和改变的政治秩序之间的和谐，今天的理性无知和怀疑论引起了自由-民主政治原则和创造性政治行动的可能性之间的冲突。20 世纪后期的自由-民主观念的约束和问责不仅是在智识和道德基础上谈论公共行动来改善共同生活的问题，而且对文化和认识论前提失去了信任，强调了作为表演或事件的政治行动，智力和更多的理由采取的公共行动可以是公众的看法和判断的对象。

正是这种民主政治从工具行动标准的脱离，关键的视觉方向朝政治行动的转向，鼓励了政治行动的无形重新授权和反物质主义。宗教原教旨主义、道德主义、审美的回潮——反对唯物主义、理性主义和工具主义——走向政治话语和行动的方向是美国自由-民主政体文化基础的当前变化最重要的表达之一。

在开明政治文化与非物质和权威与政治的可贺的概念之间早期
289 的交锋中，自由-民主的代言人可以依靠视觉方向的社会权威和科学实在论，来保卫理性的、实验的工具主义，以对抗政治的宗教伦理学者和美学概念。在 20 世纪的最后几十年中，自反视觉取向被知识的悲观理论支持且被规范性的多元化所加强，它似乎破坏了以前古典自由主义民主政治价值观的有效防御线。虽然将这样的发展解释为从工具的政治概念向非工具政治概念的激进转变是无根据的，但这样的发展无疑证明了自由-民主传统政治的非工具范式的反弹。

尽管如此，现在对工具主义与反工具主义政治取向之间冲突的意涵进行评价还为时过早。伊卡洛斯的坠落导致了返回宿命论提交的必要性，或者一个新的，更广泛和更深意义上的自由？是否重建“令人愉悦的幻想”的专制，或导致了认知和不确定的认识，公众不太可能被工具主义政治虚幻的宏伟计划误导？这是另一种传递反应，努力驯服政治，通过理由或确实是对启蒙的打击？虽然当代潮流反对工具主义政治，反映了早期的承诺从合理性和客观性价值观撤退，现实与神话之间长期两分法中早期的信任——自由-民主政治真实和虚构——它似乎并不表示从自由-民主的政治秩序原则中撤退。

拒绝启蒙向善理性主义的价值观和做法源于一种更激进的自由-民主价值观的解释，这不太可能鼓励政治权威、合作意愿的神秘化，或发展群众政治热情的复魅。美国的政治经验揭示了令人印象深刻的自由-民主权利的一致性改革，支持修辞、宗教、科学、艺术的实践，作为独裁政府在欧洲和其他地方的文化资源。言论和做法在自由-民主的信仰的力量。阿历克西・德・托克维尔观察美国如何进化出了独特的民主价值观和宗教之间的合成。我的研究试图证明美国的政治经验是如何在科学、技术和民主政治之前演变成独特合成的。现在这 290
种关系明显下降，美国可能会走得更远，正如瓦尔特・本雅明所说，政治的审美化是法西斯主义的特征。作为替代物，运用艺术和审美情感来压制民主政治价值并歌颂独裁式的领导，美国还可能产生一个独特的审美政治的自由-民主政体，或政治意义上的美丽服务于民主。

可以肯定的是，自由-民主意识形态和政治文化基础是明显的异质性和动态的。如宗教、科学和艺术之间的转移，因为在美国的自由-民主的政治修辞和实践的主要文化资源中，是从来没有决定性或完全不可逆的。然而，这些变化可能表明政治的深刻变革。因此，这是意义重大的，后现代美国政治不是科学和政治，而是广泛意义上的艺术，包括流行艺术和媚俗，似乎越来越多地提供词汇、隐喻，以及政治话语与行动的一些规范管理。主要的经济、军事或社会危机有可能重振现实主义的修辞，对“令人愉悦的幻想”的批评，以及科学与技术的呼吁。然而，舞台艺术作为雄辩的、有意义的和政治上有效的艺术，是至高的治国技术，并且当政治情感被唯一性的民主、立时的问责制、包容性的政治参与、折衷的多元主义及象征性的平衡所支配时，它就不再是科学、技术和工具理性，而是剧院、造型艺术和相机艺术，以指导政治行动建设和政治权力的合法化。

最后,宏大的社会及政治工程的合法性丧失以及在公共事务背景下的工具理性的衰退,可能导致我们远离自由-民主秩序作为一个新奇的解释或一个对自由启蒙主义深层理解的理念。伊卡洛斯的坠落并不一定代表重回黑暗。通过迫使后现代政治和后现代科学来面对它们各自的限制,实际上可能让我们更接近光明。

索　引

E

F

G

S

T

U